W0109459

Stratis Karamanolis

Wasserstoff

Energieträger der Zukunft

Elektra

Bildnachweis
BMW Group: 54, 65, 66, 76
DaimlerChrysler AG: 70
Etaing GmbH: 55
Flabeg Solar Int.: 82, 85, 86, 93, 94, 96
Ford: 67
Forschungszentrum Jülich: 87
Howaldtswerke Deutsche Werft AG: 40, 44, 45
Institut für Mobilitätsforschung: 16
ISE: 50, 84
LBST: 9, 72, 97
Linde AG: 27, 30, 31, 32, 35, 37, 38, 63, 64, 78
MAN: 60, 73
Mannesmann (Vodafone) Pilotentwicklung: 46
MTU: 21, 22, 23
Opel: 68
Proton Motor GmbH: 71
Toyota: 69

ISBN 3-929226-16-2
© 2001 Copyright Elektra Verlags-GmbH
Nibelungenstraße 14
85579 Neubiberg b. München
Tel.: (089) 601 13 56
Fax: (089) 601 50 67
E-Mail: karamanolis@gmx.de
Lektorat: Reinhard Schober
Satz/Herstellung: Inge Mühlbauer, Blombergstr. 6, 82054 Sauerlach.

Printed in Germany

„Ich glaube, daß Wasser eines Tages als Brennstoff dienen wird, daß Wasserstoff und Sauerstoff, aus dem es besteht, entweder zusammen oder getrennt verwendet, eine unerschöpfliche Quelle für Wärme und Licht sein werden, und zwar von einer weit größeren Kraft, als Kohle sie besitzt. … Ich glaube, daß wir mit Wasser heizen und uns wärmen werden, wenn die Kohlelager erschöpft sind. Wasser ist die Kohle der Zukunft".

(Jules Verne, Die geheimnisvolle Insel, 1874)

Erscheint demnächst:

Brennstoffzellen
Schlüsselelemente der Wasserstofftechnologie
ISBN 3-929226-17-0

Inhalt

Geleitwort

Kaum einer zweifelt heute daran, daß sich die Welt in einer Krise hinsichtlich Ressourcenverfügbarkeit und Erdklimaveränderung befindet. Diese Problematik verlangt radikales Handeln. Es muß der Umbau des Energiesystems auf erneuerbare Energien innerhalb von zwei Generationen bewerkstelligt werden. Dies erfordert auch das Beschreiten neuer Wege, um der drohenden Gefahr Einhalt zu gebieten.

Das Zauberwort für die Lösung dieser Problematik heißt eindeutig „Wasserstoff". Denn Wasserstoff (in Verbindung mit Solarenergie) kann nicht nur die zur Neige gehenden fossilen Energieträger ersetzen, sondern auch entscheidend zur Lösung der gestellten Aufgabe beitragen.

Das vorliegende Buch behandelt diese Thematik ausführlich und zugleich leicht verständlich. Dabei wendet sich der Autor nicht nur an den technisch interessierten Laien, sondern auch an Manager, Politiker und Medien-Berichterstatter, die sich mit der Wasserstofftechnologie auseinandersetzen wollen oder müssen.

Dem Autor und seinem neuen Werk wünsche ich viel Erfolg, damit nicht nur die breite Öffentlichkeit, sondern auch die zahlreichen Entscheidungsträger aller Couleurs über die Notwendigkeit und die Chancen der Wasserstofftechnologie sachgerecht informiert werden können.

Dr. mult. **Ludwig Bölkow**

9

Vorwort

Das soeben zu Ende gegangene 20. Jahrhundert wird in die Geschichte der Menschheit als eine Epoche eingehen, die nicht nur bahnbrechende Theorien, sondern auch große Entdeckungen zustande gebracht hat. Dasselbe Jahrhundert muß aber auch als eine Epoche gesehen werden, die zu drei dramatischen Veränderungen geführt hat. Die erste grundlegende Veränderung besteht in einer explosionsartigen Zunahme der Weltbevölkerung. Die zweite besteht in einer ständig wachsenden Beeinflussung der Biosphäre unseres Planeten durch die zivilisatorische Entwicklung der Menschheit, was uns als Ökologie-Problematik immer bewußter wird. Und die dritte Veränderung besteht in einem zuvor nicht geträumten Anstieg des Energieverbrauchs, der die Bereitstellung von ausreichenden Mengen Nutzenergie zur sogenannten Energie-Problematik werden läßt.

Bereits Anfang des 20. Jahrhunderts entwickelte Einstein seine spezielle Relativitätstheorie, die nicht nur die Welt der Wissenschaft, sondern auch die politische Landschaft radikal zu verändern vermochte. Plötzlich mußten die Gelehrten lernen, daß 1+1 nicht immer 2, sondern auch weniger als 2 sein kann – unter Umständen sogar nur 1. Durch diese Theorie lernte man auch, daß die Zeit keine absolute Größe und daß die Masse nichts anderes als eine Art „eingefrorene" Energie ist.

Wenige Jahre später präsentierte Einstein auch seine allgemeine Relativitätstheorie, durch die die damaligen Gelehrten erfahren mußten, daß die Naturkraft „Gravitation" einen geometrischen Charakter hat und daß sie das *Raumzeitkontinuum* zu krümmen vermag. Die kosmologischen Konsequenzen dieser Erkenntnis waren radikal; denn man konnte daraus schließen, daß das Universum unendlich groß und trotzdem begrenzt ist. Das ewige Rätsel über die Unendlichkeit des Universums war auf einmal gelöst. Kosmologen, Religionsführer und Naturphilosophen konnten endlich „aufatmen". Daß vereinzelte Kirchenvertreter das gekrümmte *Raumzeit-*

11

kontinuum abstoßend fanden, weil so etwas nicht Gottes Werk sein könne, störte die meisten der damaligen Gelehrten kaum.

Etwa zur gleichen Zeit entstand auch die Quantentheorie, die im Gegensatz zur allgemeinen Relativitätstheorie den Mikrokosmos zum Gegenstand hat. Mit der Quantentheorie mußten die Gelehrten lernen, daß Determinismus nicht mehr zeitgemäß ist und daß der Mikrokosmos, d.h. der Kosmos der Teilchen und Subteilchen, durch Gesetzmäßigkeiten kontrolliert wird, die für den Makrokosmos überhaupt nicht gelten. Die Welt der Wissenschaft war dadurch in zwei Teilwelten gespalten. Die eine, der Makrokosmos, schien „in Ordnung" zu sein. Die andere, der Mikrokosmos, wurde plötzlich zum „Sorgenkind" für viele der damaligen, „normal" denkenden Naturwissenschaftler. Einstein – auch an der Quantentheorie maßgebend beteiligt – hat immer wieder betont, daß diese Theorie doch nicht der „wahre Jakob" sein könne; und von dieser Überzeugung mochte er sich bis zu seinem Tod nicht trennen. Denn eine Welt ohne deterministische Züge war für ihn keine richtige Welt.

Dennoch konnte die Naturwissenschaft mit Hilfe dieser drei Theorien bahnbrechende Entdeckungen und großartige technologische Errungenschaften zustande bringen. Dazu gehört die Kernspaltung mit allen ihren Vor- und Nachteilen, die Mondlandung und seit einigen Jahren auch die **Computel**-Technologie (**Compu**ter + **Tel**ekommunikation).

Mit der Entdeckung der Genspirale Anfang der 50er Jahre tastete sich der Mensch dann auch ganz vorsichtig in das „Labor" des Schöpfers voran und es gelang ihm, innerhalb nur eines halben Jahrhunderts das Geheimnis des Erbguts vollständig zu durchleuchten. Bereits Mitte des Jahres 2000, etwa drei Jahre früher als man geschätzt hatte, konnte die exakte Abfolge der nur vier verschiedenen Erbgut-Bausteine in der menschlichen DNS-Spirale voll entschlüsselt werden. Uns steht jetzt also der aus drei Milliarden Zeichen bestehende DNS-Text, der den kompletten Bauplan sowie alle „Betriebsanweisungen" für den menschlichen Organismus enthält, zur Verfügung. Damit kann nun der Mensch „Gott" spielen. Daß er dabei zum „Zerstörer der Schöpfung" wird – wie Mitte des Jahres 2000 Kardinal Ratzinger warnte – ist kaum zu befürchten; denn Schöpfung bedeutet mehr als viele Kirchenvertreter zu wissen glauben. Gewiß ist der Mensch „zu allem" fähig, nicht nur zum Guten, sondern auch zum Bösen. Dies ist aber nicht Grund genug dafür, eine Technologie zu verteufeln, auf die die Menschheit sicherlich zu Recht auch große Hoffnungen setzt. Der Begriff „Klonen" darf nicht als angsterzeugende Barriere benutzt werden, um die Gentechnik aus der Welt zu verbannen. Dieser Begriff bedarf aber noch einer Differenzierung; nämlich therapeutisches Klonen und Menschen-Klonen, zwei Begriffe, die streng auseinander gehalten werden müssen.

Und wenn hier von wichtigen Aufgaben die Rede ist, die die *Staatengemeinschaft* „anpacken" muß, darf auch die Raumfahrtforschung (bemannt wie unbemannt) nicht vergessen werden. Die Gründe dafür sind vielfältig und hängen keineswegs mit den unsinnigen Kolonisierungsplänen von anderen Himmelskörpern zusammen, die immer wieder zur Diskussion gestellt werden. Nein! Raumfahrtforschung ist lebenswichtig für erdgebundene Aufgaben.

Doch zurück zum Thema der vorliegenden Lektüre. Trotz der vielen wissenschaftlichen und technologischen Errungenschaften stehen wir heute, am Anfang des 21. Jahrhunderts, vor der riesigen Aufgabe, schnellstens geeignete Lösungen für die vorher genannten drei katastrophalen Veränderungen zu finden. Ein wichtiger Schritt auf diesem Weg ist mit Sicherheit die Entwicklung der Wasserstofftechnologie. Denn mit ihr kann die Menschheit nicht nur das Energieproblem lösen, sondern es bietet sich auch die Möglichkeit, dies so zu tun, daß die Ökologie-Problematik zu einem ganz wesentlichen Teil mitgelöst wird. Gemeint ist dabei aber eine Wasserstofftechnologie, deren Endziel die Solarwasserstoff-Energiewirtschaft sein muß; denn nur mit einer solchen Energiekonzeption kann eine CO_2- und kernenergiefreie Weltenergiewirtschaft aufgebaut werden. Und mit dieser für unsere Zukunft so wichtigen Thematik befaßt sich das vorliegende Buch.

Während meiner Recherchearbeit habe ich mit zahlreichen Energieexperten sowohl hierzulande als auch im Ausland intensive Gespräche geführt; und weil „die Welt" so klein ist, konnte ich gelegentlich die angenehme Überraschung erleben, gerade dort, wo es nicht zu erwarten war, immer wieder frühere Kollegen aus der

13

Raumfahrttechnik zu treffen. Dr. **Götz Heidelberg** (Proton Motor GmbH), Dr. **Rainer Goedl** und Dr. **Joachim Wolf** (Linde AG) zählen dazu. Für ihre Bereitschaft, mir umfangreiche Informationen zur Verfügung zu stellen, bedanke ich mich herzlich. Dipl. Kfm. **Jörg Schindler** und Dipl. Ing. **Reinhold Wurster** (Ludwig Bölkow Systemtechnik) danke ich ebenfalls, nicht nur für die Hilfe, die sie bei der Beschaffung von Informationen geleistet haben, sondern auch für die intensiven Gespräche, die wir führten und die wesentlich zur besseren Darstellung der Gesamtthematik beigetragen haben. Nicht vergessen will ich an dieser Stelle, mich bei Dr. **Juliane Wolf**, Dipl. Phys. **Thomas Dietsch** und Dipl. Kfm. **Thomas Steffes** (BMW Group) sowie bei Dipl. M.A. **Gundi Dinse** (Institut für Mobilitätsforschung) zu bedanken. Weiterhin danke ich Dr. **Walter Schütz** (Vodafone, vormals Mannesmann Pilotentwicklung) für seine Ausführungen zum Thema „Wasserstoffspeicherung in Kohlenstoff-Nanostrukturen" sowie Dr. **C. Carpetis** (DLR) für seine zahlreichen konstruktiven Anregungen zur Gesamtthematik. Sie alle trugen zum Gelingen dieses Buches Entscheidendes bei. „Last, but not least" danke ich Dipl. Ing. **Wolfgang Burmeister**, der als Betreuer der ersten öffentlichen Wasserstoff-Tankstelle der Welt am Flughafen München zahlreiche Erfahrungswerte zur Verfügung gestellt hat.

München, im Sommer 2001   Der Verfasser

14

Einleitung

Wenn wir heute hoffnungsvoll auf eine neue und zugleich umweltfreundliche Wasserstoff-Energiekonzeption blicken, dann handeln wir allein schon deswegen richtig, weil wir nichts anderes tun wollen als das, was die Natur schon immer getan hat – nämlich den Wasserstoff sowohl als Rohstoff wie auch als Energieträger zu verwenden.

Wie alle Fixsterne besteht auch unsere Sonne vorwiegend aus Wasserstoff; und Wasserstoff ist bekanntlich die Quelle, aus der die Sterne ihre Energie schöpfen. Dabei wird durch Kernfusionsprozesse fortwährend Wasserstoff in Helium umgewandelt, wodurch Energie in Form von Strahlung freigesetzt wird. Wasserstoff hat also als Energieträger wahrlich kosmischen Charakter.

Auch im Kreislauf der Natur spielt Wasserstoff eine wichtige Rolle. Denn Wasserstoff wird durch die Photosynthese aus Wasser gewonnen und anschließend von den Pflanzen genutzt, um mit Hilfe von Kohlendioxid Kohlehydrate, Fette und Eiweiße zu bilden. Überdies bildet Wasserstoff die Basis für das Wasser selbst. Dies ahnten auch die alten Griechen, und deswegen nannten sie dieses chemische Element „ὑδρογόνον" (dt.: „Keimzelle des Wassers"). Seine Kurzbezeichnung „H" stammt allerdings aus dem lateinischen Wort „Hydrogenium".

Bereits Thales von Milet (um 624 – 546 v. Chr.) betrachtete das Wasser als den *Urgrund* oder die *Ursubstanz* (gr. „βασική ουσία") aller Dinge. Welche Bedeutung spätere Denker dem Wasser beigemessen haben, belegt das Zeugnis Pindars, der im 4. Jahrhundert vor Christi Geburt den bekannten Ausspruch tat: „ἄριστον μέν ὕδωρ ἐστί" (dt: „Das Beste aber ist das Wasser").

Auch andere Urvölker erblickten im Wasser intuitiv die Allmacht und den *Urstoff* der Schöpfung. Es ist deswegen nicht verwunderlich, wenn man in zahlreichen alten Mythen Wassergottheiten begegnet. So steht Gottes Thron nach Aussage des Korans auf dem Wasser; und die Bibel „sieht" Gottes Geist über den Wassern schwebend. Jules Verne (1828 – 1905) läßt in seinem im Jahr 1870 erschie-

15

nenen Science-Fiction-Roman *20000 Meilen unter dem Meere* Kapitän Nemo prophezeien, daß der Kraftstoff der Zukunft aus dem Wasser gewonnen werde.

Wasser ist in der Tat auf Erden und höchstwahrscheinlich auch im Weltall reichlich vorhanden. Die Weltozeane enthalten $1{,}37 \cdot 10^{18}$ m³ Wasser, das sind mehr als $1{,}37 \cdot 10^{21}$ kg. Etwa $4{,}45 \cdot 10^{14}$ m³ Wasser verdampfen jährlich und sorgen dafür, daß die Hydrosphäre der Erde (noch) intakt bleibt. Die Erdoberfläche wird also von Wassermolekülen beherrscht. Hinzu kommt natürlich auch Silicium; denn Sand und Berggesteine bestehen ja hauptsächlich aus Siliciumoxid.

Der Mensch selbst besteht zu ca. 70%, andere Lebewesen gar zu 95% aus Wasser. Auch der Wasserverbrauch des Menschen ist hoch: Jeder Mensch trinkt täglich mehr als 2 kg Wasser oder sonstige wasserhaltige Flüssigkeiten (in der Südregion noch mehr) und beansprucht jährlich ca. 1500 m³ Brauchwasser (Industrieländer). Bei einer Weltbevölkerung von 6 Milliarden Menschen und einem jährlichen Durchschnittsverbrauch von 1000 m³ ist eine Brauchwassermenge von $6 \cdot 10^{12}$ m³ jährlich erforderlich – eine riesige Wassermenge also, die bald kaum mehr zur Verfügung gestellt werden kann.

Inzwischen wissen wir, daß Wasser (H_2O) nicht der *Urstoff* der Natur ist, sondern eine chemische Verbindung, die aus zwei Teilen Wasserstoff (H_2) und einem Teil Sauerstoff (O) besteht. Auch der Grund seiner Entstehung ist seit langem bekannt. Auf 10000 Atome im Universum entfallen 9200 Wasserstoffatome, 790 Heliumatome, 5 Sauerstoffatome, 2 Neonatome, 2 Stickstoffatome und 1 Kohlenstoffatom. Alle übrigen chemischen Elemente kommen sehr selten vor; und weil Helium und Neon keine chemischen Verbindungen mit anderen Stoffen eingehen, bleiben in erster Linie Wasserstoff- und Sauerstoffatome als „Heiratskandidaten" übrig; und durch deren „Eheschließung" entsteht einfach Wasser.

Labormäßig wurde diese chemische Verbindung erst im Jahre 1781 „hergestellt", als Antoine Lavoisier feststellte, daß durch die Verbrennung von Wasserstoff (unter Einwirkung von Sauerstoff) nicht nur Wärme, sondern auch Wasser entsteht. Die Entdeckung des Wasserstoffs selbst erfolgte einige Jahre zuvor (1766) durch

16

Henry Cavendish. Er nannte es „brennende Luft", weil er die Feststellung machte, daß das neuentdeckte chemische Element entzündbar ist.

Bild 1: Mouchots solarbetriebene Dampfmaschine während der Pariser Weltausstellung im Jahr 1878. Innerhalb von 30 Minuten konnten mit dieser Anlage 70 Liter Wasser zum Sieden gebracht werden.

Die Idee, Wasserstoff – speziell Solarwasserstoff – als Energieträger zu verwenden, ist erst während der zweiten Hälfte des 19. Jahrhunderts entstanden. Sie stammt von dem französischen Sonnenenergie-Pionier Augustin Bernard Mouchot (1825 – 1912). Liest man heute in seinem im Jahre 1869 erschienenen Buch *La Chaleur Solaire et ses Applications Industrielles* (dt: „Die Sonnenwärme und ihre industriellen Anwendungen"), so kann man nur darüber staunen, was dieser Mann vor mehr als hundert Jahren gedacht und auch experimentell nachgewiesen hat. Er konstruierte beispielsweise die erste solarbetriebene Dampfmaschine (vgl. Bild 1) sowie den ersten funktionstüchtigen Solarherd. Überdies destillierte er unter Verwendung von Sonnenenergie Weinbrand und produzierte auch Eis. Über die Gewinnung von Solarwasserstoff berichtet er in dem oben genannten Buch folgendermaßen:

„Vielleicht noch verlockender ist die Idee, mittels der Sonnenwärme Wasser zu spalten und den so frei werdenden Wasserstoff und Sauerstoff in getrennten Gasometern aufzubewahren. Denn wenn diese Gase sich erneut verbinden, entsteht bekanntlich die intensivste Wärme, die der Menschheit zur Verfügung steht. Außerdem könnte man den Wasserstoff zur Beleuchtung verwenden, und kostengünstig produzierter Sauerstoff würde eine seit langem offene Lücke schließen."

Mouchots geniale Solarwasserstoff-Konzeption blieb allerdings ein Jahrhundert lang so gut wie unbeachtet. Der Grund dafür liegt wahrscheinlich darin, daß während dieser Zeit weder Energie- noch Öko-Probleme die Welt plagten. Erst während der 50er Jahre des 20. Jahrhunderts wurde der Solarwasserstoff-Gedanke vielerorts erneut aufgegriffen. Zu den Pionieren der Solarwasserstoff-Technologie zählte hierzulande der Braunschweiger Professor Eduard Justi.

In das Zentrum der Aufmerksamkeit rückte jedoch der Solarwasserstoff erst durch die beiden Ölkrisen der 70er Jahre; denn „plötzlich" wurde deutlich, daß die Welt mit einer bedrohlichen Öko-Energie-Problematik konfrontiert ist. Heute, Anfang des 21. Jahrhunderts, ist der Solarwasserstoff-Gedanke zum Hoffnungsträger für die Lösung der angesprochenen Öko-Energie-Problematik geworden. So kommen beispielsweise die *Princeton University* und das *World Resources Institute* in einer gemeinsamen Studie* zu dem Ergebnis, daß Solarwasserstoff die optimale Lösung der bestehenden Öko-Energie-Problematik verspricht. Diese Studie macht überdies einen bemerkenswerten Vergleich zwischen Photovoltaik und Kernenergie und stellt fest, daß Solarenergie – wirtschaftlich betrachtet – bald bei weitem attraktiver als die Kernenergie sein dürfte.

---

*) Ogden, J./William, R.H.: Solar Hydrogen, Moving Beyond Fossil Fuels, World Resources Institute, Washington DC, 1989.

18

Inzwischen wird Solarwasserstoff auch von einstigen Befürwortern der Kernenergie als künftiger Energieträger erachtet. Denn Wasserstoff wird das einzige „Heilmittel" für die selbstverschuldete Öko-Energie-Problematik sein – eine Problematik, die wir unseren Kindern und Enkelkindern nicht als ungebetenes Erbe hinterlassen dürfen.

Deutschland als Industrienation darf die Chancen, die diese Technologie bereits heute bietet, keinesfalls verpassen; denn die Zeiten, in denen auch mit Kochtopf-Exporten Geld verdient werden konnte, sind endgültig vorbei.

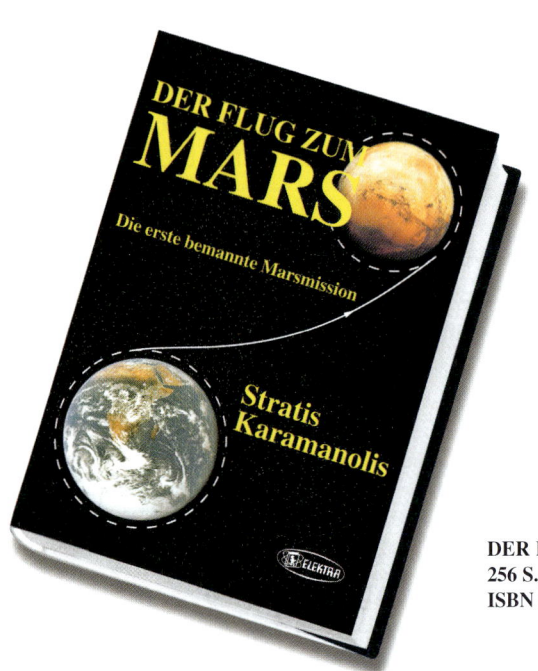

DER FLUG ZUM MARS
256 S., 63 Abb., vierfarbig, geb. DM 46,–
ISBN 3-929226-14-6

EINSTEINS RELATIVITÄTSTHEORIE
154 S., 40 Abb., geb. DM 36,–
ISBN 3-929226-08-1

20

Die Öko-Energie-Problematik: Ein kurzer Überblick

Rauchende Schornsteine als Symbol für Fortschritt und Wohlstand gehören schon längst der Vergangenheit an. Der Vergangenheit gehört auch die Epoche an, in der die Automobile als saubere Fortbewegungsmittel galten, weil sie (im Gegensatz zu Pferdekutschen) die Straßen nicht verschmutzten.

Diese „Nostalgiezeit" liegt knapp ein Jahrhundert zurück. Inzwischen hat sich die Welt radikal verändert. Was die Natur über Jahrmillionen mühselig und wohlüberlegt aufbauen konnte, hat der Mensch binnen weniger Jahrzehnte völlig durcheinander gebracht. Wälder sind abgeholzt und fossile Energieträger nahezu aufgebraucht worden. Dramatische Klimaveränderungen stehen bevor. Mehr als 400 „künstliche Sonnen" in Gestalt von Kernkraftwerken „schmücken" inzwischen die Erde und halten ständig die Möglichkeit eines Supergau offen. Daß wir mit zunehmender Geschwindigkeit einer irreversiblen Umweltkatastrophe zusteuern, ist weltweit auch den Laien bekannt; denn jedermann weiß inzwischen, daß das Raumschiff „Erde" bereits zu sinken begonnen hat. Doch niemand ist willens und imstande, konkrete Rettungsmaßnahmen einzuleiten. Sind wir als Passagiere dieses Schiffes also wissentlich Selbstmörder, oder wissen wir uns tatsächlich nicht zu helfen? Die Antwort auf diese Frage ist meines Erachtens eng mit der Eigenheit der Gattung „Mensch" verbunden, die hinsichtlich ihrer Beutegier im Tierreich ihresgleichen sucht. Wirtschaftsinteressen versperren Wege, die jeder einzelne im Interesse der Allgemeinheit freizuhalten verpflichtet wäre. Große und kleine Beispiele sind allseits bekannt und werden fortwährend öffentlich diskutiert, ohne daß ein radikales Umdenken festzustellen ist. Chemie-, Lebensmittel-, Kernenergie- und Entsorgungsaffären wären oft vermeidbar, würden wirtschaftliche Interessen beiseite geschoben. Weil wir aber die eigenen Schwächen sehr wohl kennen, müssen wir alle Anstrengungen unternehmen, dem

Primat einseitigen Profitdenkens entgegenzuwirken, um das Ausmaß der Ausbeutung von Mensch und Natur in Grenzen zu halten.

Technischer Fortschritt und der damit einhergehende Wohlstand haben bis jetzt einen überaus hohen Preis gefordert. Die auf diesem Weg verursachte Schädigung der natürlichen Umwelt hat mittlerweile Ausmaße angenommen, die kaum mehr überschaubar sind. Ungeachtet dessen bleiben Alarmsignale wie die Chemiekatastrophen von Basel und Seveso, die Atomkatastrophe von Tschernobyl im Jahr 1986, die mit knapper Not vermiedene Katastrophe von Harrisburg im Jahr 1979, sowie die Hungersnöte in vielen Entwicklungsländern ohne besonderes Echo. Hinzu kommen langfristig wirkende Umweltschäden, die aus der eingetretenen Verschmutzung von Wasser, Luft und Boden resultieren, sowie die Schädigung der das irdische Leben schützenden Ozonschicht (vgl. Bild 2).

An erster Stelle steht aber die Klimaveränderung, die mit dem Treibhauseffekt zusammenhängt. Ein mäßiger Treibhauseffekt ist für die Ökosphäre zwar notwendig, eine zu hohe Konzentration der Treibhausgase führt aber zu katastrophalen Klimaveränderungen. Die Erde empfängt fortwährend enorme Energiemengen in Form von Sonnenstrahlung, die aus einem Gemisch von kurz- und langwelligen Strahlungsanteilen besteht. Dieses Strahlungsgemisch erfährt zwar durch die Erdatmosphäre eine gewisse Reflexion, doch ein großer Teil erreicht die Erdoberfläche. Dort wird sie teilweise reflektiert und teilweise absorbiert. Durch die Absorption steigt die Temperatur der Erdoberfläche. Je höher die Temperatur, desto höher auch die Frequenz bzw. desto kürzer die Wellenlänge der von der Erde emittierenden Strahlung. Der Umstand, daß die Erde eine Durchschnittstemperatur von $15°$ C aufweist, hat zur Folge, daß sie als eine Art „Heizkörper" wirkt, der Wärmestrahlung emittiert. Aufgrund der vorhandenen Erdatmosphäre kann aber diese relativ Niederfrequenzstrahlung nicht ungehindert entweichen, so daß ein Teil davon zur Erde zurückkehrt und die Erdoberfläche zusätzlich erwärmt. Ursache

Bild 2: (Seite 23) Das Ozonloch im Jahr 1979 (unten) und im Jahr 1991 (oben). Die Schäden an diesem für das irdische Leben wichtigen Schutzschild sind unverkennbar.

22

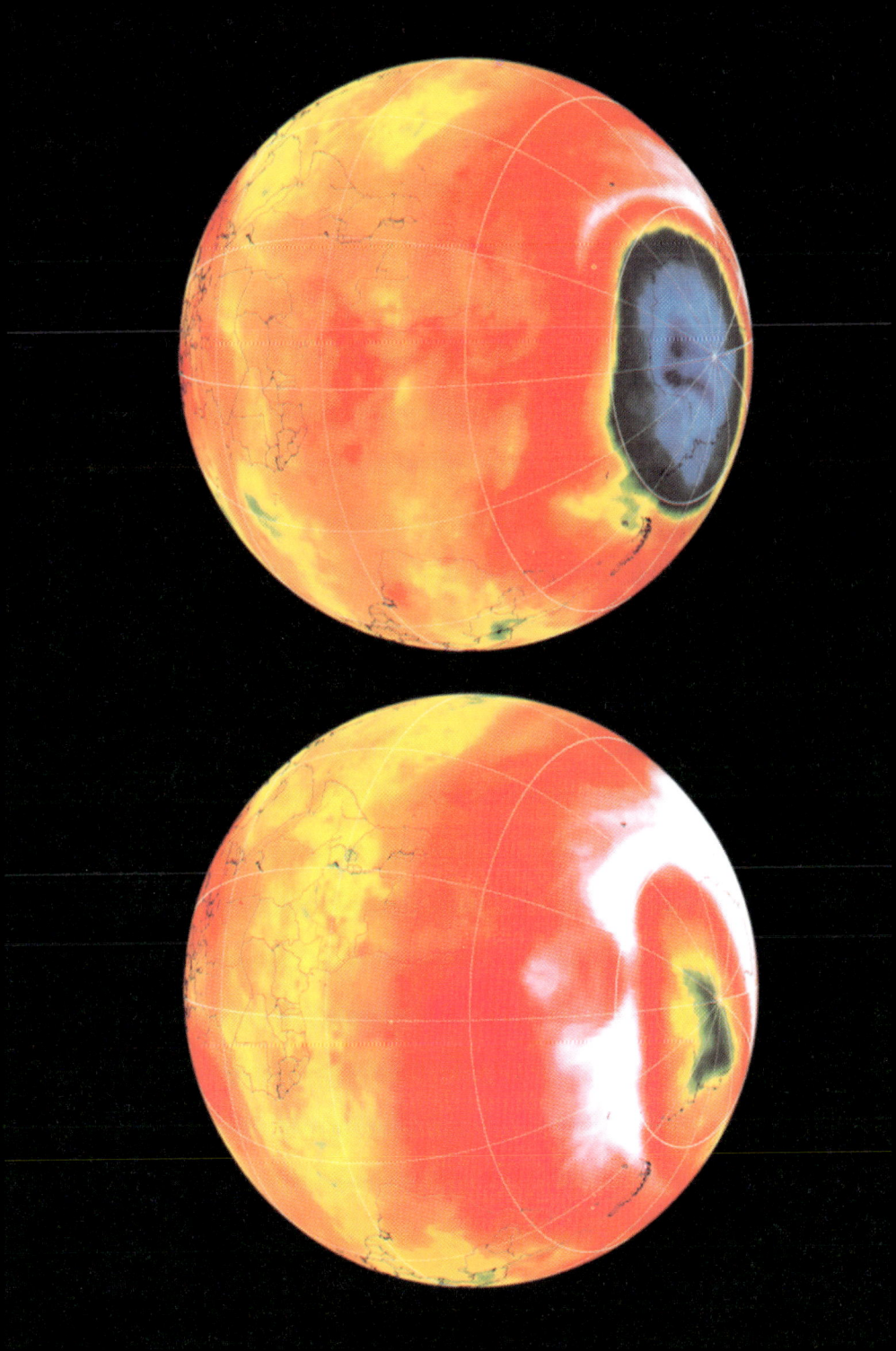

dafür sind die in der Erdatmosphäre vorhandenen Treibhausgase, darunter auch das Kohlendioxid (CO_2).

Welche Auswirkungen ein Temperaturanstieg von nur wenigen Grad auf das gesamte Ökosystem haben kann, ist heute wohlbekannt. Eine Erwärmung von beispielsweise 1,5 bis 5,0° C (nach einer Korrekturmeldung während der Klimakonferenz in Den Haag vom November 2000, kann der letztgenannte Wert bis auf 6,0° C steigen), wie sie für das 21. Jahrhundert als wahrscheinlich angesehen werden muß, reicht aus, das gesamte Ökosystem der Erde durcheinanderzubringen. Die schweren Stürme und Überschwemmungen, die Europa immer öfter heimsuchen, und die Hitzewellen, die in den letzten Jahren u.a. in Griechenland während der Sommerzeit stattfanden, sind deutliche Beweise dafür. Verstärkte Küstenerosionen, eine Zunahme von Springfluten, das Eindringen von Salzwasser ins Binnenland, Beschädigungen der Korallenriffe und vieles mehr werden die unausweichlichen Folgen dieses scheinbar geringen Temperaturanstiegs sein. Auch die Löslichkeit des Sauerstoffs im Wasser – entscheidend für das Überleben von Wassertieren und Organismen – nimmt mit steigender Temperatur ab. Außerdem wird die Selbstreinigungsfähigkeit des Wassers reduziert, weil viel mehr Fäulnis mit Bildung von Methan, Schwefelwasserstoff, Ammoniak und Aminen aus Kohlenstoff, Schwefel bzw. Stickstoff auftritt. Durch eine Zunahme der Verdunstung und eine gleichzeitige Abnahme der Niederschläge könnte überdies die Bodenfeuchtigkeit in bestimmten Erdregionen sinken, was wiederum weitreichende Folgen für die Versorgung mit Trinkwasser, Wasser für Landbewässerung und Wasserkraftwerke hätte.

Auch die Sicherung der ohnehin miserablen Ernährung in den Entwicklungsländern wäre durch einen derartigen Temperaturanstieg

Bild 3: (Seite 25) Ob wir es wahr haben wollen oder nicht: Die Erde befindet sich in einer dreifachen Klemme. Sie leidet unter der Öko-Energie-Problematik und sie steht unter dem Druck der Überbevölkerung. Die bereits 6 Milliarden „Passagiere" kann dieses „Raumschiff" schon lange nicht mehr risikolos „befördern"; und eine Lösung der Überbevölkerungsproblematik ist nicht in Sicht.

24

nachhaltig gefährdet. Bereits heute hungern in vielen unterentwickelten Ländern mehrere hundert Millionen Menschen. Ein Temperaturanstieg der genannten Größenordnung hätte beispielsweise, je nach geographischer Lage, eine Zu- oder Abnahme der Niederschläge zur Folge, was wiederum tiefgreifende Auswirkungen auf die Welternten hätte. Computersimulationen zeigen inzwischen deutlich, daß das künftige Klima in den amerikanischen Weizen- und Maisregionen wärmer und trockener wird. Das würde eine Reduzierung der Ernte um etwa 10% für Weizen und etwa 25% für Mais bedeuten. Die weltbekannten Oak Ridge Szenarien, die vor über einem Jahrzehnt für das US-Energieministerium ausgearbeitet wurden, darunter speziell das Szenario A, rechnen mit einem Temperaturanstieg von $1,1^\circ$ C bis zum Jahre 2030. Diese Einschätzung berücksichtigt jedoch nur die CO_2-Konzentration in der Erdatmosphäre. Bezieht man in das Szenario auch die übrigen mehr als 40 klimawirksamen Treibhausgase ein, so ist die Situation weitaus kritischer. Danach beliefe sich der zu erwartende Bodentemperaturanstieg auf etwa $1,5^\circ$ C. Diese Zahlen wurden zwar inzwischen etwas nach unten korrigiert, ein Grund zur Entwarnung ist jedoch nicht vorhanden. Auf der Nordhalbkugel waren die 90er Jahre das wärmste Jahrzehnt des 20. Jahrhunderts. 1998 gilt als das heißeste Jahr seit Beginn der Temperaturaufzeichnungen überhaupt.

Zu dieser ohnehin dramatischen Problematik kommt die Weltbevölkerungsexplosion hinzu, die inzwischen zu 6 Milliarden Menschen geführt hat. Experten sind aber der Meinung, daß die Erde eigentlich gerade einmal die Hälfte, d.h. nur 3 Milliarden Seelen, verkraften kann. Dies ist auch das indirekte Ergebnis einer Studie der internationalen Umweltschutzorganisation WWF.

Die Menschheit steht also am Anfang des neuen 3. Jahrtausends vor einer dreifachen Problematik und ist gefordert, für diese Multiproblematik schnellstens wirksame Lösungen zu finden. Während die Öko-Energie-Problematik durch eine neue Energiewirtschaft mit dem Energieträger Solarwasserstoff gelöst werden kann, zeichnet sich für die Weltbevölkerungs-Problematik immer noch keine Lösung ab. Denn zu den bereits existierenden 6 Milliarden Menschen kommen jährlich etwa 70 Millionen neue Erdbewohner hinzu.

Wohin diese Entwicklung führt, kann sich niemand vorstellen. Wird die Natur selbst für eine radikale Lösung sorgen, oder wird sich die Völkergemeinschaft irgendwann gezwungen sehen, radikale Eingriffe vorzunehmen? Beides ist denkbar und möglich, auch wenn heute niemand wagt, das Kind beim Namen zu nennen. Auch der Gedanke an Überlebensoasen für wenige Auserwählte wäre nicht auszuschließen. Die Ökobilanzen jedenfalls, die ja bekanntlich die Umwelteinwirkungen von Produkten, Systemen, Unternehmen u.a. untersuchen, sprechen leider keine erfreuliche Sprache.

DIE INTERNATIONALE RAUMSTATION
2. Auflage, 240 S., 66 Abb.,
vierfarbig, gebunden, DM 46,–
ISBN 3-929226-13-8

THE INTERNATIONAL SPACE STATION
250 Pages, 64 Illustrations, $ 29.50
ISBN 3-929226-15-4

28

Energie: Schöpfungsstoff der Natur

Am Anfang stand nicht der Wasserstoff, sondern die Energie, *Urenergie*, dicht gepackt in einem einzigen Atom, dem sogenannten *Uratom*. Wie diese *Urenergie* entstand und wie sie in diesem Gebilde „zusammengepreßt" wurde, werden wir höchstwahrscheinlich nie erfahren; denn das menschliche Gehirn ist nicht fähig, das Universum zu begreifen – eine Tatsache, die auch Albert Einstein immer wieder deutlich zum Ausdruck gebracht hat. Insofern müssen wir die *Urenergie* als Schöpfungsgegebenheit betrachten und einen *Schöpfer* voraussetzen, der nicht nur die *Urenergie*, sondern auch die Naturgesetze zu schaffen vermochte. Was er anschließend mit diesen beiden „Wundermitteln" vollbracht hat, ist das, was wir heute als *Universum* bezeichnen.

Wir glauben inzwischen zu wissen, daß die Weltentstehung durch die „Explosion" des *Uratoms* zur „Null-Zeit" begonnen hat. Wie dies geschah und was unmittelbar nach dieser „Explosion" stattfand, vermag die Naturwissenschaft bisher nicht zu erklären. Auch der Charakter des *Uratoms* entzieht sich einstweilen der wissenschaftlichen Beschreibung. Möglicherweise müssen wir sogar von einer fortwährenden Entstehung von Energiekonzentrationen ausgehen, die zur Bildung von mehreren *Uratomen* an verschiedenen Stellen des unendlichen und doch begrenzten Kosmos führen. Sobald das eine oder andere *Uratom* eine kritische Dichte erreicht, „explodiert" es und setzt riesige Energiemengen frei, was die Voraussetzung zur Materiebildung ist und dadurch zur Entstehung des einen oder anderen Universums führt.

Gewiß haben Überlegungen dieser Art keinen absoluten wissenschaftlichen Charakter. Sie sind jedoch unvermeidlich, wenn man der Erklärung der Weltentstehung überhaupt nähertreten will. Dabei beschränkt sich der spekulative Bereich auf die Zeit von der *Urexplosion* bis zum Zeitpunkt 10^{-43} Sekunden danach, der als „Plancksche Zeit" bekannt ist. In diesem Zeitraum liegt die sogenannte Quantenkosmologie, über die die moderne Physik keine Aussage zu treffen vermag. Raum und Zeit waren dort noch völlig „zusammengeschmolzen", so daß es weder „jetzt" noch „dann", weder „hier" noch „dort" gab. Man geht aber aus theoretischen Überlegungen davon aus, daß unmittelbar nach der „Explosion" aufgrund der ungeheuren Energiedichte eine unendlich hohe Temperatur existiert haben muß. Die nur aus Photonen bestehende *Ursuppe* war also so heiß, daß sich in ihr überhaupt keine Materie bilden konnte. Nach Ablauf der oben genannten Planckschen Zeit von 10^{-43} Sekunden sank die Temperatur auf „nur" 10^{32} K. Dieser Wert war aber immer noch zu hoch, als daß irgendwelche Energiekonzentrationen hätten zustande kommen können, aus denen sich irgendwelche Materieteilchen hätten bilden können. Das einzige, was dort existierte, war die *Urkraft*. Es ist diejenige Quelle – und dies läßt sich theoretisch belegen –, aus der im Laufe der weiteren Abkühlung der *Ursuppe* die uns heute bekannten vier Naturkräfte hervorgingen, nämlich die *starke Kraft* (*Kernkraft*), die *schwache Kraft*, die *elektromagnetische Kraft* und die *Gravitationskraft*. Zwischenzeitlich scheint es noch eine weitere Kraft, die sogenannte *X-Kraft,* gegeben zu haben, die für die Anfänge der Materiebildung „verantwortlich" zu sein scheint.

Man stellt sich diese Anfänge folgendermaßen vor: „Irgendwann" und „irgendwo" gab es zufällige Fluktuationen bzw. ungleichmäßige Verteilungen der überaus heißen Photonen, die dazu führen konnten, daß sich die Photonen an manchen Stellen sehr nahe kamen – eine Voraussetzung für die „Aktivierung" der *X-Kraft*. Theoretisch läßt sich berechnen, daß die Entfernung zwischen den einzelnen Photonen kleiner als 10^{-29} cm sein muß, damit die *X-Kraft* überhaupt zu wirken beginnen kann.

Zufällige Photonenverdichtungen in Verbindung mit der *X-Kraft* waren also die Voraussetzung für die Bildung der ersten Materieteilchen. Dabei müßte es sich um Elementarteilchen, d.h. um strukturlose Teilchen, gehandelt haben, deren Entstehung relativ „kleine" Energiemengen erfordert. Die *X-Kraft* besaß aber nicht nur diese Elementarteilchen bildende Eigenschaft, sondern sie war auch in der Lage, Teilchenumwandlungen vorzunehmen. Damit konnte sie ein Quark in ein Antiquark oder ein Lepton, z.B. ein Elektron, in ein Positron umwandeln. Solche Umwandlungsprozesse lassen sich heute aber nur theoretisch „nachweisen".

30

Solange die *Ursuppe* dicht genug dafür war, daß die *X-Kraft* wirken konnte, gab es also auch Materieumwandlungen; aber eben nur so lange, wie die Photonentemperatur wenigstens so hoch war, wie die äquivalente Energie der *X-Teilchen*, durch die ja die *X-Kraft* wirkt. Theoretisch läßt sich berechnen, daß die Energie eines *X-Teilchens* 10^{15} GeV betragen muß; und weil eine Äquivalenzbeziehung zwischen Energie und Temperatur besteht (1 K = 0,00008 eV – siehe Anhang), beträgt die für 10^{15} GeV äquivalente Temperatur 10^{28} K. Temperaturen dieser Größenordnung herrschten aber nur bis zum Zeitpunkt t = 10^{-33} Sekunden nach der *Urexplosion*. Zum Zeitpunkt 10^{-3} Sekunden nach dem Urknall war die Temperatur bereits auf Werte der Größenordnung von „nur" 10^{15} K abgesunken. Materieumwandlungen innerhalb der *Ursuppe* fanden also während der Weltentstehung nur für kurze Zeit statt. Dieser Zeitraum war trotzdem groß genug dafür, daß alle möglichen Teilchenumwandlungen stattfinden konnten. Während dieser Zeit konnte die *Urmaterie* allerdings noch kaum konkrete Form erhalten. Einen wichtigen Einschnitt in der Entwicklung des frühen Universums stellt deswegen die Zeitspanne zwischen 10^{-2} und 1 Sekunde nach der *Urexplosion* dar. Denn während dieser Zeit sank die Temperatur von ursprünglich 10^{14} auf etwa 10^{12} K. Dabei war die Expansion des *Uruniversums* immer noch so gering, daß die Materiedichte beträchtliche Werte aufwies. So wog etwa ein Fingerhut Materie nicht weniger als 10 000 Tonnen! Die wichtigste Rolle spielte aber auch in diesem Fall die Temperatur. Denn Werte von einigen Milliarden Grad Kelvin reichen aus, um Elektron-Positron-Paare entstehen zu lassen, die sich allerdings ständig gegenseitig vernichten. Es herrschte also „damals" ein reger Energieaustausch zwischen Elektron-Positron-Paaren, Photonen und Neutrinos. Dabei waren Nukleonen, d.h. Protonen und Neutronen, eine eher seltene Erscheinung. Grund dafür war, daß für ihre Bildung viel mehr Energie erforderlich ist als diejenige, die für die Entstehung von Elementarteilchen erforderlich ist. Auf eine Milliarde von Elektronen, Photonen und Neutrinos entfiel deswegen nicht mehr als ein einziges Nukleon. Dies besagen zumindest die heute gültigen Theorien. Zwischen Leptonen und Nukleonen, d.h. zwischen leichten und schweren Teilchen, bestand also ein Verhältnis von $10^9 : 1$. Die wenigen vorhandenen Nukleonen kollidierten jedoch zwangsläufig fortwährend mit den Leptonen. Handelte es sich um ein Neutron, so „griff" es nach einem Positron. Aus der Zerstrahlung der beiden Teilchen entstanden wieder Photonen, d.h. elektromagnetische Energie. Am Ende dieser Zeitspanne, die als „Leptonen-Ära" bezeichnet wird, betrug das Verhältnis von Protonen zu Neutronen $1 : 1$. Es herrschte also zwischen Protonen und Neutronen eine Art Gleichgewicht, das jedoch nicht von Dauer sein konnte. Die Masse des Neutrons liegt nämlich geringfügig über der Masse des Protons. Zur Bildung eines Neutrons ist deswegen etwas mehr Energie erforderlich als zur Bildung eines Protons. Das hatte zur Folge, daß sich mit der Zeit das Verhältnis von Protonen und Neutronen zugunsten der Protonen verschob. Am Ende der „Leptonen-Ära" gab es also mehr Protonen als Neutronen.

Mit fortschreitender Expansion des *Frühuniversums* sank die Temperatur weiter ab. Bei 10^{10} K war sie so hoch, daß sich an der Zusammensetzung der *Ursuppe* nur wenig änderte. Es existierten weiterhin Nukleonen, Elektronen, Neutrinos, Antineutrinos und selbstverständlich auch reichlich Photonen, d.h. elektromagnetische Strahlung.

Mit fortschreitendem Temperaturrückgang kam es zwangsläufig zu einer Verschiebung des Verhältnisses zwischen Protonen und Neutronen. Bei einer Temperatur von etwa $5 \cdot 10^9$ K überwogen deswegen die Protonen um etwa 75%. Diese Temperatur war aber immer noch zu hoch für eine „Eheschließung" zwischen Protonen und Neutronen. Die Bildung von Atomkernen war also noch nicht möglich. Ein solcher „Eheschließungs"-Prozeß konnte erst dann einsetzen, als die Photonentemperatur einen Wert der Größenordnung von 10^9 K erreichte. Denn „jetzt" war die kinetische Energie der in der *Ursuppe* umherschwirrenden Teilchen so weit gesunken, daß Nukleonen, die sich durch zufällige Kollisionen sehr nahe kamen, auch zusammenbleiben konnten. Die Vereinigung eines Protons und eines Neutrons führte z.B. zur Bildung eines Deuterons. Mit der Bildung derartiger Atomkerne war, wenngleich nicht ohne Umwege, der Weg zur Entstehung von Wasserstoff- und Heliumkernen geebnet. Traf nämlich ein Deuteron mit einem Proton zusammen, so konnte ein Helium-Isotop, das sogenannte Helium-drei entstehen,

32

d.h. ein Atomkern, der aus zwei Protonen und einem Neutron besteht. Traf dagegen ein Deuteron mit einem Neutron zusammen, so entstand ein Wasserstoff-Isotop, das sogenannte Tritium, dessen Atomkern aus zwei Neutronen und einem Proton besteht. Traf im Anschluß ein Helium-drei mit einem Neutron zusammen, so konnten Heliumkerne entstehen, die ja aus zwei Protonen und zwei Neutronen zusammengesetzt sind.

Waren nun einmal Heliumkerne entstanden, so konnten sie auch für die Dauer bestehen, weil die Bindungskräfte ihrer Nukleonen, die aus der starken Kraft resultieren, relativ groß sind. Diese Naturkraft gewährleistet nämlich, daß Nukleonen auch dann nicht mehr auseinanderbrechen, wenn Temperaturen von mehr als 10^9 K auftreten würden. Die vorher genannten „Zwischenprodukte" Tritium, Helium-drei und speziell die Deuteronen weisen dagegen schwächere Bindungskräfte auf, was wiederum bedeutet, daß sie sich bei einer Temperatur der Größenordnung von 10^9 K unmittelbar nach ihrer Entstehung wieder in ihre Bestandteile auflösen können. Während dieser Periode der *Kosmogenese* existierten also im *Uruniversum* Protonen, Neutronen, Elektronen, Neutrinos, Heliumkerne und natürlich auch viele Photonen, d.h. elektromagnetische Strahlung.

Mit der weiteren Expansion des *Frühuniversums* sank naturgemäß die Temperatur unter die Grenze von 10^9 K ab, was zur Folge hatte, daß die zur Bildung von Elektronen und Positronen nötige Photonenenergie nicht mehr ausreichte. Diese Teilchen begannen deswegen mit der Zeit infolge ihrer gegenseitigen Vernichtung zu verschwinden. Es blieben lediglich Elektronen übrig, die aus dem ungleichen Verhältnis von Elektronen und Positronen resultierten.

Die weitere Expansion und Abkühlung des *Frühuniversums* hatte nun zur Folge, daß nach etwa 700 000 Jahren die sogenannte *Rekombinationszeit* anbrach, in der die Temperatur bei etwa 4 000 K lag. Bei dieser Temperatur besaßen die in der vorausgegangenen Periode entstandenen Teilchen keine allzu große kinetische Energie mehr, so daß sie bei den nach wie vor häufigen Kollisionen Paare bilden konnten. Traf beispielsweise ein (elektrisch positiv geladenes) Proton mit einem (elektrisch negativ geladenen) Elektron zusammen, so zogen sie einander an und vereinigten sich zu einem Wasserstoffatom (vgl. Bild 4). Die so entstandenen Atome hatten überdies Bestand, weil zum einen die gegenseitige Anziehungskraft ihrer Konstituenten ausgeglichen war und weil es zum anderen keine starken externen Kräfte mehr gab, die sie zu trennen vermocht hätten; und weil die „Eheschließung" zwischen einem einzigen Elektron und

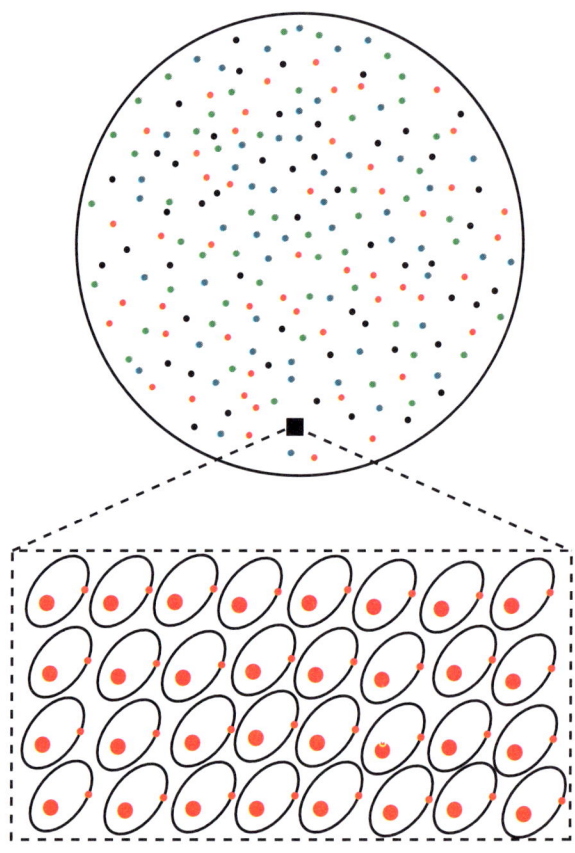

Bild 4: *Der Weg zur Materiebildung führte über die Entstehung der Elementarteilchen und die darauf entstandenen Helium- und Wasserstoffatome. Wasserstoff als das einfachste und leichteste aller chemischen Elemente dominierte innerhalb des Frühuniversums und ist auch heute das häufigste chemische Element im Weltall.*

34

einem einzigen Proton gegenüber anderen Kombinationen die einfachste und leichteste war, entstand aus der ursprünglichen *Ursuppe* vorwiegend *Wasserstoff*.

Was mit diesem *Wasserstoff* anschließend geschah, glauben die Astrophysiker ziemlich genau zu wissen. Denn sie können inzwischen „alle" Vorgänge der Weltentstehung theoretisch nachvollziehen, die zur Bildung von größeren Strukturen wie Sternen, Sternensystemen, Galaxien und Supergalaxien geführt haben. Bild 5 zeigt ein Beispiel dafür, wie es zur Bildung eines Sonnensystems kommen kann. Eine zufällige kleine Materiekonzentration an irgendeiner Stelle der Gas- und Staubwolke im Kosmos führt zwangsläufig zur Kollabierung der *Urmaterie*. Gase und Staub ballen sich zu einer rotierenden Scheibe zusammen. Magnetfelder lassen dann mehrere Jets entlang der Rotationsscheibe austreten. Anschließend fällt weitere Materie auf die Scheibe zu. Etwa 10% der Gesamtmasse schießen anschließend in ungleichmäßigem Strom gebündelt nach außen und schieben das umgebende Gas beiseite. Innerhalb der Scheibe bilden sich im Laufe von etwa einer Million Jahren erwartungsgemäß Protoplaneten. Hohe Temperaturen und hohe Druckwerte setzen dann zwangsläufig im Zentrum des Geschehens Kernfusionen in Gang. Ein Zentralstern, d.h. eine Sonne, ist geboren. Im Laufe von weiteren Millionen Jahren können aus Protoplaneten „ausgereifte" Planeten entstehen. Ein Sonnensystem wie das unsere ist auf diese Weise entstanden (vgl. Bild 5, unten links). Wir wollen aber Entwicklungen dieser Art nicht weiter verfolgen. Denn Gegenstand der vorliegenden Lektüre ist die Wasserstoffenergie und speziell die Solarwasserstoff-Energie. Kehren wir deswegen zur Kernthematik zurück, nämlich zur Energie.

Irgendwann hat auch der Mensch begonnen, Energie für seine täglichen Aktivitäten einzusetzen. Verständlicherweise griff er zuerst zu denjenigen Energiequellen, die leicht „anzuzapfen" waren An erster Stelle stand die Biomasse, vorwiegend in Form von Holz; denn dieser Energieträger lag praktisch vor der „Tür". So sammelte der Urmensch das reichlich in der Natur vorhandene Holz und benutzte es für Koch-, Heizungs- und Beleuchtungszwecke. Viel später erst lernte er, diesen Energieträger auch als Rohstoff einzusetzen, um

Holzkohle zu produzieren sowie Werkzeuge und Gegenstände für das tägliche Leben anzufertigen.

Mit Hilfe der Biomasse und vorwiegend mit Hilfe des Holzes konnten nicht nur primitive Völker, sondern auch jüngere Generationen ihren bescheidenen Energiebedarf für lange Zeit decken.

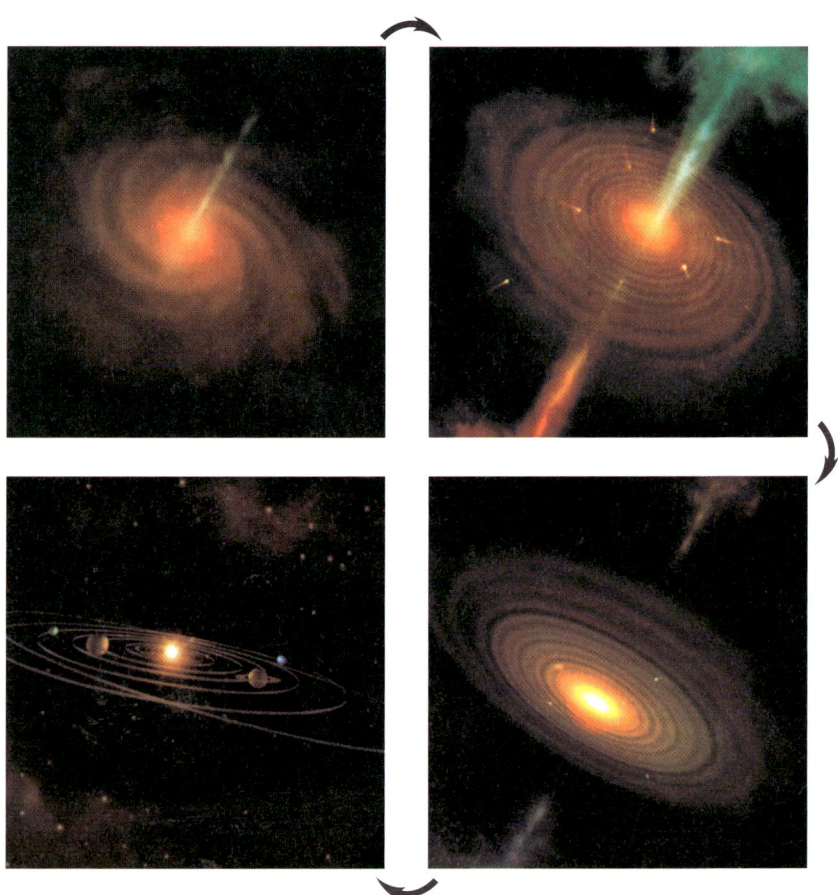

Bild 5: Aus kosmischer Materie, die vorwiegend aus Wasserstoff besteht, können größere Strukturen wie Sterne, Galaxien und Supergalaxien entstehen. Dieses Bild zeigt die Entstehung eines typischen Sonnensystems.

36

Auch sonst verstand der Urmensch die Energie für seine täglichen Bedürfnisse einzusetzen – zuerst als Windenergie und später auch in Form von Wasserkraft. Auf diese Weise sind Segelschiffe sowie Wind- und Wassermühlen entstanden, d.h. technische Einrichtungen, die die damalige Welt zu „revolutionieren" vermochten. All das war aber die praktische Seite des Begriffs *Energie*. Theoretische Betrachtungen zu dieser Thematik begannen „erst" vor ein paar Jahrtausenden, als die alten Griechen anfingen, über den Begriff *Energie* auch zu philosophieren.

Als Vorläufer des Begriffs *Energie* gilt der Begriff *Feuer*, den Heraklit von Ephesos (ca. 544 – 484 v. Chr.) nicht nur als den *Urstoff* aller Dinge, sondern auch als die Ursache der ewigen Unruhe, d.h. des laufenden Werdens und Vergehens in der Welt erachtete. Auf der Grundlage dieser Anschauung formulierte er den berühmten Ausspruch τα πάντα ρεῖ (dt.: „alles fließt") und traf damit den Nagel auf den Kopf. Denn alles deutet heute darauf hin, daß im Kosmos nur das „Veränderbare" Bestand hat. Der niemals endende Weltentstehungsprozeß erfolgt nach Heraklit auf zwei Wegen, dem Weg nach unten, auf dem sich das *Feuer* in Wasser und dieses sich wenigstens zum Teil in Erde verwandelt, und auf dem Weg nach oben, auf dem aus Erde und Wasser Ausdünstungen aufsteigen, denen er unter anderem die Seelen der Lebewesen zurechnet. Diese Ausdünstungen haben allerdings unterschiedlichen Charakter. Die helleren und reineren verwandeln sich erneut in *Feuer* und werden als Sonne, Mond und Sterne wahrgenommen. Die dunklen und feuchten dagegen sind die Ursachen für Regen und andere meteorologische Erscheinungen. Aus dem wechselnden Aufkommen der einen oder anderen Art dieser Erscheinungen erklärt sich der Wechsel von Tag und Nacht, Sommer und Winter.

Heraklit versuchte also, aus Feuer nicht nur die Weltentstehung, sondern auch ihre „Gesetzmäßigkeiten" zu begründen. Dabei beschränkte er sich naturgemäß nur auf die zu seiner Zeit bekannten Himmelskörper und Naturerscheinungen.

Dem eigentlichen Begriff *Energie* begegnet man später in der aristotelischen Philosophie. Das griechische Wort ἐνέργεια bedeutet „Aktion" bzw. „Wirkung". Demnach ist *Energie* „die wirksame Kraft, die die Möglichkeit in die Wirklichkeit treibt" (Aristoteles).

Die mittelalterlichen Begriffe von „wirkender" und „lebendiger" Kraft beruhen sicherlich auf den aristotelischen Begriffen „Wirkung" und „Aktion", die ihrerseits später neuen Anschauungen weichen mußten. Sie wurden obsolet, als Galileo Galilei (1564 – 1642) und andere den Begriff *Energie* als naturwissenschaftlichen Terminus einführten. Der heutige Begriff *kinetische* bzw. *potentielle* Energie geht jedoch auf G. W. Leibniz (1646 – 1716) zurück. Er verwendete allerdings die Begriffe *vis viva* und *potentia agenti*, die die heutige kinetische bzw. potentielle Energie beschreiben. Die Leibnizschen Arbeiten wurden später von J. Bernoulli (1654 – 1705) und L. Euler (1707 – 1783) weiterentwickelt. Dabei wurde zunächst nur die mechanische Energie in Betracht gezogen. Erst durch die Arbeiten von J. R. Mayer und J. P. Joule kamen auch die Wärmeenergie und die elektrische Energie hinzu. Zugleich wurde aber auch die Umwandelbarkeit der Energie allgemein bekannt. So konnte beispielsweise Joule bereits im Jahre 1840 die Umwandlung von elektrischer in mechanische Energie quantitativ erfassen.

Die endgültige Etablierung des Begriffs *Energie* ist vor allem durch W. Thomson vollzogen worden. Thomson beschränkte sich allerdings zunächst auf mechanische Vorgänge, die zu seiner Zeit im Mittelpunkt der Aufmerksamkeit standen. Dabei wurde der Begriff *Energie* mit dem Begriff *Arbeitsvermögen* in Verbindung gebracht. Verfügt man also über Energie, so kann man Arbeit leisten. Unter dem Gesichtspunkt der Mechanik bedeutet dies nichts anderes als eine Ortsveränderung der Materie. Will man beispielsweise einen Gegenstand von einem Ort A zu einen anderen Ort B versetzen, so ist Arbeit erforderlich, die wiederum Energie erfordert.

Heute erfaßt der Begriff *Energie* alle Bereiche der Technik und Wissenschaft. So spricht man z.B. von elektrischer Energie, Strahlungsenergie, Wärmeenergie, kinetischer Energie, Kernenergie oder chemischer Energie. Mit der Entdeckung der Äquivalenz von *Masse* und *Energie* durch Albert Einstein ist der Begriff *Energie* auch auf die Materie ausgedehnt worden. Somit hat dieser Begriff universellen Charakter erhalten.

Als Oberbegriff der *Energie* wird heute der Begriff *Energetik* verwendet, der nicht nur die Energie als solche, sondern auch alle erdenklichen Energieumwandlungsprozesse umfaßt. Einen Teil der *Energetik* bildet die Bioenergetik, die sich mit dem Biokosmos befaßt.

Für technische Anwendungen wird der Begriff der *Energietechnik* bzw. der *technischen Energetik* verwendet. Dieser „globale" Begriff umfaßt die Gesamtheit der Verfahren, Vorrichtungen, Anlagen usw., die benutzt werden, um die gewonnene bzw. anfallende Primärenergie in nutzbare Sekundärenergie umzuwandeln und dem Verbraucher zur Verfügung zu stellen. Dabei muß man sich stets vor Augen halten, daß *Energie* weder erzeugt noch vernichtet werden kann, sondern immer nur von einer in die andere Energieform umgewandelt wird. Was in der Natur geschieht, ist nichts anderes als ein fortlaufender *Energieumwandlungsprozeß*, der dazu dient, die Naturvorgänge „lebendig" zu halten. *Energie* ist also eine unzerstörbare Naturerscheinung – ein *Naturgut*. Und so betrachtet ist sie nicht nur für die Entstehung, sondern auch für den Fortbestand des Universums unverzichtbar. Denn alle physikalischen Prozesse können nur mit Hilfe von Energie vonstatten gehen. Verschiedene Kosmotheorien, wonach das Universum aus dem *Nichts* entstand und in einer Phase der Schrumpfung im *Nichts* enden werde, widersprechen nicht nur dem gesunden Menschenverstand, sondern auch den Naturgesetzen. Aus dem *Nichts* kommt nichts, und ebensowenig kann man das Vorhandene verschwinden lassen. Bereits Aristoteles stellte fest, daß „οὐδέν ἐκ τοῦ μὴ ὄντος γίνεσθαι καί οὐδέν ἐκ τοῦ ὄντος φθείρεσθαι" (dt.: „nichts aus dem nicht Seienden entsteht und nichts aus dem Seienden vernichtet werden kann"). Am Anfang war also nicht das *Nichts*, sondern die *Urenergie*; und aus diesem *Urstoff* ist anschließend über den Weg der Strahlung nicht nur die Materie, sondern auch das Einsteinsche *Raumzeitkontinuum* entstanden. Raum und Zeit sind danach Gegebenheiten, deren Ursprung in der *Urenergie* zu suchen sind.

Energieformen

Sieht man von der *Urenergie* ab, die das *Uratom* „kompakt" enthielt, bzw. der Strahlungsenergie, die unmittelbar nach dem Urknall freigesetzt wurde, so kommt Energie sowohl in der Natur als auch in der

Technik in den verschiedensten Formen vor. Dazu zählt die elektrische Energie, die Wärmeenergie, die mechanische Energie und die Kernenergie. Auch die Materie ist im Grunde eine Form von Energie. Man kann sie als „eingefrorene Energie" bezeichnen. „Eingefroren" deswegen, weil diese Energie nicht ohne weiteres freigesetzt und genutzt werden kann. Würde es uns einmal gelingen, Antimaterie „herzustellen", zu „speichern" und beliebig als Energieträger zu nutzen, dann stünde uns in der Tat eine unerschöpfliche Energiequelle zur Verfügung. Dies liegt aber noch im Science-fiction-Bereich. Insofern darf gewöhnliche Materie nicht als Energieträger angesehen werden. Kernenergie und Fusionsenergie gehören dagegen zur Realität. Hier wird aber nicht Materie in Energie umgewandelt, sondern Bindungsenergie, die die Bestandteile von Atomkernen, d.h. von Nukleonen (Protonen und Neutronen) zusammenhält, freigesetzt.

Bezüglich der Energiearten unterscheidet man zwischen Primär-, Sekundär- und Nutzenergie. Fossile Energieträger wie Erdöl, Erdgas, Erdkohle sowie Biomasse werden als Primärenergieträger bezeichnet. Die Kernenergie in Form von radioaktiver Materie (z.B. Uran-235) gehört ebenfalls zu den Primärenergieträgern. Wasserstoff bzw. Solarwasserstoff dagegen gehören zu den Sekundärenergieträgern, weil ihre Produktion den Einsatz eines Primärenergieträgers voraussetzt. Streng genommen gehören eigentlich auch die fossilen Energieträger zur Gattung der Sekundärenergieträger, weil sie ja erst durch die Einwirkung der Sonnenenergie in Form von Sonnenstrahlung im Laufe von Jahrmillionen entstehen konnten. Im Rahmen dieses Buches werden wir aber die bereits eingebürgerten Begriffe beibehalten und die fossilen Energieträger als Primärenergieträger bezeichnen.

Bezüglich der Energieformen gibt es solche mit kleinen und solche mit großen Leistungsdichtewerten. Die niedrigste Leistungsdichte weist die Erdwärme mit etwa 0,00094 kW/m^2 auf. Es folgt die Biomasse mit einer Leistungsdichte von 0,003 kW/m^2. Die Leistungsdichte der Wasserkraft liegt bei 0,05 kW/m^2, die der Windenergie bei 0,5 kW/m^2. Die Leistungsdichte der Sonnenenergie, die die Erde in Form der Sonnenstrahlung erreicht, weist einen Wert von 1,0 kW/m^2 (im Weltraum: 1,4 kW/m^2) auf und liegt damit weit über den Leistungsdichtewerten der oben genannten Energiequellen. Sie ist aber im Vergleich zur Leistungsdichte der Kernenergie minimal; denn Kernenergie hat einen Leistungsdichtewert von über 500 kW/m^2.

Mechanische Energie

Die im täglichen Leben gebräuchlichste Energieform ist die mechanische Energie. Dabei unterscheidet man zwischen der kinetischen Energie, die in jedem sich bewegenden Körper aufgrund seiner Geschwindigkeit steckt, und der potentiellen Energie (auch als „Lageenergie" bezeichnet), die ein Körper aufgrund seiner Position innerhalb eines Gravitationsfeldes enthält. Weitere Formen der mechanischen Energie sind die als Spannungsenergie bezeichnete potentielle Energie einer gespannten Feder oder die mit der Ausdehnungs- oder Expansionsarbeit verbundene Energieänderung eines erwärmten Gases. Auch die Rotationsenergie eines rotierenden Systems gehört zur mechanischen Energie.

Betrachten wir als Beispiel die Lageenergie. Ein Körper mit der Masse m, der innerhalb des Schwerefeldes der Erde auf eine Höhe h angehoben wird, gewinnt eine Lageenergie bzw. eine potentielle Energie von E = m · g · h, wobei g die Erdbeschleunigung repräsentiert (9,81 m/s^2). Das Produkt m · g (Masse × Beschleunigung) entspricht dem Gewicht G des betreffenden Körpers. Wird beispielsweise ein Körper mit dem Gewicht G = m · g = 50 kg auf eine Höhe von 5,5 m angehoben, so gewinnt er eine Menge potentieller Energie von E = G · h = 50 kg x 5,5 m = 275 kg · m. Geht dagegen dieser Körper in eine tiefere Energielage über, indem er beispielsweise zum Erdboden fällt, so liefert er eine kinetische Energiemenge E mit dem Betrag von G · h = $^1/_2$ m · v^2. Am Ende der Strecke h besitzt dieser Körper also eine Geschwindigkeit v. Seine kinetische Energie entspricht dabei der ursprünglichen potentiellen Energie. Wird beispielsweise der vorher genannte Körper freigelassen, so fällt er von der Höhe h = 5,5 m auf den Erdboden (h = 0) und gibt

41

somit seine Lageenergie in Form von Wärme- bzw. Zerstörungsenergie frei.

Kinetische Energie stellt die fundamentalste Energieform des täglichen Lebens überhaupt dar. Unser gesamtes Transportsystem zu Wasser, zu Land und in der Luft beruht auf kinetischer Energie. Ohne diese Energieform stünden praktisch alle Räder still.

Mit steigender Industrialisierung wuchs u.a. auch der Bedarf an dieser Energieform ständig. Er wird heute in erster Linie durch fossile Energieträger wie Erdöl und Erdgas gedeckt.

Wärmeenergie

Die Frage nach dem Wesen der Wärmeenergie führt zum Wesen der Temperatur und damit zur atomaren Struktur der Materie.

Atome innerhalb eines materiellen Körpers befinden sich ständig in Bewegung; und diese Bewegung nimmt mit steigender Temperatur an Heftigkeit zu. Je heißer also ein Körper wird, desto heftiger bewegen sich seine Atome hin und her. Man kann demnach sagen, daß die Temperatur ein Maß für Bewegung der Atome (bzw. Moleküle) eines Körpers ist. Kühlt man einen Körper ab, so sinkt die Bewegungsenergie seiner Atome, bis der Punkt erreicht wird, an dem diese Bewegung zum Stillstand kommt, d.h. die Bewegungsenergie der Atome Null wird. Die Temperatur, bei der dieser Zustand erreicht wird, bezeichnet man als absolute Nulltemperatur. Sie beträgt $-273{,}15°$ C.

Anstelle der Maßeinheit Grad Celsius (C) wird in der Physik vielfach die Maßeinheit Grad Kelvin (K) verwendet. Zwischen C und K besteht die Beziehung $0\ K = -273{,}15°\ C \approx -273°\ C$. Demnach entspricht die Temperatur von $+100°$ C einem Wert von 373 K, die Temperatur von $+20°$ C einem Wert von 293 K usw.

Ein Körper, dessen Temperatur oberhalb der absoluten Nulltemperatur liegt, erzeugt stets eine Rauschenergie $E = k \cdot T$. Darin bezeichnet T die Temperatur in Grad Kelvin und k die Boltzmannsche Konstante, die einen Wert von $1{,}38 \cdot 10^{-23}$ Joule/K hat. Befindet

42

sich der betreffende Körper auf einer Temperatur von beispielsweise 1 K, so beträgt seine Rauschenergie $E = 1{,}38 \cdot 10^{-23}$ Joule. Das entspricht einem Wert von 0,000086 eV (vgl. Anhang), im Prinzip eine verschwindend kleine Energiemenge. Hohe Temperaturen bedingen hohe (ungerichtete) Atom- bzw. Molekülbewegungen und größere Energiemengen.

Aus dem oben Gesagten folgt, daß Abkühlungsprozesse stets mit Energiefreigabe verbunden sein müssen. Bei einer Dampfmaschine beispielsweise wird kinetische Energie gewonnen, indem die Dampftemperatur künstlich herabgesetzt wird. Damit aber diese „Kunst" zur Realität wird, muß zunächst Energie (z.B. durch Verbrennung von Steinkohle oder Erdöl) aufgewendet werden, um aus Wasser Dampf zu erzeugen.

Wärmeenergie läßt sich auf verschiedene Weise, beispielsweise durch Strahlung, Wärmeleitung oder Konvektion übertragen. Die Konvektion beruht auf der Tatsache, daß ein Stoff im flüssigen oder gasförmigen Zustand bei höheren Temperaturen eine geringere Dichte als bei niedrigen Temperaturen aufweist. Daraus folgt, daß Energie stets vom Ort der höheren Dichte zum Ort der niedrigeren Dichte in Form von Strahlung „strömt". Dabei unterscheidet man zwischen der freien und der erzwungenen Konvektion. In den meisten Fällen handelt es sich um Wärmeübertragung durch erzwungene Konvektion. Ein Beispiel, in dem die Wärmeenergie sowohl durch freie als auch durch erzwungene Konvektion genützt wird, stellt die wohlbekannte Hausheizung dar. Der Transport des warmen Wassers wird durch erzwungene Konvektion mit Hilfe von Pumpen erreicht, während die Wärmeübertragung vom Heizkörper in den zu heizenden Raum über die durchströmende Luft, d.h. durch freie Konvektion, stattfindet.

Die Energieübertragung durch Strahlung unterscheidet sich von den zuvor genannten Wegen grundsätzlich dadurch, daß sie kein Übertragungsmedium voraussetzt. Die Übertragung geschieht vielmehr durch elektromagnetische Wellen d.h. durch Photonen, die von den beteiligten Körpern ausgestrahlt werden. Beim Auftreffen dieser Wellen auf andere Körper werden sie absorbiert und in Wärme umgesetzt. Ein bekanntes Beispiel hierfür ist der Mikrowellenherd. Dort wird praktisch Wärmeenergie in Form von Mikrowellenstrahlung benutzt, um die Erwärmung bzw. das Kochen von Speisen zu ermöglichen. Bei der drahtlosen Kommunikationstechnik dienen solche Wellen der Informationsübertragung.

Elektrische Energie

Elektrische Energie stützt sich auf die bereits erwähnte elektromagnetische Kraft, die im Niederfrequenz- bzw. im niederenergetischen Bereich getrennt in elektrische und magnetische Kraft in Erscheinung tritt. Während die magnetische Kraft auf den Magnetismus zurückzuführen ist, stützt sich die elektrische Kraft auf die Elektrizität, deren Elementarladung die elektrische Ladung eines Elektrons von $1,602 \cdot 10^{-19}$ Coulomb ist. Dabei handelt es sich um eine negative elektrische Ladung. Die gleiche, jedoch positive elektrische Ladung enthält das Proton.

Elektrizität ist seit dem 6. Jahrhundert vor Christi Geburt bekannt, als Thales von Milet die Beobachtung machte, daß Bernstein durch Reibung in die Lage versetzt wird, kleine trockene Gegenstände wie Haare oder Pflanzenblätter anzuziehen. Die Nutzung der Elektrizität als Energieträger gelang jedoch erst im 19. Jahrhundert, als Michael Faraday im Jahre 1831 das Induktionsgesetz entdeckte und Pioniere wie Siemens, Weatstone und Varley das Dynamoprinzip in die Praxis umzusetzen vermochten. Erst auf diese Weise war es möglich, elektrische Energie im Großmaßstab zu gewinnen.

Weil Materie in der Regel elektrisch neutral auftritt, kann elektrische Energie nur durch den Einsatz von Energie anderer Form gewonnen werden. Dabei kann es Fälle geben, in denen nicht nur eine, sondern mehrere Umwandlungen erforderlich sind, bis dies erreicht wird. Je größer die Anzahl der erforderlichen Energieumwandlungen ist, desto kleiner auch der erzielbare Wirkungsgrad. Daher ist man bestrebt, stets Primärwandler zu verwenden, d.h. Energiewandler, die eine bestimmte Energieform direkt in elektrische Energie umwandeln. Das trifft beispielsweise im Falle der

44

Brennstoffzelle zu, die, die im Wasserstoff chemisch gespeicherte Energie unmittelbar in elektrische Energie umwandelt. Wird dagegen aus Wärme Dampf erzeugt, der danach eine Dampfturbine treibt, die einen Elektrogenerator in Bewegung setzt, der anschließend elektrische Energie produziert, so beläuft sich die Anzahl der erforderlichen Energieumwandlungen auf drei. Ähnliches gilt im Falle eines Kernreaktors, der aus Kernenergie erst Wärmeenergie erzeugen muß, um eine Dampfturbine zu versorgen, die einen Elektrogenerator antreibt, der schließlich die gewünschte elektrische Energie liefert.

Unabhängig aber von der Anzahl der erforderlichen Energieumwandlungen – eins steht fest: Für die Gewinnung elektrischer Energie müssen stets elektrische Ladungen, d.h. Elektronen, mobilisiert werden. Dafür muß wiederum Energie aufgewendet werden. Die dazu benutzten physikalischen Prinzipien sind je nach dem verwendeten Energiewandler verschieden. Die wichtigsten dieser Wandler sind der Elektrogenerator, die Solarzelle, die Brennstoffzelle, das Thermoelement, das galvanische Element und das piezoelektrische Element. Für die Energiewirtschaft war bislang nur der Elektrogenerator von Bedeutung. Mit dem Aufkommen der Wasserstofftechnologie und der Solartechnik gewinnen mittlerweile die Solarzelle und die Brennstoffzelle zunehmend an Bedeutung.

Strahlungsenergie

Die universellste aller Energieformen ist die Strahlungsenergie. Dabei versteht man als Strahlung die Ausbreitung von Energie allgemein. Strahlung kann sowohl aus Photonen, als auch aus Materieteilchen (Elektronen, Protonen usw.) bestehen. Meist wird aber unter diesem Begriff die elektromagnetische Strahlung verstanden, die ausschließlich aus Photonen besteht. Dabei können Photonen genauso wie Materieteilchen sowohl als Wellen wie auch als Teilchen aufgefaßt werden. Wegen dieser (paradoxen) Erscheinung spricht man vom Doppelcharakter (Wellen/Teilchen-Charakter) des Lichts bzw. der elektromagnetischen Erscheinungen allgemein.

45

Die elektromagnetische Strahlung (darunter auch das Licht) hat ihre Ursache im atomaren Aufbau der Materie. Ihre Entstehung hängt mit der Beschleunigung elektrischer Ladungen (z.B. Elektronen) zusammen. Die dabei benötigte Energie kann aus den verschiedensten Quellen stammen und daher die unterschiedlichsten Formen haben. Im Fall einer elektrischen Lampe etwa hat sie elektrischen, im Fall einer brennenden Kerze chemischen Charakter. Die elektrische Lampe benutzt elektrische Energie, um Licht auf technischem, die Kerze chemische Energie, um Licht auf natürlichem Weg (durch Verbrennung) zu erzeugen.

Betrachtet man die elektromagnetischen Wellen unabhängig von ihrer natürlichen oder technischen Herkunft, so stellt man fest, daß sie ein enormes Frequenzspektrum haben, das sich über mehr als 90 Oktaven erstreckt. Dabei versteht man unter einer Oktave den Bereich zwischen zwei Frequenzen mit dem Verhältnis 1 : 2, z.B. 10 : 20 Hz, 100 : 200 Hz usw.

Das sichtbare Licht erstreckt sich innerhalb einer Bandbreite von nur einer Oktave, in der die Farben rot, orange, grün, blau und violett mit den Wellenlängen zwischen etwa 400 und 750 Nanometer (nm) bzw. den Frequenzen zwischen $4,0 \cdot 10^{14}$ und $7,5 \cdot 10^{14}$ Hz liegen.

Versuche, die elektromagnetische Strahlung als Energieträger auch im Bereich der Elektrizitätswirtschaft einzusetzen, sind in der Vergangenheit gescheitert. Auch die Idee, Mikrowellenenergie von Riesensatelliten zur Erde zu übertragen, ist inzwischen ad acta gelegt. Ungeachtet dessen ist die elektromagnetische Strahlung ein „universelles Werkzeug" für die drahtlose Übertragung von Information auch über riesige Entfernungen. Hinzu kommen zahlreiche weitere Anwendungen in Industrie, Forschung und Medizin.

Kernenergie

Kernenergie hängt mit der Bindungsenergie zwischen den Nukleonen, d.h. zwischen Protonen und Neutronen, die die Atomkerne bilden, zusammen. Diese Energie kann auf zweierlei Weise freigesetzt werden: auf dem Weg der Kernfusion (Kernverschmelzung) und auf dem Weg der Kernspaltung. Im ersteren Fall entstehen durch die Vereinigung (Verschmelzung) von leichten Atomkernen mittelschwere Atomkerne, im zweiten Fall entstehen durch die Spaltung von schweren Atomkernen leichtere Atomkerne.

Sowohl bei der Kernfusion als auch bei der Kernspaltung entsteht stets ein Massendefekt Δm, der sich nach Einsteins Formel $E = m \cdot c^2$ in Energie umwandelt.

Betrachten wir als Beispiel das Deuteron, d.h. den Atomkern des Deuteriums, der aus einem Proton und einem Neutron zusammengesetzt ist. Die Masse des Protons beträgt $1,6724 \cdot 10^{-24}$ g, die Masse des Neutrons $1,6750 \cdot 10^{-24}$ g. Auf die Masse des Elektrons (m_e) von $0,9108 \cdot 10^{-27}$ g bezogen, sehen diese Werte wie folgt aus:

$$\text{Neutron: } (m_n) = 1839 \, m_e$$
$$\text{Proton } (m_p) = 1836,2 \, m_e$$

Stellen wir uns nun vor, wir „produzieren" durch die Zusammenführung eines Protons und eines Neutrons ein Deuteron. Hier wäre zu erwarten, daß die Masse dieses Atomkerns der Summe der Massen der beiden Teilchen entspricht, also $1839 + 1836,2 = 3675,2 \, m_e$ beträgt. Versuchen wir jedoch, einen solchen Atomkern zu „wiegen", so werden wir feststellen, daß die Gesamtmasse keineswegs dem genannten Betrag von $3675,2 \, m_e$ entspricht, sondern etwas darunter liegt, nämlich bei $3671 \, m_e$. Wir stellen mit anderen Worten eine Massendifferenz, den genannten Massendefekt Δm, fest, der einen Wert von $3765,2 - 3761 = 4,2 \, m_e$ hat. Die fehlende Masse wird daher mit $-4,2 \, m_e$ bezeichnet. Dieser Massendefekt ist aber nichts anderes als die Bindungsenergie der beiden Nukleonen. Er ist die Energie, die praktisch die beiden Nukleonen des Deuterons zusammenhält. Weil ein Elektron einen Energiewert von 0,512 MeV hat, beträgt der festgestellte Massendefekt $4,2 \times 0,512 \approx 2$ MeV. Der Massendefekt bzw. die Bindungsenergie pro Nukleon beträgt im vorliegenden Fall $2/2 = 1$ MeV. Diese Energie ist gewiß nicht sehr groß. Bei einer Kernfusion oder einer Kernspaltung sind jedoch viele Milliarden von Nukleonen beteiligt. Auf diese Weise entstehen dann doch enorme Energiemengen.

Bei dem Kernspaltungsprozeß am Beispiel der Uranspaltung hat der Ablauf folgende Gestalt: Ein Atomkern mit der Massenzahl 235 spaltet sich durch Beschuß mit Neutronen in zwei leichtere Atomkerne. In diesen beiden neuen Elementen ist die Bindungsenergie jedes einzelnen Nukleons um etwa 0,9 MeV kleiner als in dem ursprünglichen großen Urankern. Das bedeutet, daß durch eine solche Spaltung eine Energiemenge von etwa 0,9 MeV pro Nukleon freigesetzt wird. Bei der Spaltung eines einzigen Uran 235-Kerns wird also eine Gesamtenergie von 235 x 0,9 = 211,5 MeV freigesetzt. Das Durchschnittsgewicht eines Urankerns beträgt 235 x $1,674 \cdot 10^{-24}$ g = $3,93 \cdot 10^{-22}$ g. Eine Uranmenge von 1 kg enthält somit etwa 10^3 g/$3,93 \cdot 10^{-22}$ g = $2,54 \cdot 10^{24}$ Atomkerne, so daß sich die freigesetzte Energie auf $2,54 \cdot 10^{24}$ x 211,5 MeV = $5,36 \cdot 10^{26}$ MeV = $5,36 \cdot 10^{32}$ eV beläuft. Dies entspricht einer Energiemenge von $5,36 \cdot 10^{32}$ x $4,43 \cdot 10^{-26}$ = $23,8 \cdot 10^6$ kWh $\approx$ 24 Millionen Kilowattstunden (siehe Anhang). Die gleiche Heliummenge (1 kg) liefert auf dem Wege der Kernfusion sogar eine Energiemenge von etwa 200 Millionen kWh. Zum Vergleich: 1 Liter Benzin liefert nur etwa 8,5 kWh. Daraus wird ersichtlich, welche Energiemengen durch die Kernspaltung bzw. durch die Kernfusion freigesetzt werden.

Chemische Energie

Eine weitere Energieform ist die chemische Energie. Sie bewirkt den Zusammenschluß von Atomen zu Molekülen und wird deshalb auch als „chemisch gebundene Energie" bezeichnet. Will man die Moleküle einer Substanz wieder in einzelne Atome zerlegen, dann muß man Energie aufwenden, die mindestens so groß sein muß wie die Bindungsenergie der Moleküle der betreffenden Substanz. Die Bindungsenergie ist nicht bei allen Molekülen gleich, sondern hat je nach Molekülart sehr unterschiedliche Werte, weswegen man zwischen „energiearmen" und „energiereichen" chemischen Verbindungen bzw. Substanzen unterscheidet.

Nun kann man Energie auch gewinnen, indem man chemische Reaktionen herbeiführt, in denen sich energiereiche zu energiearmen Verbindungen umbilden. Solche Reaktionen nennt man exogen. Fossile Energieträger wie Kohle, Erdöl und Erdgas gehören zu den energiereichen Verbindungen, die durch Verbrennung, d.h. durch die chemische Reaktion mit Sauerstoff, einen Teil ihrer Bindungsenergie in Form von Wärmeenergie abgeben. Durch Verbrennung entstehen also aus energiereichen Verbindungen energiearme Verbindungen und dadurch auch ein Überschuß an Bindungsenergie, der als Wärme freigesetzt wird.

Es gibt aber auch den umgekehrten Vorgang: Aus energiearmen chemischen Verbindungen werden unter Zufuhr von Energie energiereiche Verbindungen. Diese chemische Reaktion nennt man endogen. Genau dies findet in der Photosynthese statt, einer der genialsten Erfindungen der Natur. Dabei wird durch Sonnenstrahlung des Wellenlängenbereichs 400 bis 700 Nanometer, d.h. durch sichtbares Licht, in den Pflanzenzellen unter Mitwirkung bestimmter Farbstoffmoleküle – meistens Chlorophyll – Wasser (H_2O) in Wasserstoff (H_2) und Sauerstoff (O) gespalten. Der Wasserstoff bildet anschließend mit dem Kohlendioxid (CO_2) der Atmosphäre Biomasse, d.h. Kohlenhydrate, währenddessen Sauerstoff freigesetzt wird.

Masse-Energie-Äquivalenz

Eines der spektakulärsten Verdienste der Naturwissenschaften ist die Entdeckung der Äquivalenz von Masse und Energie, die Albert Einsteins berühmte Formel $E = m \cdot c^2$ beschreibt. Diese Entdeckung ebnete nicht nur den Weg zur Erschließung der Kernenergie, sondern hat darüber hinaus kosmologische Konsequenzen. Zu dieser Entdeckung gelangte Einstein kurz nach der Veröffentlichung des ersten Teils seiner speziellen Relativitätstheorie, die Mitte des Jahres 1905 unter dem Titel *Zur Elektrodynamik bewegter Körper* in den *Annalen der Physik* erschien. In der im September desselben Jahres

49

an gleicher Stelle veröffentlichten Arbeit mit dem Titel *Ist die Trägheit eines Körpers von seiner Energie abhängig?* zeigte der zu dieser Zeit noch gänzlich unbekannte junge Physiker, daß die Masse eines materiellen Körpers größer bzw. kleiner werden kann, indem er Energie absorbiert bzw. emittiert. Diesen Vorgang beschreibt quantitativ die oben genannte Formel: $E = m \cdot c^2$. Darin bedeuten: E = Energie (Joule), m = Masse (kg) und c = Lichtgeschwindigkeit ($3 \cdot 10^8$ m/s). Somit beträgt die Energie einer Masse von nur 1 g: $E = m \cdot c^2 = 10^{-3} \times (3 \cdot 10^8)^2 = 9 \cdot 10^{13}$ Joule. Diese Energiemenge entspricht $9 \cdot 10^{13}/3,6 \cdot 10^6 = 2,5 \cdot 10^7$ kWh (vgl. Angang) – also eine enorme Energiemenge. Will man umgekehrt mit Hilfe von Energie eine Masse von 1 g „herstellen", so muß man die gleiche Energiemenge, d.h. $2,5 \cdot 10^7$ kWh aufwenden. Durch die Umwandlung einer Masse von 1 kg in Energie entsteht also eine Energiemenge von $2,5 \cdot 10^7 \times 10^3 = 2,5 \cdot 10^{10}$ kWh. Diese Energiemenge entspricht $2,5 \cdot 10^{13}$ Wh/8760 h = $0,28 \cdot 10^{10}$ Wa = 0,0028 TWa. Weil der jährliche Weltenergieverbrauch* derzeit bei 13,5 TWa liegt, bedeutet dies, daß theoretisch 13,5/0,0028 = 4,8 Tonnen Masse dafür ausreichen würden, diesen Energiebedarf zu decken. Dazu müßte allerdings die genannte Masse zu hundert Prozent in Energie umgewandelt werden – eine Voraussetzung, die nur durch einen Materie-Antimaterie-Vernichtungsprozeß erreicht werden kann. Die genannte Energiemenge würde also freigesetzt, wenn es gelänge, 4,8/2 = 2,4 Tonnen Materie mit 2,4 Tonnen Antimaterie in Berührung zu bringen. Prozesse dieser Art sind auf der Ebene der Elementarteilchen labormäßig bereits bekannt. Im großtechnischen Maßstab ist uns diese „Kunst" bisher erfreulicherweise versagt geblieben, so daß der Menschheit bislang wenigstens die Antimateriebombe erspart geblieben ist.

---

*) Dieser Begriff ist inzwischen fest verankert, obwohl er eigentlich unsinnig ist, weil Energie als Erhaltungsgröße nicht verbraucht werden kann. Vielmehr findet ein Exergieverbrauch bzw. eine Exergievernichtung statt. Exergie ist diejenige Energiemenge einer Energieform, die in technische Arbeit umgesetzt werden kann. Das Gegenteil ist die Anergie, diejenige Energiemenge einer Energieform, die nicht in technische Arbeit umgesetzt werden kann.

50

Energiebedarf – Energiequellen

Energie ist ein begehrtes und teures Gut. Dies hat einst auch Matthew Boulton erkannt und hinzugefügt: „Sir, ich verkaufe hier, was die ganze Welt verlangt, Energie".

Energie ist das „Elixier" des Lebens. Ohne Energie können weder Pflanzen noch Tiere existieren, und schon gar nicht der Mensch. Er kann nur vier Minuten ohne Sauerstoff, drei Tage ohne Wasser und 30 Tage ohne Nahrung überleben. Der minimale Energiebedarf des Menschen resultiert also aus seinem Nahrungsbedarf, der üblicherweise in Kalorien (cal) statt in Kilokalorien angegeben wird. Der Mensch verbraucht durchschnittlich etwa $2 \cdot 10^6$ cal täglich. Diese Energiemenge entspricht: $2 \cdot 10^6$ x 4,18 Ws $\approx 8,4 \cdot 10^6$ Ws = $8,4 \cdot 10^3$ kWs bzw. $8,4 \cdot 10^3/3600 \approx 2,33$ kWh (vgl. Anhang). Eine 2 kW-Kochplatte, die eine Stunde lang betrieben wird, verbraucht 2 kWh, d.h. nahezu die Energiemenge, die der menschliche Organismus für einen ganzen Tag braucht. Diese Energiemenge entspricht etwa dem Energieverbrauch einer 100 W-Lampe, die 24 Stunden lang brennt. Denn eine solche Lampe verbraucht in der genannten Zeitspanne 100 W x 24 h = 2400 Wh = 2,4 kWh. Der jährliche Ernährungsbedarf eines Durchschnittsmenschen beträgt somit 2,4 kWh x 365 Tage = 876 kWh. Vergleicht man diese Energiemenge mit der Energie, die der Mensch für seine übrigen Verrichtungen des täglichen Lebens beansprucht, dann stellt man fest, daß sie verschwindend klein ist. Denn der Pro-Kopf-Leistungsbedarf in den USA beträgt stolze 12 kW. Im Laufe eines Jahres verbraucht also jeder Amerikaner eine Energiemenge von 12 kW x 365 x 24 h = 105 120 kWh. Das Verhältnis zwischen der für die Ernährung erforderlichen Energiemenge von 876 kWh und der für die übrigen Verrichtungen benötigten Energiemenge von 105 120 kWh beträgt also 105 120/876 $\approx$ 170. Im Falle eines Nigerianers ist dieses Verhältnis dagegen nur etwa 1752/876 = 2, weil der Pro-Kopf-Leistungsbedarf in Nigeria nur bei etwa 0,2 kW liegt (vgl. Bild 6).

Der durchschnittliche Leistungsbedarf der 6 Milliarden Menschen auf der Erde beträgt etwa 2,5 kW. Das entspricht einer jährlichen Energiemenge von 2,5 kW x 365 x 24 h = 21 900 kWh. Bezogen auf die genannte Ernährungsenergiemenge von 876 kWh entspricht dies einem Faktor von 21 900/876 = 25. Der durchschnittliche Pro-Kopf-Energieverbrauch hat also einen Wert, der die für die Ernäh-

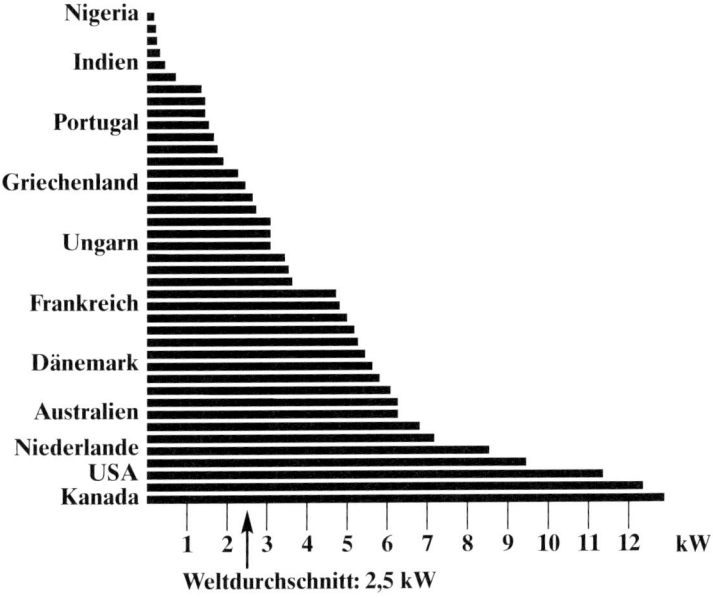

Bild 6: Der jährliche Pro-Kopf-Leistungsbedarf verschiedener Länder in kW. Diese Zahlen verdeutlichen zugleich die Kluft zwischen Wohlstand und Armut.

rung des menschlichen Organismus erforderliche Energiemenge um das 25fache übersteigt. Bei stagnierendem Weltenergiebedarf (heute: 13,5 TWa/a) und stagnierender Weltbevölkerung (heute: 6 Mrd Menschen) muß also die enorme Energiemenge von 21 900 kWh pro Kopf jährlich bereitgestellt werden. Die bisherigen Prognosen sprechen aber eine andere Sprache.

Im Jahre 2000 v. Chr. lebten auf der Erde weniger als 200 Millionen Menschen. Um die Zeitenwende waren es bereits etwa

52

250 Millionen. Im Jahre 1650 hatte sich diese Zahl verdoppelt und gegen Mitte des 19. Jahrhunderts wurde die Milliardengrenze überschritten. Seither schießt die Wachstumsrate steil in die Höhe. Im Jahre 1930 betrug die Erdbevölkerung bereits 2 Milliarden Men-

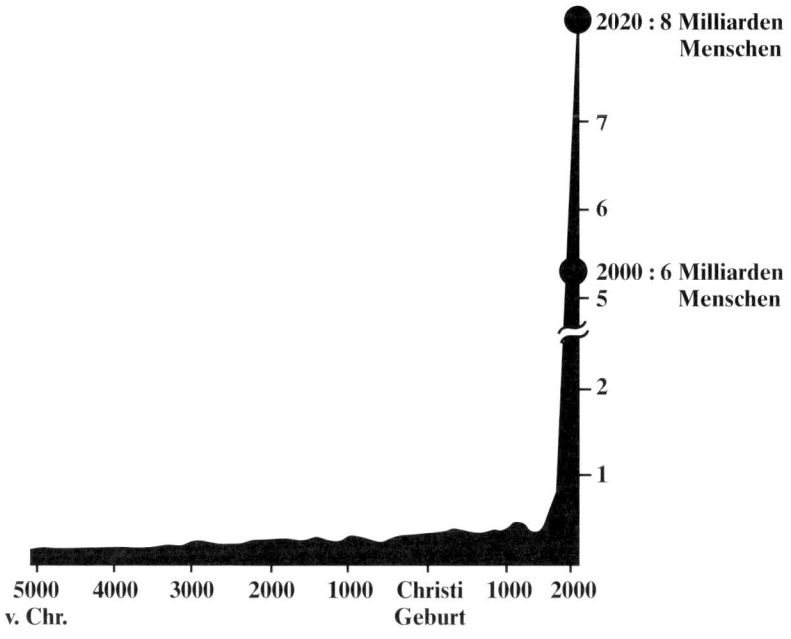

Bild 7: Die Weltbevölkerungsexplosion hat dazu geführt, daß die Erde bereits heute von 6 Milliarden Menschen bevölkert wird. Bis zum Jahr 2020 werden es höchstwahrscheinlich 8 Milliarden sein. Experten meinen, gerade die Hälfte davon, d.h. nur 3 Milliarden, könne die Erde „schmerzlos" verkraften.

schen, im Jahr 1960 3 Milliarden und im Jahr 1987 erreichte sie die 5 Milliarden-Grenze. Heute (2000) liegt sie bei 6 Milliarden (vgl. Bild 7). Das Wachstum beträgt 1,4% jährlich (nördliche Regionen 0,6%, südliche Regionen 1,7%). Für das Jahr 2030 sehen die verschiedenen Prognosen düster aus; denn sie lauten wie folgt:

- II ASA (1981):   8,0 Mrd Menschen
- II ASA (1992):   9,4 Mrd Menschen
- WEC (1999):   9,3 Mrd Menschen
- Greenpeace (1993):   8,8 Mrd Menschen
- Lovings (1983):   8,0 Mrd Menschen
- Goldenberg (1998):   7,8 Mrd Menschen
- Johannson (1993):   8,5 Mrd Menschen

Für das Jahr 2075 rechnet man sogar mit einer Weltbevölkerung von etwa 15 Milliarden Menschen. Dabei muß berücksichtigt werden, daß dieser Anstieg sich nicht gleichmäßig auf alle Erdteile verteilt. In Afrika und Asien etwa, wo der Pro-Kopf-Energieverbrauch derzeit vergleichsweise niedrig ist, wird der Bevölkerungsanstieg viel größer sein als in Europa; und dies bedeutet, daß der Weltenergiebedarf selbst dann weiter steigen wird, wenn der jährliche Pro-Kopf-Energiebedarf in den entwickelten Ländern nicht weiter zunehmen würde. Ein charakteristisches Beispiel dieser Entwicklung gibt der westafrikanische Vielvölkerstaat Nigeria. Betrug seine Einwohnerzahl im Jahre 1950 schätzungsweise 41 Millionen Menschen, so lag sie im Jahre 1987 bereits bei 108,6 Millionen. Im Jahr 2050 muß dieses Land mit etwa 470 Millionen Menschen rechnen; und dies bedeutet, daß der Energiebedarf dieses Landes, selbst wenn die Pro-Kopf-Leistung bei nur 0,2 kW stagnieren würde, um den Faktor 470/108,6 = 4,2 steigen wird. Dies ist aber als illusorisch zu betrachten; denn die zunehmend verbesserten Kommunikationsmittel, die die Menschen dort mit dem Wohlstand der entwickelten Länder bekannt machen, führen dazu, daß die Nigerianer ihre eigenen Konsumbedürfnisse laufend steigern. Von daher gesehen wäre es nicht verwunderlich, wenn die derzeitige Anzahl von weltweit etwa 700 Millionen Kraftfahrzeugen bis zum Jahre 2025 auf etwa zwei Milliarden steigen würde. Kraftfahrzeuge bilden aber nur einen der vielen Posten auf der Wohlstands-Wunschliste der Entwicklungsländer.

Während die Energie-Starkverbraucher inzwischen vom „Energiesparen" sprechen, pochen die Ärmsten der Armen auf das Recht steigender Energiebedarfsmengen. Dies haben auch die Prognosen der Weltenergiekonferenz von 1983 für das Jahr 2020 gezeigt; und die bisherigen Zahlen bestätigen diese Vorhersagen. Während z.B. der Norden zwischen den Jahren 2000 und 2020 mit einem Energiebedarfszuwachs von etwa 5% rechnet, erwartet man für den Süden einen Energiebedarfszuwachs von etwa 50%. Rechnet man den stärkeren Bevölkerungszuwachs des Südens hinzu, dann wird einem klar, welche Energiemengen für diese Regionen künftig erforderlich sein werden; und eine Verweigerung des Nordens wäre schwer durchsetzbar. Hier scheint also der Nord/Süd-Konflikt „vorprogrammiert" zu sein; denn wer sich satt gegessen hat, darf den Hungrigen das Essen nicht ohne weiteres verweigern.

Der Weltenergieverbrauch hat bis jetzt nur einen Weg gezeigt – den Weg nach oben. Denn innerhalb des vergangenen 20. Jahrhunderts sah sein Anstieg wie folgt aus:

- 1900: 0,45 TWa/a
- 1950: 2,6 TWa/a
- 1960: 4,3 TWa/a
- 1970: 7,5 TWa/a
- 1980: 10,0 TWa/a
- 1990: 12,0 TWa/a
- 2000: 13,5 TWa/a

Der derzeitige Weltenergieverbrauch beträgt also etwa 13,5 TWa/a; d.h.: jedes Jahr muß eine Energiemenge von 13,5 TWa bereitgestellt werden, damit dieser Bedarf gedeckt werden kann. Diese Energiemenge entspricht: $13,5 \cdot 10^{12}$ W $\times$ 8 760 h = $118 \cdot 10^{15}$ Wh = $1,18 \cdot 10^{14}$ kWh. Dabei handelt es sich allerdings nur um die kommerziell gehandelte Energie. Hinzu kommen noch schätzungsweise 10% bis 15% nicht kommerziell gehandelte Energie, die aus Biomasse der verschiedensten Arten gewonnen wird. Wie diese riesige Energiemenge auf die Weltbevölkerung z.Zt. verteilt wird, zeigt das Bild 8. Die reichen Länder, in denen nur 17% der Erdbevölkerung lebt, verbrauchen 58% der 13,5 TWa jährlich. Dagegen müssen sich die ärmeren Länder mit ihren 57% der Erdbevölkerung mit nur 23% des Weltenergieverbrauchs zufrieden geben. Die etwa 1,2 Milliarden Chinesen, die ca. 21% der Weltbevölkerung ausmachen, müssen z.B. mit nur 11% des Weltenergieverbrauchs auskommen; und dies ist keine beruhigende Feststellung.

Wie wird nun der künftige Weltenergiebedarf tatsächlich aussehen? Um eine Antwort auf diese nicht ganz einfache Frage bemühen sich weltweit mehrere Organisationen, Institutionen und zum Teil auch einzelne Energieexperten. Dabei orientieren sich ihre Studien stets an den Entwicklungstendenzen der Erdbevölkerung, des Sozialprodukts und der technologischen Entwicklung der einzelnen

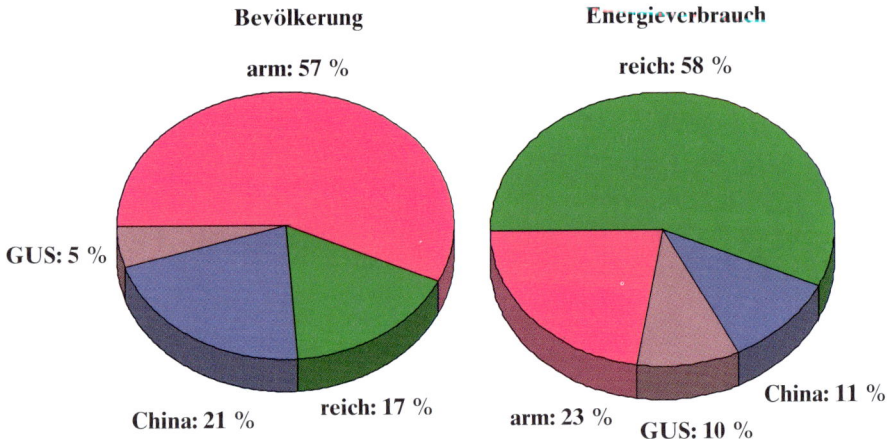

Bild 8: Die reichen Länder mit einem Weltbevölkerungsanteil von nur 17% beanspruchen 58% des gesamten Weltenergieverbrauchs von z.Zt. 13,5 TWa/a. Auch hier tickt eine „Bombe", die irgendwann explodieren könnte.

Fachbereiche, die sich mit der Gewinnung von Primärenergie und ihrer Umwandlung in Sekundär- bzw. Nutzungsenergie befassen. Alle diese Spezialisten bedienen sich der inzwischen wohlbekannten Szenariotechnik, wobei die verschiedenen Annahmen systematisch variiert werden, die zu mehreren alternativen Zukunftsversionen führen. Mit Hilfe eines auf dem Computer abgebildeten Modells des Energieversorgungssystems werden dann die Auswirkungen dieser Annahmen auf die Energiesituation errechnet. So sieht z.B. das II ASA(high)-Szenario für das Jahr 2030 einen Energiebedarf von stattlichen 35,7 TWa/a voraus. Die Low-Version dieses Szenarios führt zu einem Energiebedarf von „nur" 22,5 TWa/a. Das WEC-A-Szenario errechnet für das gleiche Jahr einen Energiebedarf von 28,6 TWa/a und das WEC-B1-Szenario einen Wert von 26,0 TWa/a.

56

Die Szenarien WEC-B und WEC-C führen zu 20,4 TWa/a bzw. 16,3 TWa/a. Als Schlußlicht gilt das Lovins-Szenario, das für das Jahr 2030 einen Weltenergiebedarf von nur 5,2 TWa/a vorausberechnet. Welches dieser Szenarien der Wirklichkeit am nächsten kommt, ist schwer vorauszusagen. Die Wahrscheinlichkeit aber, daß das Lovins-Szenario der Realität entspricht, ist gewiß gering. Vielmehr muß man sich an Werten orientieren, die um die 20 TWa/a liegen; und diese riesigen Energiemengen müssen aus irgendwelchen Energiequellen gedeckt werden.

Der bereits erwähnte heutige Weltenergieverbrauch von 13,5 TWa/a verteilt sich z.Zt. auf die folgenden Energiequellen:

Erdöl:	43 %
Kernenergie:	10 %
Kohle:	29 %
Erdgas:	15 %
Sonnenenergie:	3 %
(direkte u. indirekte)	

Die Welt ist also nach wie vor auf fossile Energiequellen eingestellt; und diese Energiequellen werden, wie bereits bekannt ist, bald ausgeschöpft sein. Dies wissen inzwischen nicht nur Energieexperten, sondern auch die breite Öffentlichkeit und vor allem die Politiker. Was man aber nicht genau weiß, ist die tatsächliche Kapazität und damit die Reichweite der fossilen Energiequellen; und deswegen wird über diese Frage immer heftig debattiert, wobei zum Teil verwirrende und sich widersprechende Zahlen zu hören sind. Diese Zahlen werden gelegentlich von manchen Stellen auch für politische Zwecke „mißbraucht". So werden oft beruhigende Äußerungen verlautbart, die den Eindruck erwecken sollen, die Energieverknappung sei gar kein Problem, weil ja laufend neue Erdöl- und Erdgasquellen entdeckt und erschlossen werden. Seit zwei bis drei Jahrzehnten weiß man aber über die Weltenergiereserven* recht gut Bescheid;

---

* Als Reserven werden nur die derzeit wirtschaftlich gewinnbaren Gesamtreserven bezeichnet. Diese sind stets weniger als die tatsächlichen Gesamtreserven. Ihre Menge kann, je nach Wirtschaftslage, verändert werden.

und die Untersuchungen, die laufend durchgeführt werden, bestätigen dies. Inzwischen besteht kein Zweifel daran, daß das Produktionsmaximum dieser Energiequellen bereits im Laufe des ersten Jahrzehnts des neuen Jahrhunderts erreicht sein wird; und im günstigsten Fall wird sich dieses Maximum auf das Jahr 2030 oder 2040 verschieben (vgl. Bild 9) – übrigens eine optimistische Annahme. Außerdem steht fest, daß seit den 60er Jahren laufend weniger Erdöl entdeckt werden konnte. Während der letzten Hälfte der 90er Jahre entsprachen z.B. die neu entdeckten Erdölmengen nur dem Erdölverbrauch eines einzigen Jahres. Wichtig aber ist in diesem Zusammenhang nicht die absolute Reichweite der einen oder anderen Energiequelle, sondern die Tatsache, daß fossile Energieträger irgendwann zu Ende gehen werden; und auf den unvermeidlichen „Tag X" muß man sich rechtzeitig vorbereiten. Daß dieser Tag bereits in „Sichtweite" gerückt ist, verdeutlicht auch das Diagramm im Bild 9. Selbst wenn der Produktionsanstieg bis zum Jahr 2010 nicht so drastisch verläuft, wie dieses Bild zeigt, und die Erdgasvorräte deutlich größer sein sollten als bisher angenommen, ist die maximale Verfügbarkeit nur um 10 bis 20 Jahre hinausschiebbar. Dies zeigt deutlich die gestrichelte Linie im Bild 9.

Angesichts dieser Tatsache blicken wir, wie einst unsere Vorfahren, auf die Sonne und betrachten sie nicht nur als Lebensspenderin für alles Lebende auf der Erde, sondern auch als unsere künftige Energiehoffnung. Erfreulicherweise wissen wir inzwischen mit großer Sicherheit, daß diese Energiequelle die Erde noch für mehrere Jahrmilliarden ununterbrochen mit Strahlungsenergie versorgen wird. Denn wir kennen inzwischen die Entwicklungsgeschichte dieses Gestirns. Es ist vor etwa 4,6 Milliarden Jahren entstanden und stellt praktisch eine riesige langsam zündende „Wasserstoffbombe" dar, die in ihrem Zentrum eine Temperatur von etwa 15 Millionen Grad Kelvin und einen Druck von etwa 200 Millionen bar hat. Seine Oberflächentemperatur beträgt „nur" 5800 K und die Strahlungsintensität auf seiner Oberfläche liegt bei 6300 W/cm^2. Sein Durchmesser beträgt $1,39 \cdot 10^6$ km (Erde: ca. 12000 km) und seine Oberfläche $6,087 \cdot 10^{12}$ km^2. Sein Volumen beträgt $1,412 \cdot 10^{33}$ cm^3 und seine Dichte 1,419 g/cm^3, was etwa 0,26 der Erddichte ent-

58

spricht. Seine Masse beträgt $1,9891 \cdot 10^{33}$ g und ist damit $333\,000$mal größer als die Erdmasse. Seine chemische Zusammensetzung besteht z.Zt. aus 65% Wasserstoff, 25% Helium, 0,8% Sauerstoff und nur 0,3% Kohlenstoff. Durch die laufend stattfindenden Kernver-

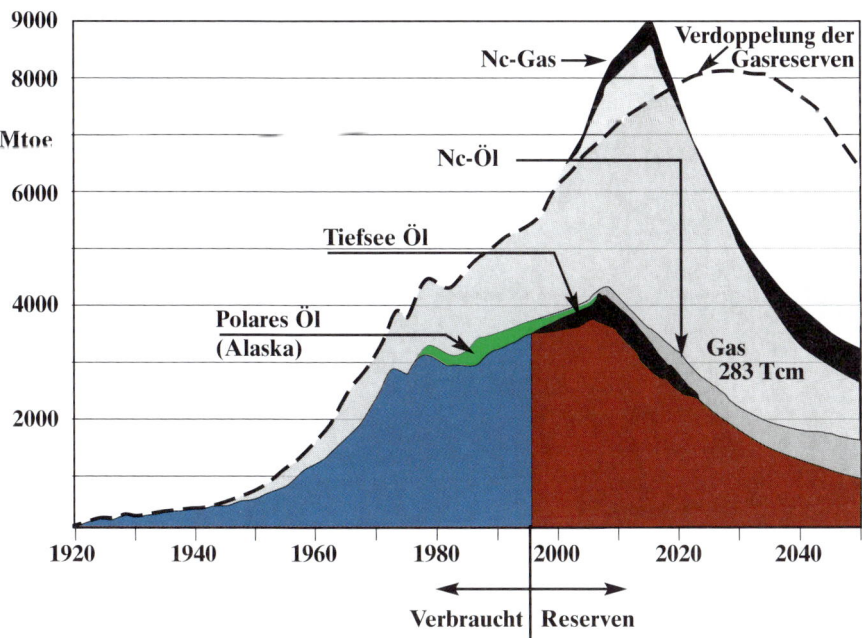

Bild 9: Potentielle Produktion von konventionellen Energieträgern bis zum Jahre 2050. Auch bei einer Verdoppelung der Gasreserven wird zwangsläufig ab etwa 2030 der Countdown beginnen. Das Ende der fossilen Energieträger ist dann nur noch eine Frage der Zeit. *(Quelle: Ludwig Bölkow Systemtechnik)*

schmelzungsprozesse in der Sonne werden fünf Millionen Tonnen Wasserstoff pro Sekunde in Helium umgewandelt, wodurch die ungeheure Energiemenge von E = m·c^2 = $5 \cdot 10^9$ kg x $(3 \cdot 10^8$ m/s$)^2$ = $4,5 \cdot 10^{26}$ Ws freigesetzt wird. In TWa-Einheiten umgerechnet entspricht diese Energiemenge $4,5 \cdot 10^{26}$ Ws/ 10^{12} Ws x 60 x 60 x24 x 365

$\approx 10^7$ TWa, d.h. 10 Millionen TWa pro Sekunde (vgl. Bild 10). Diese Energie ist fast eine Million mal mehr als unser heutiger Jahresenergieverbrauch auf der Erde.

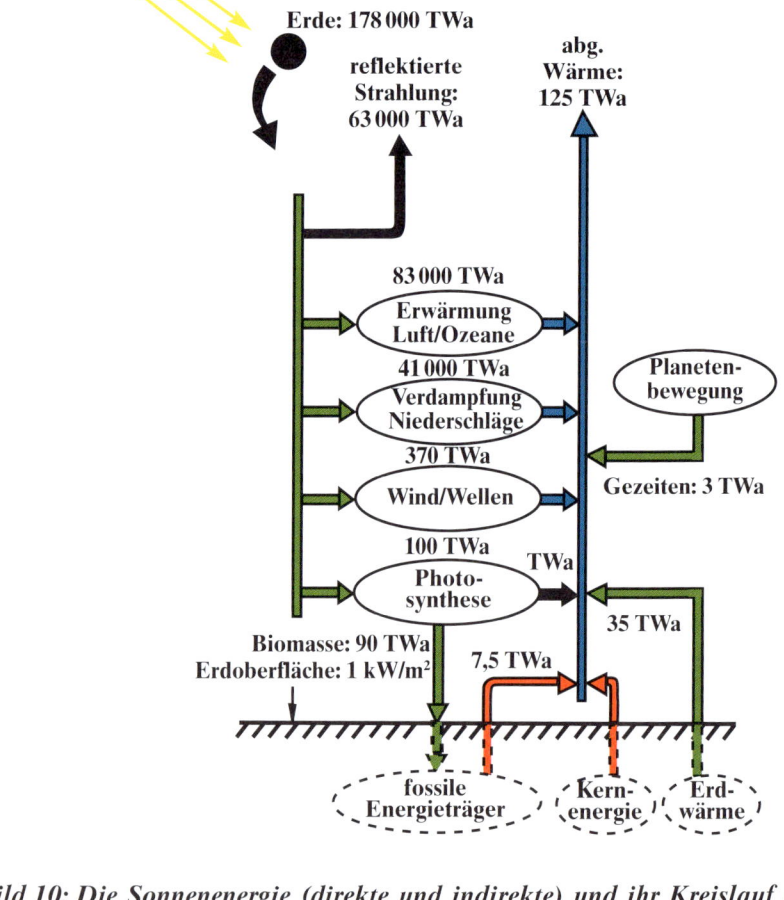

Bild 10: Die Sonnenenergie (direkte und indirekte) und ihr Kreislauf in der Natur. Im Rahmen der künftigen Solarwasserstoff-Energiewirtschaft wird der Weltenergiebedarf weitgehend durch Sonnenenergie gedeckt.

Diese Energiemenge wird die Sonne noch etwa 5 Milliarden Jahre ununterbrochen weiter liefern. Danach werden Erschöpfungserscheinungen eintreten. Die Sonne wird „alt", was bedeutet, daß sie zu einem Roten Riesen wird, bevor sie als Weißer Zwerg „dahindümpelt". Damit wird automatisch auch das Leben auf der Erde endgültig erlöschen.

Die genannte Energiemenge von 10^7 TWa pro Sekunde breitet sich allerdings gleichmäßig in alle „Himmelsrichtungen" aus. Im Erdnahbereich außerhalb der Erdatmosphäre beträgt die Leistungsdichte nur 1,39 kW/m². Dieser Wert ist als Solarkonstante bekannt. Eine Fläche von 1 m² außerhalb der Erdatmosphäre empfängt also im Laufe einer Stunde eine Energiemenge von 1,39 kWh, das ist im Laufe eines Jahres eine Energiemenge von 1,39 x 365 x 24 = 11 300 kWh = 11,3 MWh. Auf der Erdoberfläche kann man dagegen nur mit einer Leistung von 1,0 kW/m² oder mit einer Energiemenge von 1 kWh pro Stunde auf einer waagerechten Fläche von 1 m² rechnen (vgl. Bild 10) – gewiß eine relativ kleine Energiemenge. Dies verdeutlicht auch das folgende Beispiel:

Neulich stellte mir ein Politiker der Grünen die folgende, durchaus praktische Frage: Wie groß muß mein Hausdach-Solargenerator sein, damit mein Pkw ein Jahr lang mit „clean energy" gefahren werden kann?

Weil diese Frage nicht genau genug spezifiziert war, einigten wir uns auf die folgenden Daten:

- Pkw-Leistung: 55 kW
- km-Jahresbedarf: 10 000 km
- Solarzellenwirkungsgrad: 10%
- Standort: Süddeutschland (z.B. München)

Auf der Basis dieser Daten sieht nun die Energiebilanz wie folgt aus:

Geht man davon aus, daß der oben genannte Pkw als Stadtauto benutzt wird, dann kann eine Durchschnittsgeschwindigkeit von 40 km angenommen werden. Für die 10 000 km sind somit 10 000/40 = 250 Fahrstunden erforderlich. Der Gesamtenergieverbrauch beträgt somit 250 h x 55 kW = 13 750 kWh.

61

Süddeutschland hat derartige Wetterverhältnisse, daß man mit der 1 kW/m²-Leistung der Sonnenstrahlung für 1 000 Stunden jährlich rechnen kann. Unter Berücksichtigung von 10% Wirkungsgrad der Solarzellen gewinnt man durch 1 m²-Solarzellenfläche eine Energiemenge von 1 000 kWh/10 = 100 kWh. Damit wäre eine Solarzellenfläche von 13 750 kWh/100 kWh = 137,50 m² erforderlich. Für die Wasserelektrolyse und die Wasserstoffdurchspeicherung ist aber zusätzlich Energie erforderlich. Berücksichtigt man die gesamte Energiekette, so kann man mit einer Fläche von 137,50 m² x 2 = 275 m² rechnen. Diese Bilanz reflektiert allerdings noch die heutige Situation. Ein 55 kW-Auto wird aber bald nicht mehr als 8 Liter Benzin pro 100 km benötigen. Bei einem Jahresbedarf von 10 000 km entspricht dies 800 Liter bzw. 800 x 8,5 kWh ≈ 6 800 kWh. Damit kommt man mit einer Fläche von 6 800 kWh/100 kWh = 68 m² aus. Berücksichtigt man auch hier einen Faktor 2, so beträgt die Gesamtfläche 68 m² x 2 = 136 m².Diese relativ ungünstige Bilanz hängt eben mit der vorher genannten geringen Leistungsdichte der Sonnenstrahlung zusammen. Andererseits müssen wir aber über diese relativ geringe Leistungsdichte auch froh sein; denn bei höheren Werten wäre das Leben auf der Erde (zumindest in dieser Form) gar nicht möglich gewesen. Das Schlechte birgt also auch hier etwas Gutes – eine Tatsache, die bereits die alten Griechen mit dem Spruch „οὐδέν καλόν ἀμειγές κακοῦ" deutlich zum Ausdruck brachten.

62

Der Wasserstoff als Energieträger

Physikalische Eigenschaften

Wasserstoff ist das einfachste chemische Element und steht deswegen an erster Stelle des Periodensystems. Es gibt zwei stabile Elemente davon. Das Protium (H), das aus einem Proton und einem Elektron besteht und das Deuterium (^{2}H bzw. D), das aus einem Proton, einem Neutron und einem Elektron „zusammengesetzt" ist. Außerdem gibt es ein instabiles Isotop, das sogenannte Tritium (^{3}H bzw. T), das aus einem Proton, zwei Neutronen und einem Elektron besteht (vgl. Bild 11).

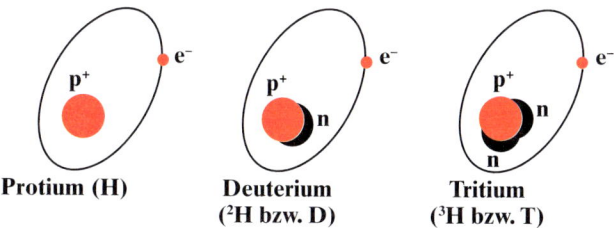

Protium (H) Deuterium (^{2}H bzw. D) Tritium (^{3}H bzw. T)

Bild 11: Das Wasserstoffatom (H) kommt in der Natur in zwei stabilen (H und ^{2}H bzw. D) und einem instabilen (^{3}H bzw. T) Zustand vor. Wenn von Wasserstoff geredet wird, dann meint man stets das gewöhnliche, d.h. das stabile H-Wasserstoffatom, auch „Protium" genannt.

Wasserstoff ist ein farb- und geruchloses Gas, das mit fahler blauer Flamme zu Wasser verbrennt. Er ist 14mal leichter als Luft und hat keinen Geschmack. Überdies ist er „blond"; denn als Wasserstoffperoxid bzw. Wasserstoffsuperoxid (H_2O_2) wirkt er oxidierend und dadurch bleichend. Deswegen findet er auch für das Färben von Haaren Verwendung.

Atomarer Wasserstoff (H) ist im Gegensatz zum molekularen Wasserstoff (H_2) reaktionsfreudig. Durch Energiezufuhr (Erhitzung,

Bestrahlung, elektrische Entladungen) wird molekularer Wasserstoff gespalten. Bei einer Temperatur von 0° C lösen sich 2,15 Vol. % H_2 in Wasser. Dort kommt Wasserstoff auch als Schwerwasser bzw. als Deuteriumoxid mit einem Anteil von 0,017 % vor. Seine Dichte beträgt 1,10 g/cm³, sein Siedepunkt liegt bei 101,4° C.

Wasserstoff kommt in festem (kristallinen), flüssigem und gasförmigem Zustand vor. Dies hängt mit der Umgebungstemperatur zusammen. Bis zu einer Temperatur von 14 K (–259° C) liegt Wasserstoff im kristallinen, bis 20 K (-253° C) im flüssigen und bis etwa 4500 K (+4200° C) im gasförmigen Zustand vor (vgl. Bild 12).

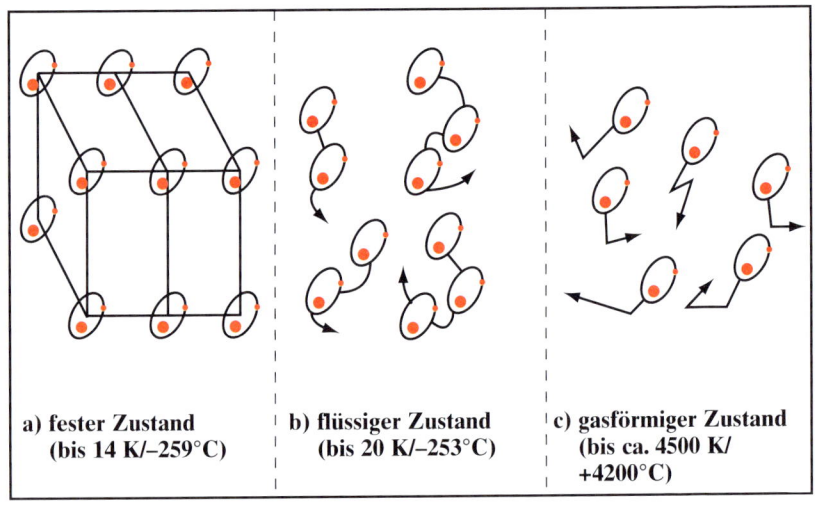

a) fester Zustand (bis 14 K/–259°C)

b) flüssiger Zustand (bis 20 K/–253°C)

c) gasförmiger Zustand (bis ca. 4500 K/ +4200°C)

Bild 12: Wasserstoff kommt in kristallinem (a), in flüssigem (b) und in gasförmigem Zustand (c) vor. Dies hängt von der Umgebungstemperatur ab.

Innerhalb eines Festkörpers ist die Positionierung der einzelnen Atome bzw. Atomgruppen zueinander einigermaßen genau fixiert (vgl. Bild 12a). Die Positionen sind aber nicht ganz starr, denn jedes Atom bzw. Molekül kann seine Position innerhalb gewisser Grenzen mehr oder weniger ändern. Dies hängt mit der Temperatur des be-

64

treffenden Körpers zusammen. Je höher die Temperatur, desto größer auch die Bewegung der einzelnen Atome. Steigt z.B. die Temperatur des Wasserstoffs auf 20 K, dann lösen sich die Verbindungen zwischen einigen Atomen auf, wodurch er flüssig wird (vgl. Bild 12b). Die starre Struktur in Bild 12a existiert also nicht mehr; dennoch bleiben viele Wasserstoffatome weiterhin miteinander verbunden. Steigt die Temperatur über die 20 K-Grenze, dann lösen sich alle Verbindungen zwischen den Atomen. Damit existieren praktisch nur noch einzelne Wasserstoffatome (vgl. Bild 12c); der Wasserstoff wird gasförmig. Gase und Flüssigkeiten haben im übrigen gegenüber Feststoffen eine Gemeinsamkeit: Es gibt keine feste Ordnung zwischen den Atomen; sie bewegen sich vielmehr unabhängig voneinander.

Der Abstand zwischen den einzelnen Molekülen des gasförmigen Wasserstoffs und damit seine Dichte hängt von dem jeweiligen Druck ab. Je größer der Druck, desto mehr Wasserstoffmoleküle können innerhalb eines bestimmten Speichervolumens untergebracht werden. Hohe Druckwerte verlangen aber auch stabilere Speicherbehälter. Übliche Druckwerte von Speicherbehältern liegen z.Zt. bei etwa 250 bar. Inzwischen werden auch Speicherbehälter mit 350 bar eingesetzt. Auch Behälter für Druckwerte von 700 bar werden bald Stand der Technik sein. Würde man eine Pyramide der fossilen Energieträger bilden (vgl. Bild 13), wäre ihre Basis der Anthrazit, während der Wasserstoff als C-Null-Brennstoff an die Spitze treten würde. Je mehr Kohlenstoff ein kohlenwasserstoffhaltiger Brennstoff enthält, desto größer ist auch sein C/H-Verhältnis. Für einige bekannte fossile Energieträger sieht dieses Verhältnis sowie der H-Gehalt (Gew.%) wie folgt aus:

Energieträger	C/H-Verhältnis	H-Gehalt (Gew.%)
Wasserstoff	0,00	100
Methan	0,25	25
Flüssiggas	0,38	18
Benzin	0,45	15,5
Braunkohle	1,11	7,0
Steinkohle	1,42	5,5
Anthrazit	2,50	3,2

Der Umstand, daß die elektromagnetische Bindungsenergie zwischen dem einzigen Proton und dem einzigen Elektron eines Wasserstoffatoms sehr klein ist, macht es sinnvoll, seine Gesamtmasse nur aus

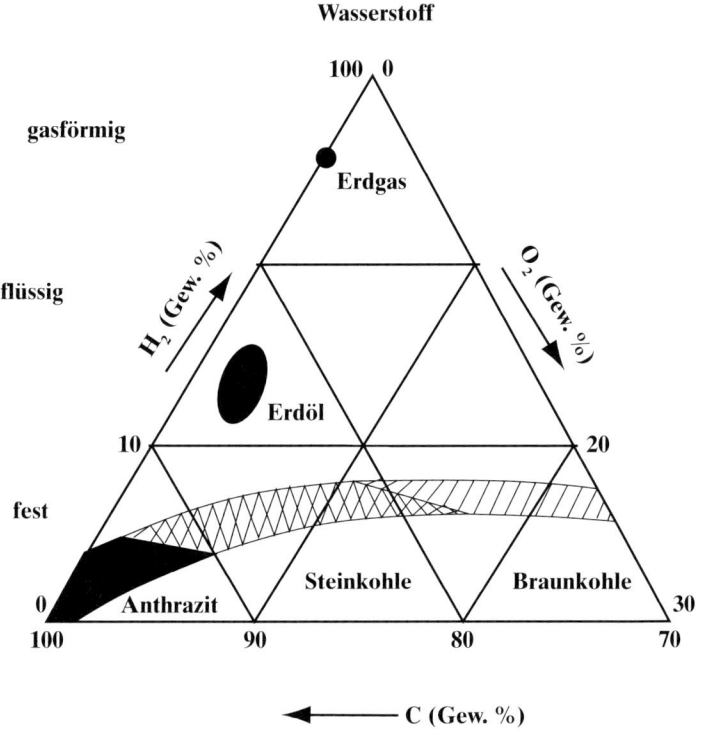

Bild 13: Pyramidenartige Zusammenstellung der fossilen Energieträger Erdöl, Erdgas und Kohle. Am Boden der Pyramide steht Anthrazit mit einem C/H-Verhältnis von 2,5. An der Spitze dagegen steht Wasserstoff mit einem C/H-Verhältnis von 0.

der Ruhemasse des Protons und der des Elektrons zu bestimmen; und weil die Masse des Elektrons verschwindend klein ist $(0,9 \cdot 10^{-27}$ g), besteht die Masse des Wasserstoffatoms hauptsächlich aus der Masse des Protons, die $1,6724 \cdot 10^{-24}$ g bzw. $1,6724 \cdot 10^{-27}$ kg beträgt. Deswegen besteht 1 kg Wasserstoff aus $1/1,6724 \cdot 10^{-27}$ kg $\approx 6 \cdot 10^{26}$ Atomen.

66

Die wichtigsten Kenndaten von Wasserstoff lauten wie folgt:

- Atommasse: 1,0079
- Molekulargewicht: 2,016 g/Mol
- Spezifisches Volumen (flüssig): 14,31 l/kg
- Dichte:
  - (20° C; 1 bar) 0,09 kg/Nm^3
  - (flüssig; -252° C) 71 kg/Nm^3 bzw. 71 g/l
- Flammentemperatur (in Luft): 2045° C
- Zündtemperatur (min.): 574° C
- Zündgrenzen (in Luft): 4,1 – 72,5 Vol. %
- Zündgrenzen (mit O$_2$): 4,6 – 93,9 Vol. %
- Unterer Heizwert: 10,8 MJ/Nm^3 (3,0 kWh/Nm^3) bzw. 120 MJ/kg (33,33 kWh/kg)
- Oberer Heizwert: 12,77 MJ/Nm^3 (3,55 kWh/Nm^3) bzw. 141,9 MJ/kg (39,40 kWh/kg)

Verbrennt man Wasserstoff unter Hinzufügen von Sauerstoff, dann tut man nichts anderes, als chemisch gebundene Energie freizusetzen. Sie ist diejenige Energie, die die Wasserstoff- und Sauerstoffatome zusammenhält, damit „Wasser" entsteht. Hier wird also, genauso wie bei allen anderen chemischen Reaktionen, keine Materie vernichtet, um Energie zu gewinnen. Die beteiligten Wasserstoff- und Sauerstoffatome bleiben stets erhalten. Was sich ändert, ist eben die Bindungsenergie, die während der Verbrennung freigesetzt wird. Ganz anders sieht es aus, wenn Materie und Antimaterie, z.B. ein Wasserstoffatomkern, d.h. ein Proton (P$^+$) und ein Antiwasserstoffatomkern, d.h. ein Antiproton (P$^-$) in Berührung kommen. Hier findet, wie bereits erwähnt, in der Tat Materievernichtung statt. Die beiden Teilchen zerstrahlen, wodurch Strahlungsenergie entsteht.

Verweilen wir aber noch ein wenig bei der Verbrennung von Wasserstoff. Prinzipiell kann man Wasserstoff sowohl über den Weg der heißen als auch über den Weg der „kalten" Verbrennung „zwingen", chemisch gespeicherte Energie freizugeben. Im ersten Fall kann dafür ein Verbrennungsmotor, im zweiten Fall eine Brennstoffzelle als Energiewandler verwendet werden. Im Fall der heißen Verbrennung entstehen bei geeigneter Verbrennungsführung nur sehr geringe bis vernachlässigbare Kohlenwasserstoff- und Kohlenmonoxid-Emissionen. Sie sind hauptsächlich auf die Verbrennung von Motorölen zurückzuführen. Stickoxid-Emissionen (NOx) lassen sich durch niedrige Verbrennungstemperaturen sowie bei hohem Luftüberschuß minimieren. Partikel- und Schwefel-Emissionen reduzieren sich auf Reste aus den verwendeten Schmierstoffen. Noch günstiger liegen die Verhältnisse bei der „kalten" Verbrennung; denn hier entstehen praktisch gar keine Schadstoff-Emissionen, sondern nur Wasserdampf.

Sowohl die heiße als auch die „kalte" Verbrennung von Wasserstoff ist inzwischen Stand der Technik. Dennoch hat die heiße Verbrennung ihre „Eigentümlichkeiten". Dies hängt zunächst mit der Handhabung des Wasserstoffs als Brennstoff zusammen. Die Tatsache, daß die untere Zündgrenze von Wasserstoff bei nur 4,1 Vol.% liegt, bedeutet, daß Wasserstoff etwa 10mal leichter zünden kann als Benzin. Die Auslegung von wasserstoffbetriebenen Motoren muß also so gestaltet sein, daß unkontrollierte Gasgemischzündungen vermieden werden. Ein weiteres Problem hängt, wie erwähnt, mit der Tatsache zusammen, daß Wasserstoff die kleinste Molekularstruktur von allen Gasen aufweist. Dies wiederum führt zu einer großen Diffusionsfähigkeit, weswegen alle Leitungen sowie ihre Verbindungsstellen eine hohe Dichtheit haben müssen. Probleme dieser Art sind aber technisch leicht lösbar und dürfen deswegen nicht überbewertet werden.

Nicht ganz günstig sieht auch die Situation mit den Motorleistungen aus. Bedingt durch die Eigenschaften von Wasserstoff sind wasserstoffbetriebene Verbrennungsmotoren relativ „schwach auf der Brust". Dies hängt hauptsächlich mit der Tatsache zusammen, daß Wasserstoff gegenüber Benzin eine deutlich kleinere Oktanzahl hat. Um eine klopfende Verbrennung zu vermeiden, muß das Verdichtungsverhältnis der verwendeten Motoren „zurückgeschraubt" werden, was automatisch zur Senkung der Motorleistung führt. Dennoch sind Motoren dieser Art inzwischen ausgereift und können serienmäßig hergestellt werden. Den besten Beweis dafür liefern u.a. die BMW 750 hL-Versuchsfahrzeuge, die inzwischen hunderttausende von Kilometern erfolgreich zurückgelegt haben.

68

Doch zurück zum Wasserstoff selbst. Wasserstoff in gasförmigem Zustand ist unter Normalbedingungen (20° C/1 bar) als Energieträger kaum einsetzbar; denn ein ganzer Kubikmeter (1 Nm^3) Wasserstoff wiegt nur 0,09 kg. Man muß deswegen einen etwa 11 Nm^3-Speicher verwenden, um nur 1 kg Wasserstoff zu speichern; und gerade deswegen wird Wasserstoff entweder in komprimierter Form (CGH$_2$) oder als Flüssigwasserstoff (LH$_2$) eingesetzt. Bei einem üblichen Druckwert von 240 bar genügt bereits ein 60-Liter-Tank, um 1 kg Wasserstoff zu speichern. Bei Flüssigwasserstoff (–253° C/1 bar) genügt sogar ein Tank von etwa 14 Litern; und dennoch schneidet sowohl der gasförmige als auch der Flüssigwasserstoff gegenüber anderen Energieträgern (z.B. Benzin) ungünstig ab. Während ein 14 Liter-Tank nur 1 kg Flüssigwasserstoff aufnehmen kann, passen in denselben Tank etwa 9 kg Benzin. Energiemäßig sieht wiederum die Situation wie folgt aus: Der untere Heizwert von Wasserstoff beträgt, wie erwähnt, 33,33 kWh/kg und der obere 39,40 kWh/kg. Der mittlere Heizwert liegt somit bei (33,33 + 39,4)/2 ≈ 36 kWh/kg. Zum Vergleich: Der Durchschnittsheizwert einiger bekannter fossiler Energieträger lautet wie folgt:

- Braunkohle: 2,5 kWh/kg
- Steinkohle: 8,2 kWh/kg
- Propan: 12,87 kWh/kg
- Erdgas: 12,0 kWh/kg

- Benzin: 12,0 kWh/kg
- Erdöl: 11,8 kWh/kg
- Leichtes Heizöl: 11,8 kWh/kg
- Schweres Heizöl: 11,3 kWh/kg

Wasserstoff hat also gegenüber anderen fossilen Energieträgern eine erheblich höhere gravimetrische Energiedichte. Gegenüber Benzin liegt sie um den Faktor 36/12 = 3 (Mittelwert) und gegenüber Steinkohle sogar um den Faktor 36/8,2 = 4,4 höher. Wasserstoff ist also ein ergiebiger Energieträger; nur daß die Wasserstoffspeicherung ein relativ großes Volumen beansprucht.

Die volumetrische Energiedichte von Flüssigwasserstoff beträgt bei einem Druck von etwa 1 bar etwa 8,5 MJ/Liter bzw. 2,35 kWh/ Liter. Im gasförmigen Zustand (240 bar) beträgt sie ca. 2,2 MJ/Liter bzw. 0,55 kWh/Liter. Zum Vergleich: Die Energiedichte von Benzin beträgt etwa 8,5 kWh/Liter und von LNG (–160° C) 6,95 kWh/Liter. Bild 14 zeigt die oben genannten Verhältnisse.

Nehmen wir an, wir benutzen einen 100 Liter-Tank und füllen ihn wahlweise mit Benzin, Flüssigerdgas (LNG), Flüssigwasserstoff (LH_2) und gasförmigem Wasserstoff (CGH_2/240 bar). Die gespeicherten Energiemengen sind dann die folgenden:

Benzin: 8,5 kWh x 100 L = 850 kWh
LNG: 6,95 kWh x 100 L = 695 kWh
LH_2 2,35 kWh x 100 L = 235 kWh
CGH_2 0,55 kWh x 100 L = 55 kWh

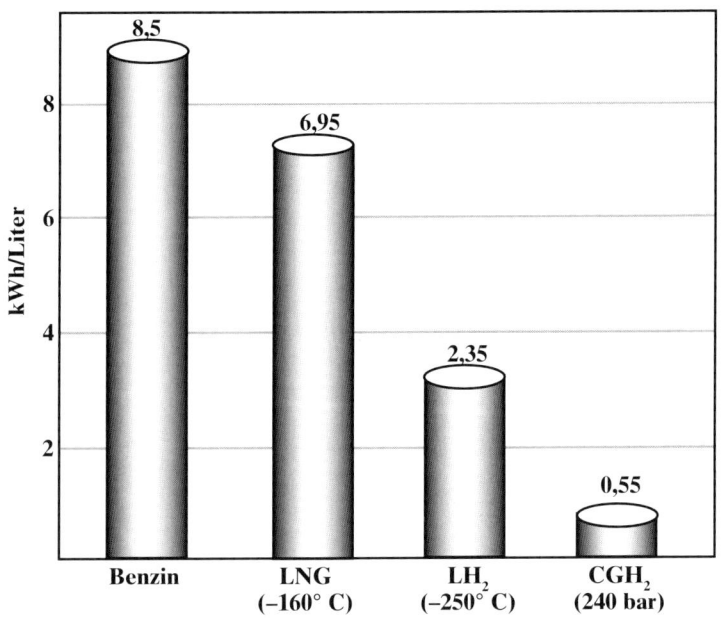

Bild 14: Die volumetrische Energiedichte von Benzin, LNG, LH_2 und CGH_2. Das Verhältnis Benzin/LH_2 beträgt etwa 3,5. Dies bedeutet, daß ein LH_2-Autotank 3,5mal größer sein muß, damit ein Wasserstoffauto (mit Verbrennungsmotor) die gleiche Reichweite wie ein Benzinauto erreichen kann.

Nehmen wir weiter an, mit diesem Tank wird ein 100 kW-Pkw versorgt. Damit kann dieser Pkw für die Dauer von 850/100 = 8,5 bzw. 695/100 = 6,95 bzw. 235/100 = 2,35 bzw. 55/100 = 0,55 Stunden fahren. Bei einer Durchschnittsgeschwindigkeit von 100 Stundenkilometer wird eine Reichweite von 8,5 x 100 km = 850 km bzw. 6,95 x 100 km = 695 km bzw. 2,35 x 100 km = 235 km bzw. 0,55 x 100 km = 55 km erreicht. Diese Zahlenbeispiele (vgl. Bild 15) zeigen noch-

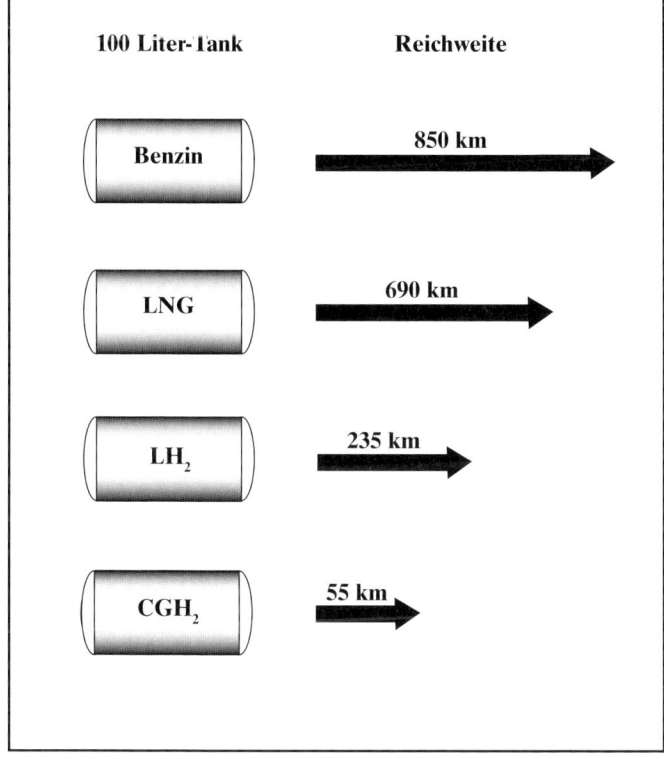

Bild 15: Volumetrisch betrachtet liegt Wasserstoff im Vergleich zu anderen Brennstoffen relativ ungünstig. Während z.B. mit 100 Liter Benzin eine durchschnittliche Reichweite von 850 km erreicht werden kann, schaffen 100 Liter LH₂ nur etwa 235 km und 100 Liter CGH₂ gerade noch 55 km. Diese Zahlen beziehen sich auf einen 100 kW-Pkw.

mals, daß Wasserstoff volumetrisch betrachtet relativ ungünstig liegt. Ökologisch betrachtet steht aber Wasserstoff an erster Stelle; denn bei seiner Verbrennung produziert er, wie erwähnt, gar keine CO_2-Emissionen. Dagegen belasten die vorher genannten fossilen Energieträger die Umwelt mit den folgenden CO_2-Mengen:

- Braunkohle: 425 g/kWh
- Steinkohle: 354 g/kWh
- Benzin: 321 g/kWh
- Schw. Heizöl: 318 g/kWh
- Diesel: 292 g/kWh
- Leichtes Heizöl: 292 g/kWh
- Erdgas: 212 g/kWh

Sicherheitsaspekte: Ist Wasserstoff gefährlich?

Am 6. Mai 1937 ging das mit 200 000 m³ Wasserstoff gefüllte *Zeppelin*-Flugschiff *Hindenburg* in Lakehurst/USA in Flammen auf. Dennoch konnten 62 der insgesamt 97 Eingeschifften gerettet werden. Grund dafür war, daß der Wasserstoff als das leichteste aller Gase nach oben brannte und deswegen ein Flächenbrand am Boden vermieden werden konnte; und trotzdem ist Wasserstoff in der Erinnerung vieler Menschen ein explosives und gefährliches Gas geblieben. Ähnliche Gefahrenängste löste in den letzten Jahren auch die *Challenger*-Katastrophe aus. Millionen von Menschen konnten damals die Explosion des unglücklichen *Space Shuttle* live im Fernsehen verfolgen und wurden Zeuge einer weiteren Katastrophe, die mit Wasserstoff zusammenhing.

Auch Erinnerungen an die Schulzeit, wo im Chemieunterricht Wasserstoff als explosives Gas dargestellt wird, tragen gelegentlich dazu bei, Wasserstoff als gefährliches Gas anzusehen.

Angesichts der Tatsache, daß Wasserstoff des öfteren als Energieträger eingesetzt wird, rücken Sicherheitsaspekte immer mehr in den Vordergrund; und so betrachtet, stellt sich verständlicherweise die Frage, ob Wasserstoff gefährlicher ist als andere Brennstoffe, z.B. Benzin.

Zunächst muß festgehalten werden, daß Wasserstoff als Energieträger stets mit einer bestimmten Zerstörungsenergie verbunden ist. Seine unkontrollierte Verbrennung stellt also zwangsläufig eine Gefahr dar; und diese Gefahr kann natürlich niemals völlig ausgeschlossen werden. Je größer die Menge des betreffenden Brennstoffs ist, desto größer das Zerstörungspotential und desto größer auch die Betroffenheit der Öffentlichkeit. Statistisch betrachtet ist es eigentlich egal, ob über ein Jahr verteilt 150 Alpinisten verunglücken oder ob in diesem Jahr 150 Skifahrer in einer Gruppe gleichzeitig sterben. Für die breite Öffentlichkeit ist aber die Statistik unwichtig. Dies hat der Unglücksfall in Kaprun (Hornstein) im November 2000 deutlich gezeigt. Kein Wunder also, wenn Wasserstoff-Pessimisten eine mögliche Explosion eines LH_2-Tankers oder eines H_2-Pipeline-Netzes als Argument benutzen, um Wasserstoff als Energieträger zu verteufeln. Natürlich können extreme Unfälle nicht ausgeschlossen werden. Denn jede Technologie hat auch ihre Risiken. Dennoch ist Wasserstoff gegenüber anderen Brennstoffen mit weniger Gefahren verbunden. Wasserstoff ist, wie erwähnt, 14mal leichter als Luft, und deswegen steigt er im Freien schnell nach oben. Wird also Wasserstoff unkontrolliert freigesetzt, so ist die Gefahr einer Zündung nur für kurze Zeit gegeben. Benzin dagegen, das ja fast so schwer ist wie Wasser, bleibt am Boden und brennt bzw. detoniert dort vollständig.

Gewiß liegt die untere Zündgrenze von Wasserstoff bei nur 4,1 Vol.%. Weil aber seine Detonationsgrenze 18 Vol. % beträgt, brennt Wasserstoff vollständig, bevor es zu einer Detonation kommt. Zum Vergleich: Die Detonationsgrenze von Benzin liegt bei nur 1,1 Vol.%. Überdies ist die Gefahr einer unkontrollierten Freisetzung von Wasserstoff minimal. H_2-Speicher verfügen heute über Sicherheitsventile, die solchen Gefahren entgegenwirken. Die inzwischen zahlreich nachgestellten schweren Fahrzeugunfälle mit H_2-Tanks haben gezeigt, daß deren Sicherheit mindestens so groß ist wie die Sicherheit von Benzintanks. Frontal-Crashs haben z.B.

73

gezeigt, daß künftige H_2-Pkws genauso sicher sein werden, wie es Benzinautos heute sind. Auch Brandfälle wurden getestet. So wurden z.B. LH_2-Tanks bis zu 70 Minuten lang von fast $1000°$ C heißen Flammen umschlossen, ohne daß dabei eine Explosion stattfand; denn der verdampfte Wasserstoff konnte über die vorhandenen Sicherheitsventile problemlos entweichen.

Auch der Transport von Wasserstoff darf kaum Sicherheitsprobleme bereiten. Technische Gase, darunter auch Wasserstoff, werden seit mehreren Jahrzehnten von der Gasindustrie tagtäglich mit Hilfe von Spezialfahrzeugen über Straße und Schiene transportiert. Die bisherige Statistik hat gezeigt, daß auf 20 Millionen Transportkilometer nur drei schwere Verkehrsunfälle geschehen, wobei bisher bei keinem dieser Unfälle Gas freigesetzt worden ist (einzige Ausnahme: Unfall vom 7. März 2001 bei Köln). Man kann also davon ausgehen, daß der Transport von Wasserstoff – egal ob flüssig oder gasförmig – kaum Sicherheitsprobleme bereiten wird.

Die Akzeptanzfrage

Auch die beste Ware läßt sich nicht verkaufen, wenn die Kundschaft nicht weiß, daß sie überhaupt existiert und daß sie darüber hinaus gut ist. Das gleiche gilt auch für neue Technologien, z.B. die Wasserstofftechnologie. Wer also wasserstoffbezogene Produkte verkaufen will, muß dafür sorgen, daß diese Produkte nicht nur bekannt, sondern von der potentiellen Kundschaft auch akzeptiert werden. Dies gilt natürlich gleichermaßen für wasserstoffbetriebene Fahrzeuge, die bald von fast allen Automobilherstellern angeboten werden. Kein Wunder also, wenn gerade die Automobilindustrie starkes Interesse daran hat, erstens entsprechend zu werben und zweitens über die Akzeptanz von solchen Fahrzeugen Genaueres wissen zu wollen.

Aus solchen Überlegungen heraus hat z.B. das Institut für Mobilitätsforschung – eine Tochterfirma der BMW Group – in Zusammenarbeit mit anderen Spezialisten vor kurzem eine Befragung in Berlin durchgeführt. Dabei ging es darum, festzustellen, ob die

74

Wasserstofftechnologie und speziell die wasserstoffbetriebenen Fahrzeuge von der künftigen Kundschaft akzeptiert werden; und wenn ja, unter welchen Rahmenbedingungen. So wurden innerhalb von fünf Tagen 150 Personen an sechs verschiedenen Orten in Berlin (drei im ehemaligen Westteil und drei im ehemaligen Ostteil) zum Thema „Wasserstoff" interviewt: Kurfürstendamm/Tauentzienstraße, Friedrichsstadtpassage, Potsdamer Platz Arkaden, Alexanderplatz, Gesundbrunnencenter und Brandenburger Tor.

Die Ergebnisse dieser Befragung waren hochinteressant und brachten zugleich erfreuliche Feststellungen zu Tage. Zuerst ging es um die Frage nach der Akzeptanz der Technik generell. Denn wer die Technik als solche aus welchen Gründen immer ablehnt, kann auch die Wasserstofftechnologie nicht gut heißen. Dabei konnte man feststellen, daß Männer der Technik positiver gegenüber stehen als Frauen. Mehr als die Hälfte der Befragten waren Autofahrer und empfanden Stolz auf das Auto, welches sie fahren. Demgegenüber war das Auto für 40% der Befragten ein reiner Gebrauchsgegenstand.

Zum Begriff „Wasserstoff" hatte über die Hälfte der Befragten einen hohen, zum Teil sogar einen sehr hohen Wissenstand; in bezug auf Wasserstofftechnologie und wasserstoffbetriebene Fahrzeuge ebenfalls. Den Befragten war z.B. am häufigsten bekannt, daß aus Wasser und Strom Wasserstoff gewonnen werden kann. Dagegen kannten nur 20% die Möglichkeit der Wasserstoffproduktion aus fossilen Energieträgern. Auch sehr wenige der Befragten kannten sich bezüglich des Brennstoffzellen/Elektroantriebs einigermaßen gut aus.

Bezüglich des Gefahrenpotentials war fast die Hälfte der Befragten der Meinung, daß Wasserstoff gefährlicher ist als Benzin. Dies gilt sowohl für den Wasserstoff selbst als auch für die wasserstoffbetriebenen Fahrzeuge. Dennoch sind über 80% der Befragten bereit, ein wasserstoffbetriebenes Auto künftig zu fahren.

Bezüglich der Explosionswahrscheinlichkeit von verschiedenen Brennstoffen ergab sich das folgende Bild:

- Dieselfahrzeuge: 7,4%
- Benzinfahrzeuge: 13%
- Wasserstofffahrzeuge: 17,6%

Dabei konnte festgestellt werden, daß das allgemeine Wissen über Wasserstoff und wasserstoffbetriebene Fahrzeuge die Risikowahrnehmung beeinflußt. Besser informierte Personen sehen z.B. weniger Risiken als Personen mit einem geringeren spezifischen Wissen.

Der individuelle und gesellschaftliche Nutzen von wasserstoffbetriebenen Fahrzeugen wird von den Befragten hauptsächlich in ökologischen Vorteilen gesehen. Eine untergeordnete Rolle spielen Steigerung der Lebensqualität, persönliche Gewissensberuhigung, Imagegewinn für den einzelnen, mögliche Unabhängigkeit von erdölfördernden Ländern sowie Sicherung der individuellen Mobilität.

Jüngere Menschen und formal höher Qualifizierte verbinden mit einem Wasserstoffauto eher ein Demonstrationsfahrzeug als ältere Menschen und Menschen mit einer formal niedrigeren Schulbildung.

Auf die Frage nach der Akzeptanz von wasserstoffbetriebenen Fahrzeugen konnten hauptsächlich folgende Aussagen zusammengestellt werden:

- Wasserstoff wird in 15 bis 20 Jahren eine wichtige bis sehr wichtige Rolle im täglichen Leben der Menschen spielen.
- Wasserstoff wird als Kraftstoff akzeptiert. Knapp 70% der Befragten bestätigen die Voraussage, daß Wasserstoff langfristig die herkömmlichen Kraftstoffe ersetzen wird.
- Die Befragten möchten in 15 bis 20 Jahren ein wasserstoffbetriebenes Fahrzeug fahren. 83% würden es gegenüber einem herkömmlichen Fahrzeug sogar vorziehen.
- Die Einstellung zu wasserstoffbetriebenen Fahrzeugen wird von der Wahrnehmung des gesellschaftlichen Nutzens und vom Preis des Kraftstoffs beeinflußt.
- Die Akzeptanz von wasserstoffbetriebenen Fahrzeugen ist davon abhängig, wie sie wahrgenommen werden. Ein „Allround-Fahrzeug", das sowohl für tägliche Zwecke als auch für Fernreisen praktikabel ist und zusätzlich Freude beim Fahren bereitet, wird leicht akzeptiert. Als umweltfreundliches Stadtfahrzeug wird das Wasserstoffauto voll akzeptiert.

76

Bild 16 zeigt zusammengefaßt die Ergebnisse der Befragung. Die mit rot gezeichneten Segmente stehen für angstbesetzte, die mit gelb gezeichneten Teile für positive Assoziationen. Interessant ist dabei,

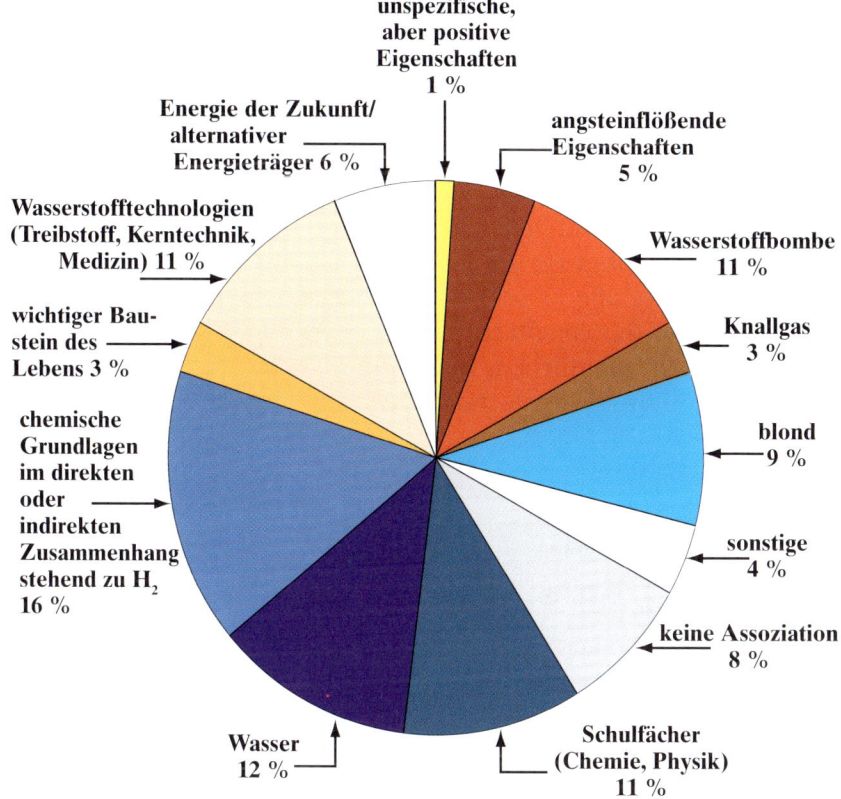

Bild 16: Das Ergebnis einer Umfrage des Instituts für Mobilitätsforschung zum Begriff „Wasserstoff". Immer noch 11% der Befragten bringen Wasserstoff in Verbindung mit der Wasserstoffbombe. Die Dominanz einer konkreten Assoziation ist aber nicht festzustellen.

daß das aus der Schulzeit wohlbekannte Knallgas-Experiment bei nur 3% der Befragten in angsteinflößender Erinnerung geblieben ist. Interessant sind auch spontane Äußerungen der Befragten zum

77

Thema „Wasserstoff", z.B. „Finde ich gut!" oder „ist Energieträger der Zukunft!" Bei etwa 9% der Befragten kommt auch die Assoziation „blond" vor. Wasserstoff wird hier in Verbindung mit Wasserstoffperoxid (H_2O_2) gebracht, das zum Bleichen und Färben von Haaren verwendet wird. Bei etwa 12% der Befragten kommt die Assoziation „Wasser" vor. Hier wird Wasserstoff also auch als Bestandteil des Wasser gesehen. Interessant ist die Feststellung, daß bei 11% der Befragten, meist älteren Leuten, die Assoziation „Wasserstoffbombe" aufkommt. Jüngere Leute stellen dagegen diesen Bezug kaum her. Das wichtigste Ergebnis der Befragung ist aber, daß nur 6% der Befragten den Wasserstoff als alternativen Energieträger ansehen; und gerade deswegen scheint Überzeugungsarbeit dringend notwendig zu sein. Zu ähnlichen Erkenntnissen kam bereits eine 1997 durchgeführte Umfrage unter Passagieren des ersten LH_2-Busses in öffentlichem Einsatz in München, die von der LBST (**L**udwig **B**ölkow **S**ystemtechnik) durchgeführt wurde.

78

Wasserstoffproduktion – Anwendungen

Wasserstoff ist zwar das häufigste chemische Element im Weltall, auf der Erde kommt er aber nur in gebundenem Zustand vor. So findet man Wasserstoff im Wasser und in den verschiedenen Kohlenwasserstoffverbindungen. Solche chemischen Verbindungen wie Kohle, Erdöl oder Erdgas enthalten zwar riesige Mengen Wasserstoff, die größten Wasserstoffmengen enthält aber das Wasser selbst. Will man also Wasserstoff gewinnen, so muß man von den wasserstoffhaltigen Substanzen ausgehen. Wasserstoff ist übrigens keine Energiequelle, sondern ein Energieträger, zu dessen Gewinnung man zunächst Energie aufwenden muß. Insofern ist Wasserstoff kein reines „Himmelsgeschenk", wie Dr. Ludwig Bölkow „liebevoll" zu sagen pflegt, sondern ein Energieträger, der seinen Energiepreis hat. Aber Wasserstoff ist eins der wertvollsten Güter auf unserem Planeten, denn durch ihn haben wir die Chance, unsere Öko-Energie-Problematik zu lösen.

Der z.Zt. produzierte Wasserstoff stammt zu 48% aus Mineralölen, zu 30% aus Erdgas und zu 15% aus Erdkohle. Etwa 93% des heute produzierten Wasserstoffs stammt also aus fossilen Energieträgern. Etwa 1% wird durch Wasserelektrolyse gewonnen. Der Rest von 6% stammt aus anderen Verfahren (vgl. Bild 17).

Zur Wasserstoffgewinnung werden heute mehrere Verfahren verwendet. Zweckmäßigerweise teilt man sie in die folgenden drei Gruppen:

- Chemische Verfahren
- Thermische Verfahren
- Elektrolytische Verfahren

Man kann aber auch die Einteilung des Bildes 18 verwenden. Der erste Weg führt also über die Reformierung von Kohlenwasserstoffen und die Kohlevergasung, der zweite über die Wasserelektrolyse.

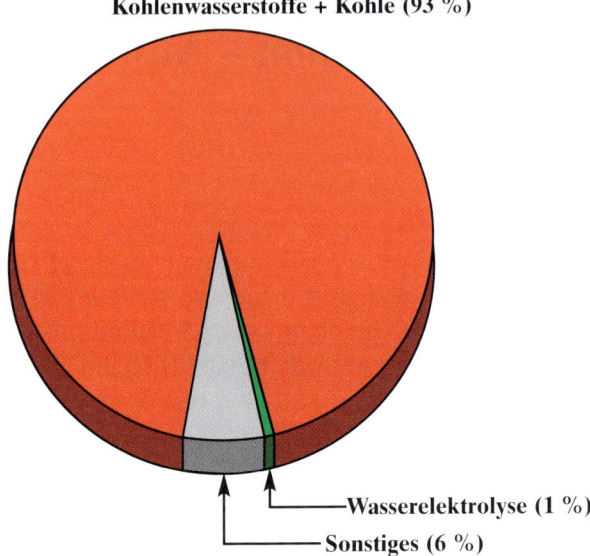

Kohlenwasserstoffe + Kohle (93 %)

Wasserelektrolyse (1 %)

Sonstiges (6 %)

*Bild 17: Wasserstoff wird z.Zt. hauptsächlich aus Kohlenwasserstoffver-
bindungen und Kohle gewonnen. Nur 1% der Produktion stammt
aus Wasserelektrolyse.*

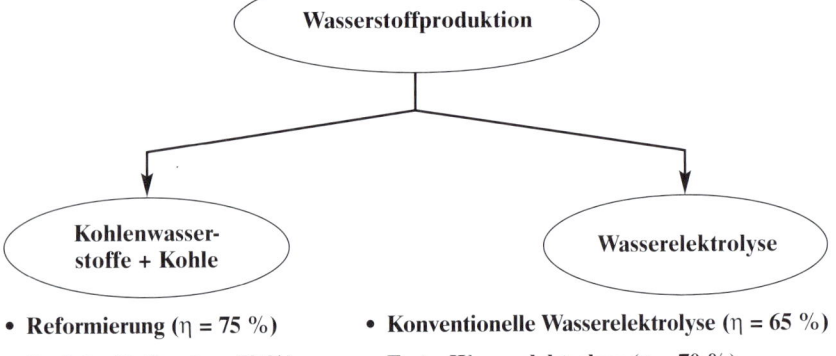

Wasserstoffproduktion

Kohlenwasser-
stoffe + Kohle

Wasserelektrolyse

- Reformierung (η = 75 %)
- Partialoxidation (η = 70 %)
- Kohlevergasung (η = 60 %)

- Konventionelle Wasserelektrolyse (η = 65 %)
- Fortg. Wasserelektrolyse (η = 70 %)
- Hochtemperatur-Wasserelektrolyse (η = 70 %)

*Bild 18: Es gibt mehrere Wege, Wasserstoff zu gewinnen. Die wichtigsten
davon sind die Wasserelektrolyse und die chemische Verarbeitung
von Kohlenwasserstoffverbindungen.*

80

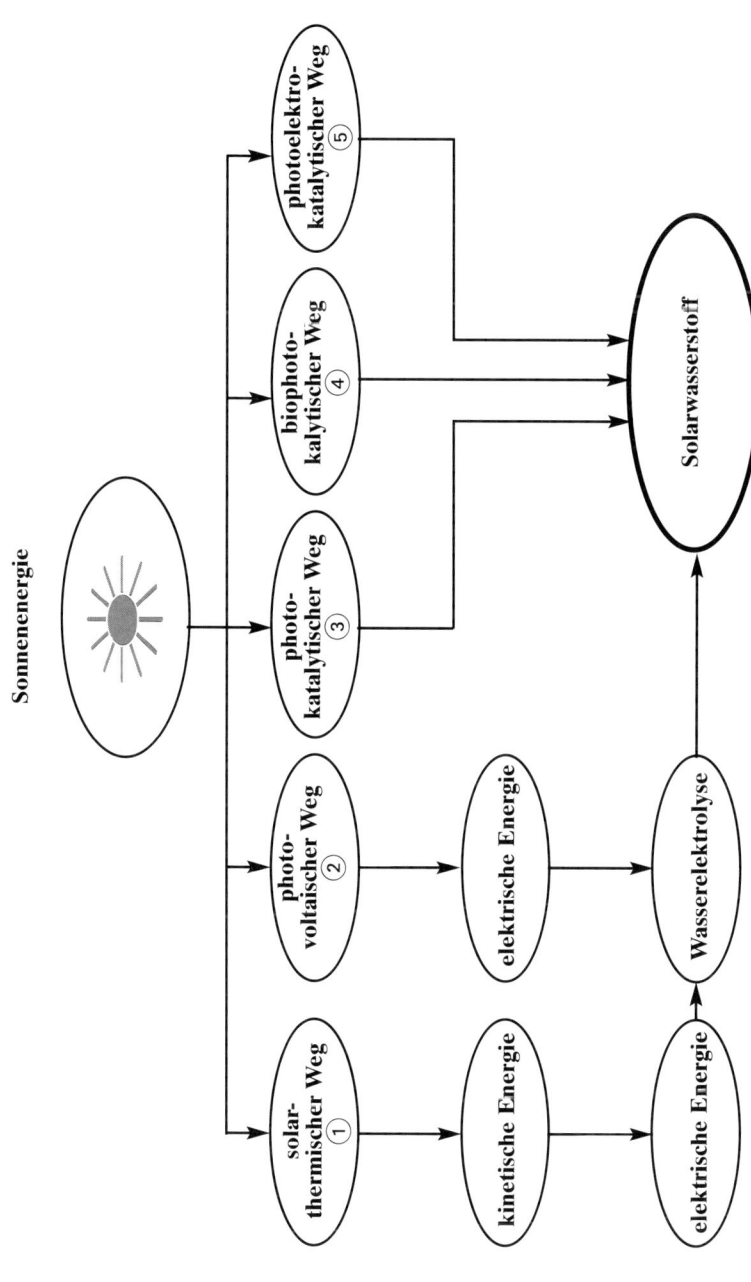

Bild 19: Wege zur Gewinnung von Solarwasserstoff. Während die Wege (3), (4) und (5) noch experimentellen Charakter haben, sind die Wege (1) und (2) Stand der Technik.

81

Wird bei der Wasserelektrolyse Solarstrom eingesetzt, dann spricht man sinnvollerweise von Solarwasserstoff. Bild 19 zeigt die bekanntesten Wege, die zur Solarwasserstoffproduktion führen. Der erste, der sogenannte solarthermische Weg, führt über die solarthermische Energie zur kinetischen Energie, die dann durch Generatoren in elektrische Energie umgewandelt wird. Diese Energie wird anschließend zur Wasserelektrolyse benutzt, damit Solarwasserstoff gewonnen wird. Der zweite Weg, der sogenannte photovoltaische Weg, führt zur Direktumwandlung von Sonnenstrahlung in elektrische Energie, die anschließend zur Wasserelektrolyse benutzt wird, damit Solarwasserstoff entsteht.

Der dritte Weg, der sogenannte photokatalytische Weg, führt direkt zur Gewinnung von Solarwasserstoff. Der vierte Weg, der sogenannte biophotokatalytische Weg, führt genauso wie der fünfte Weg, der sogenannte photoelektrokatalytische Weg, ebenfalls zur direkten Gewinnung von Solarwasserstoff. Großtechnisch gesehen, sind aber z.Zt. nur die ersten zwei Wege Stand der Technik.

Wasserelektrolyse

Kommt das zweiwertige Sauerstoffatom (O) mit dem einwertigen Wasserstoffatom (H) zusammen, so entsteht ein Wassermolekül (vgl. Bild 20). Die dazugehörige chemische Reaktion sieht wie folgt aus:

$$H_2 + O \Rightarrow H_2O + \text{Wärmeenergie}$$

Bei dieser Reaktion entsteht also durch die chemische Verbindung von Sauerstoff und Wasserstoff nicht nur Wasser, sondern auch Wärmeenergie. Sie beträgt $2{,}985 \cdot 10^5$ Joule (Ws) pro Mol Wasser (1 Mol Wasser = 18 g). Diese Energiemenge entspricht: $2{,}985 \cdot 10^5$ Ws/3600 s = 80 Wh = 0,08 kWh.

Will man umgekehrt Wasser chemisch in seine Bestandteile Wasserstoff und Sauerstoff spalten, dann muß man mindestens die oben genannte Energiemenge von 0,08 kWh/Mol aufwenden. Da-

82

mit also 1 kg Wasser in seine Bestandteile Wasserstoff und Sauerstoff gespaltet werden kann, muß eine elektrische Energiemenge von mindestens 0,08 kWh × (1000 g/18 g) = 4,44 kWh aufgewendet

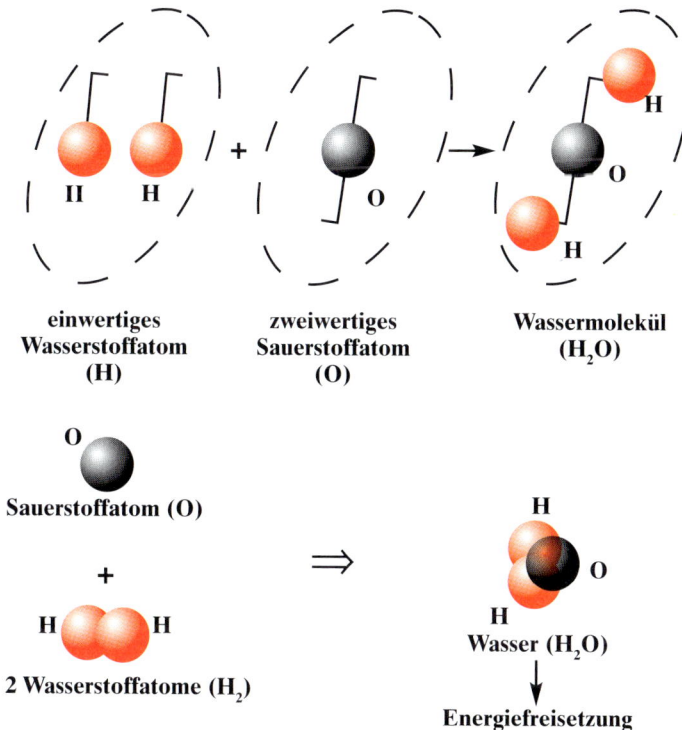

Bild 20: Durch die Verbindung des einwertigen Wasserstoffatoms (H) mit dem zweiwertigen Sauerstoffatom (O) entsteht Wasser. Die dabei freiwerdende Bindungsenergie führt zur Energiegewinnung.

werden. Das dabei verwendete Verfahren nennt man *Wasserelektrolyse.* Bild 21 (unten) zeigt das Funktionsprinzip eines Wasserelektrolyseurs.

In einem Behälter befinden sich das zu spaltende Wasser, zwei Elektroden und ein Diaphragma, das diese Elektroden voneinander trennt.

Damit aber Wasser in seine Bestandteile *Wasserstoff* und *Sauerstoff* gespalten werden kann, muß es vorher entsprechend „präpariert" werden. Diese Aufgabe übernimmt eine Substanz, die man *Elektrolyt* nennt. Für die herkömmliche Elektrolyse werden Salze, Säuren oder Laugen in wässriger Lösung oder in Form einer Paste verwendet.

Die für die Elektrolyse verwendeten Elektroden müssen einerseits elektrisch gut leitend und andererseits chemisch inert sein, damit sie sich an den chemischen Reaktionen nicht selbst beteiligen können. Bei den kommerziellen Elektrolyseuren benutzt man hierfür oft Graphit. Das Diaphragma (Membran) muß in der Lage sein, die bei der Elektrolyse entstehenden Gase *Wasserstoff* und *Sauerstoff* getrennt voneinander zu halten, damit sie sich nicht gleich wieder vermischen; sonst wäre die Gastrennung nämlich umsonst gewesen. Hinzu käme noch Explosionsgefahr.

Die beiden Elektroden (dicht an der Membran angebracht) und die Membran selbst sind relativ dünn, damit ihr elektrischer Widerstand klein bleibt. Die angelegte Spannung muß mindestens die Zersetzungsspannung des Wassers, d.h. 1,23 V betragen. In der Praxis wählt man aber einen höheren Wert, der zwischen 1,7 V und 2,3 V liegt.

Legt man nun an die Elektroden der im Bild 21 dargestellten Anordnung eine Spannung an, die höher ist als die Zersetzungsspannung des Wassers, dann entladen sich die positiv geladenen Ionen an der Kathode, d.h. sie verbinden sich mit den dort vorhandenen Elektronen, wodurch Wasserstoffmoleküle entstehen. Diesen Prozeß nennt man *Reduktion* ($4\,H_2O + 4\,e^- \rightarrow 2\,H_2 + 4\,OH^-$). An der Anode entladen sich dagegen negativ geladene Ionen, d.h. sie geben

Bild 21: (Seite 85) Funktionsprinzip eines Wasserelektrolyseurs. Durch Zufuhr von elektrischer Energie läßt sich Wasser (H_2O) in seine Bestandteile Wasserstoff (H) und Sauerstoff (O) spalten. Voraussetzung dafür ist, daß die angelegte Spannung höher als die Zersetzungsspannung des Wassers (1,23 V) ist.
Oben: Versuchsanordnung.
Unten: Schematische Darstellung.

84

H2
O2
–
+

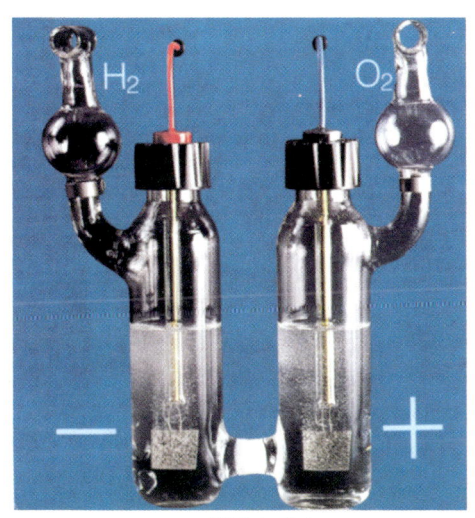

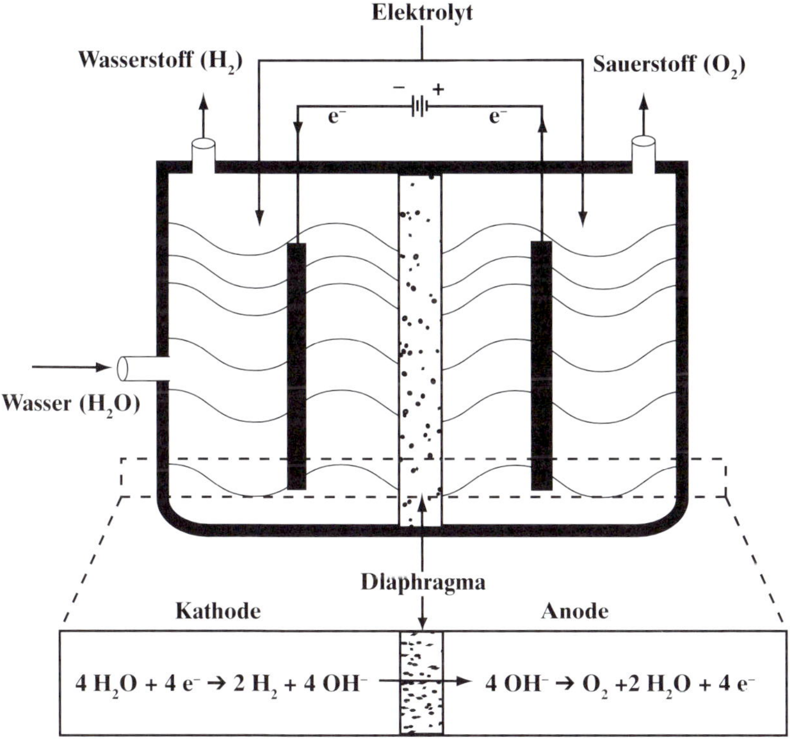

Elektrolyt
Wasserstoff (H_2)
Sauerstoff (O_2)
– +
e⁻
e⁻
Wasser (H_2O)
Diaphragma
Kathode
Anode
$4\,H_2O + 4\,e^- \rightarrow 2\,H_2 + 4\,OH^-$
$4\,OH^- \rightarrow O_2 + 2\,H_2O + 4\,e^-$

Elektronen ab, wodurch Sauerstoffmoleküle entstehen. Diesen Prozeß nennt man *Oxidation* ($4\,OH^- \Rightarrow O_2 + 2\,H_2O + 4\,e^-$).

Es gibt mehrere Wasserelektrolyseverfahren. Alle diese Verfahren lassen sich jedoch in die folgenden vier Gruppen einteilen: Die alkalische Wasserelektrolyse, die Membranelektrolyse, die Hochtemperaturelektrolyse (auch „Hot Elly" genannt) und die alkalische Salzschmelz-Elektrolyse.

Die alkalische Wasserelektrolyse ist das älteste und zugleich ausgereifteste Verfahren überhaupt. Dabei unterscheidet man zwischen Niederdruck- und Hochdruckelektrolyseuren. Erstere arbeiten unter Umgebungsdruck. Solche Anlagen werden seit langem industriell hergestellt. Die norwegische Firma Norsk Hydro bietet z.B. mehrere derartige Elektrolyseure serienmäßig an.

Hochdruckelektrolyseure funktionieren genauso wie Niederdruckelektrolyseure, nur daß der Betriebsdruck der ersteren zwischen 10 und 30 bar liegt. Als Elektrolyt verwenden beide Typen Kalilauge. Der wesentliche Vorteil der Hochdruckelektrolyseure besteht darin, daß der gewonnene Wasserstoff auf einem hohen Druck zur Verfügung steht, so daß bei seiner anschließenden Speicherung Verdichtungsarbeit gespart werden kann. Dieser Vorteil muß aber mit gewissen Nachteilen erkauft werden. So ist z.B. die Reinheit der aus Hochdruckanlagen gewonnenen Gase im Vergleich zu den Niederdruckgeräten nicht sehr hoch. Auch die verwendeten Diaphragmen werden durch den höheren Betriebsdruck und die höhere Betriebstemperatur gasdurchlässiger. Die Betriebstemperatur von Hochdruckelektrolyseuren beträgt maximal 150° C. Zu den Herstellern von solchen Elektrolyseuren gehören u.a. die Firma GHW (**G**esellschaft für **H**ochleistungselektrolyseure zur **W**asserstofferzeugung), an der die Firmen HEW (**H**amburger **E**lectricitätswerke), MTU (**M**otoren **T**urbinen **U**nion) und Norsk Hydro (20%/40%/40%) beteiligt sind. Auch die belgische Firma Hydrogen

Bild 22: (Seite 87) Schematische Darstellung eines Wasserelektrolyseurs, angelehnt an den Wasserelektrolyseur der Wasserstoff-Tankstelle am Flughafen München.

86

Electrolyzer Production of Hydrogen

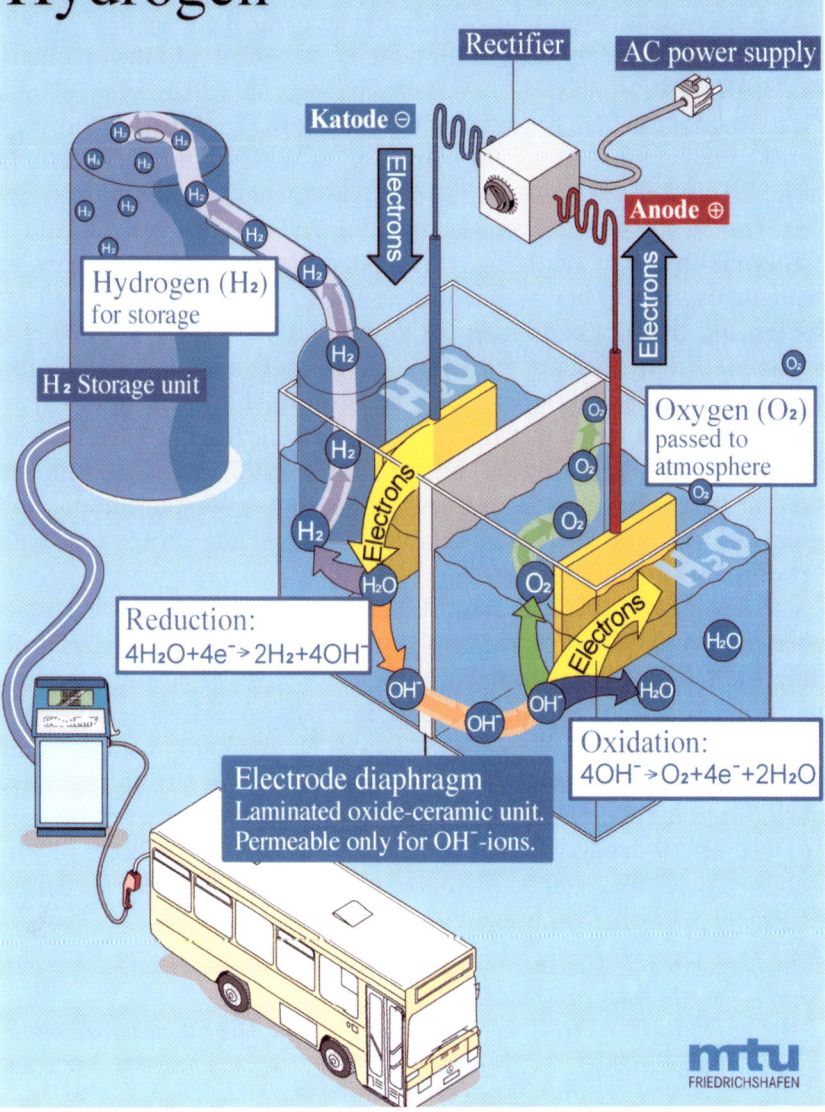

Rectifier

AC power supply

Katode ⊖

Electrons

Anode ⊕

Electrons

Hydrogen (H₂) for storage

H₂ Storage unit

Oxygen (O₂) passed to atmosphere

Reduction:
$4H_2O + 4e^- \rightarrow 2H_2 + 4OH^-$

Oxidation:
$4OH^- \rightarrow O_2 + 4e^- + 2H_2O$

Electrode diaphragm
Laminated oxide-ceramic unit.
Permeable only for OH⁻-ions.

mtu
FRIEDRICHSHAFEN

87

Systems N.V. bietet Hochdruckelektrolyseure an. Elektrolyseure dieses Typs sind übrigens Stand der Technik. Ihre maximale Wasserstoffproduktion liegt bei etwa 485 Nm^3 pro Stunde. Der Wasserbedarf beträgt etwa 0,412 m^3/h. Ihr Wirkungsgrad liegt bei etwa 73%, ihre Lebensdauer beträgt etwa 15 Jahre.

Membranelektrolyseure stellen die Weiterentwicklung von alkalischen Elektrolyseuren dar. Sie vereinigen praktisch Elektrolyt und Diaphragma in einer Ionentauschermembran. Eine solche Membran weist einen relativ niedrigen elektrischen Widerstand auf, wodurch hohe Stromdichtewerte erzielt werden können. Dem hier verwendeten Wasser müssen übrigens keine Elektrolytzusätze zur Erhöhung seiner elektrischen Leitfähigkeit hinzugefügt werden. Dadurch wird die Korrosionsgefahr erheblich reduziert. Elektrolyseure dieses Typs bieten die Möglichkeit, auch als kombinierte Geräte, d.h. „Brennstoffzelle/Elektrolyseur" verwendet zu werden; und als solche könnten sie dort eingesetzt werden, wo wechselweise sowohl eine Brennstoffzelle als auch ein Elektrolyseur erforderlich wäre. Autarke Solarhäuser sind ein Beispiel für solche Anwendungen. Kombinierte Geräte dieser Art existieren inzwischen als Schulexperimente; und die US-Firma Hogen Inc. ist dabei, Kleinanlagen dieser Art bald serienmäßig anzubieten.

Hochtemperaturelektrolyseure benutzen genauso wie Membranelektrolyseure einen Festelektrolyt. Er besteht aus einer Sauerstoffionen leitenden Keramik aus ZrO_2, deren elektrische Leitfähigkeit mit steigender Temperatur zunimmt. Dabei wird das Wasser (dampfförmig) kathodenseitig zugeführt. Durch elektrolytische Zersetzung bildet sich dann ein Wasserdampfgemisch. Die Sauerstoffionen wandern durch die Keramik zur Anode, wo sie sich elektrisch entladen. Hochtemperaturelektrolyseure haben einen relativ hohen Wirkungsgrad. Grund dafür ist, daß zur Spaltung von Wasserdampf

Bild 23: (Seite 89) Der Hochdruckelektrolyseur der Wasserstoff-Tankstelle am Flughafen München.
Oben: Der Elektrolyseur (Mitte) und die Druckgas-Speicherrohre (rechts).
Unten: Innenansicht des Elektrolyseurs.

88

ELEKTROLYSE
HAUPTANLAGE

EX-ALARM

weniger elektrische Energie erforderlich ist als zur Spaltung von Wasser. Dafür ist aber eine Betriebstemperatur von etwa 1 000° C erforderlich.

Bild 24: Wasserelektrolyseur, der im Rahmen des Projekts Bayern Solarwasserstoff GmbH während der 90er Jahre in Neunburg vorm Wald experimentell eingesetzt wurde.
Leistung: 6 – 111 kW_{el}.
Energieverbrauch: < 4,3 $kWh/Nm^3_{H_2}$
Wirkungsgrad: > 83%.

Alkalisalz-Schmelzelektrolyseure verwenden als Elektrolyt eine wasserhaltige Alkalihydroxidschmelze. Das Wasser wird auch hier dampfförmig zugeführt. Technologische Probleme, die hauptsächlich mit den für das Diaphragma benötigten Materialien zusammenhängen, erschweren jedoch bisher die serienmäßige Herstellung solcher Elektrolyseure.

90

Vom Energieverbrauch her betrachtet, scheidet die alkalische Elektrolyse ziemlich ungünstig ab; denn sie braucht eine Energie von 4,6 $kWh_{el}/Nm^3_{H_2}$. Die fortgeschrittene alkalische Elektrolyse kommt mit 4 $kWh_{el}/Nm^3_{H_2}$ aus. Bei der Verwendung der Hochtemperaturelektrolyse sinkt dieser Wert auf nur 3,2 $kWh_{el}/Nm^3_{H_2}$. Die autotherme Version kommt sogar mit nur 2,6 $kWh_{el}/Nm^3_{H_2}$ aus.

Bild 23 zeigt einen Hochdruckelektrolyseur der Firma GHW, der z.Zt. bei der Wasserstoff-Tankstelle am Flughafen München verwendet wird. Bild 24 zeigt einen weiteren Elektrolyseur, der im Rahmen des Projekts „Solarwasserstoff-Bayern" (SWB) während der 90er Jahre erfolgreich eingesetzt wurde.

Wasserstoffproduktion aus Kohlenwasserstoffverbindungen

Wasserstoff kann, wie bereits angedeutet, auch aus Kohlenwasserstoffverbindungen, z.B. aus fossilen Energieträgern, über den Reformierungsweg gewonnen werden. Dabei können drei Reformertypen eingesetzt werden: Der Dampfreformer, der Partialoxidations-Reformer und der autotherme Reformer, der im Prinzip eine Kombination aus den beiden vorgenannten ist. Bild 25 zeigt schematisch diese drei Reformertypen und die chemischen Produkte, die dabei entstehen.

Der Dampfreformer (vgl. Bild 25, oben) wird mit Kohlenwasserstoffen und Wasser gespeist. Unter Zuführung von Energie entstehen dann die folgenden Produkte: 50% – 65% Wasserstoff, 20% – 25% Kohlendioxid und 10% – 20% Wasser.

Der Partialoxidations-Reformer wird mit Kohlenwasserstoffen und Luft gespeist. Eine Energiezufuhr ist hier nicht erforderlich. Im Gegenteil, dieser Reformer liefert sogar Wärmeenergie. Am Ausgang dieses Reformers stehen die folgenden Produkte: 25% – 40% Wasserstoff, 20% – 25% Kohlendioxid und 40% – 50% Stickstoff.

Der autotherme Reformer wird mit Kohlenwasserstoffen, Luft und Wasser gespeist. Seine Endprodukte sind: 35% – 40% Wasserstoff, 25% – 30% Kohlendioxid, 20% – 30% Stickstoff und 15% – 25% Wasser.

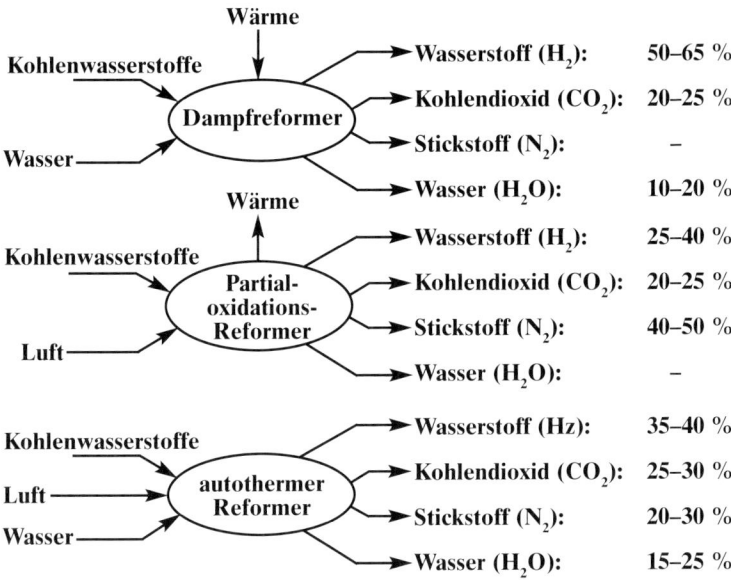

Bild 25: Die Gewinnung von Wasserstoff aus Kohlenwasserstoffen kann durch drei Reformertypen erreicht werden. Den Dampfreformer, den Partialoxidations-Reformer und den autothermen Reformer, der im Prinzip eine Kombination der beiden anderen ist.

Bild 26 zeigt die dreistufige Konzeption eines autothermen Reformers sowie die bei diesem Reform ablaufenden chemischen Prozesse. Aus Methan (CH_4) und Wasser (H_2O) entstehen Wasserstoff und Kohlendioxid. Die entsprechende chemische Reaktion sieht wie folgt aus:

$$CH_4 + 2\,H_2O \Rightarrow CO_2 + 4\,H_2$$

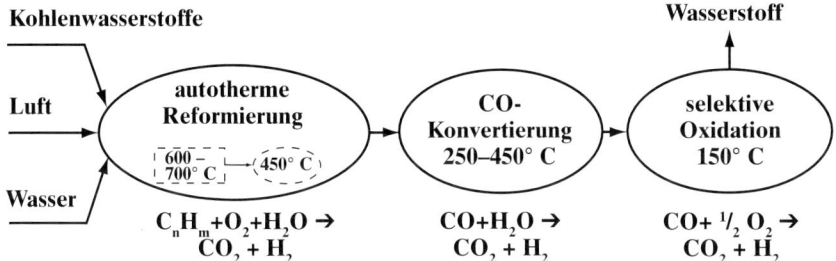

Bild 26: *Wasserstoffproduktion aus Kohlenwasserstoffen durch die autotherme Reformierung. Durch Konvertierung und selektive Oxidation entsteht zum Schluß reiner Wasserstoff. Das Kohlenmonoxid beträgt nur 10 bis 50 ppm.*

Wird dieser Reformer mit Ethan (C_2H_6) und Wasser versorgt, dann entstehen ebenfalls Wasserstoff und Kohlendioxid. Die entsprechende chemische Reaktion sieht dann wie folgt aus:

$$C_2H_6 + 4\,H_2O \Rightarrow 2\,CO_2 + 7\,H_2$$

Aus Propan (C_3H_8) und Wasser entstehen ebenfalls Wasserstoff und Kohlendioxid, wobei die entsprechende chemische Reaktion wie folgt aussieht:

$$C_3H_8 + 6\,H_2O \Rightarrow 3\,CO_2 + 10\,H_2$$

Aus Butan (C_4H_{10}) und Wasser entstehen auch Wasserstoff und Kohlendioxid. Die entsprechende chemische Reaktion sieht in diesem Fall wie folgt aus:

$$C_4H_{10} + 8\,H_2O \Rightarrow 4\,CO_2 + 13\,H_2$$

Auch Benzin oder Methanol (CH_3OH) können als Brennstoffe für solche Reformer verwendet werden. Das Forschungszentrum Jülich erprobt z.B. die autotherme Dampfreformierung und hat bereits in

93

Zusammenarbeit mit den Firmen Haldor Topsøe und Siemens AG einen Methanolreformer entwickelt. Die entsprechende chemische Reaktion in einem solchen Reformer sieht wie folgt aus:

$$CH_3OH + H_2O \Rightarrow 3\,H_2 + CO_2$$

Die Wasserstoffproduktion durch Dampfreformierung ist heute das ausgereifteste Verfahren überhaupt und außerdem besonders wirtschaftlich. Dabei wird für die Wasserstoffproduktion meistens Erdgas oder Synthesegas verwendet. Der in Leuna von der Firma Linde AG betriebene Dampfreformer (vgl. Bild 27) verarbeitet z.B. Erdgas. In einer weiteren, noch in Bau befindlichen Großanlage ist die Verwendung von Synthesegas geplant. Nach einem neuen Verfahren wird in einem Isotherm-Reaktor Kohlenmonoxid mit Wasserdampf zu Kohlendioxid und Wasserstoff umgesetzt und in einer nachfolgenden Druckwechseladsorption reiner Wasserstoff gewonnen. Das Kohlendioxid (als Restprodukt) wird ebenfalls vermarktet.

Die Wasserstoffproduktion aus Kohlenwasserstoffverbindungen ist zwar kostengünstig, hat aber ihren ökologischen Preis (vgl. Bild 28). Während z.B. Solarwasserstoff mit nur etwa 50 g CO_2/kWh_{H_2} die Umwelt belastet, bringen Kohlenwasserstoffverbindungen – je nach Verfahren und Rohstoff – Werte zwischen 250 und 550 g CO_2/kWh_{H_2} zustande.

Wasserstoff, der durch Reformierung gewonnen wird, kostet z.Zt. nur etwa 0,03 €/kWh_{H_2} (vgl. Bild 29). Auch die Wasserstoffproduktion durch Kohlevergasung ist preiswert (0,04 €/kWh_{H_2}). Solarwasserstoff ist zwar ökologisch sauber, aber noch relativ teuer. Wird z.B. für die Wasserelektrolyse Solarstrom aus Deutschland verwendet, dann kostet er ganze 2,05 €/kWh_{H_2}. Bei der Verwendung von Solarstrom aus Nordafrika sinken zwar die Stromproduktions-

Bild 27: (Seite 95) Dampfreformer zur Gewinnung von Wasserstoff aus fossilen Energieträgern. Diese Anlage ist in Leuna installiert. Das hier verwendete Verfahren gehört zu den z.Zt. wirtschaftlichsten Verfahren der Wasserstoffgewinnung überhaupt.

94

kosten erheblich, der Wasserstoffpreis liegt aber immer noch bei $0,52 \text{ €/kWh}_{H_2}$.

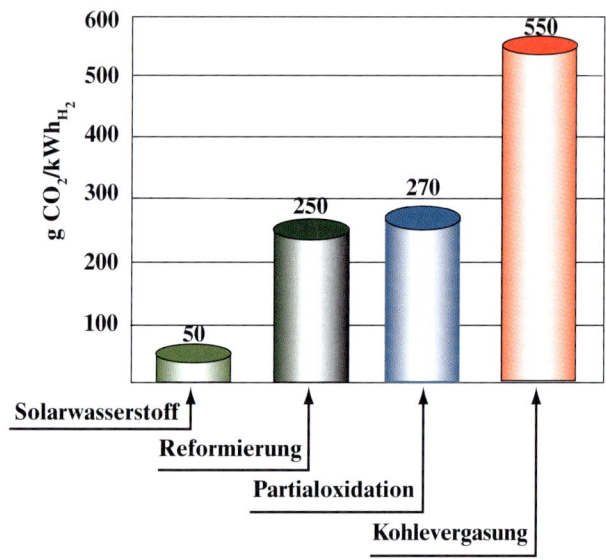

Bild 28: Wasserstoff, der aus Kohlenwasserstoffen bzw. Kohle gewonnen wird, hat seinen ökologischen Preis. Nur Solarwasserstoff ist weitgehend „grün".

Kvaerner-Prozeß

Wasserstoff kann auch durch den Kvaerner-Prozeß umweltfreundlich aus Erdgas gewonnen werden. Der Clou besteht darin, daß dabei Kohlenstoff in Form von Ruß abgeschieden wird. Der erforderliche Energiebedarf beträgt nur etwa 1,25 Wh pro Kubikmeter Wasserstoff. Bei diesem Prozeß werden zwar keine klimaschädigenden Gase emittiert, die Energiekette-Emissionen sind jedoch unvermeidlich. Diese Emissionen können aber überkompensiert werden, wenn man den anfallenden Ruß in Betracht zieht. Ruß wird weltweit

96

in großen Mengen zur Gummiherstellung und für Farben eingesetzt. Allein die Reifenindustrie benötigt eine ganze Menge davon. Überdies kann Ruß künftig in der Stahlindustrie und zur Halbleiterherstellung verwendet werden. Der globale Marktbedarf wird mit etwa

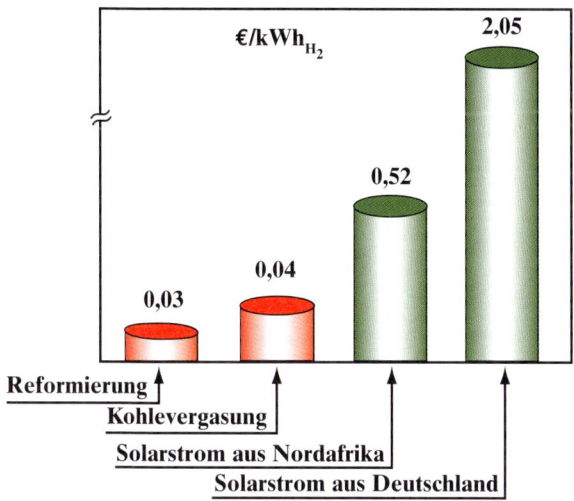

Bild 29: Wasserstoffproduktionskosten ($€/kWh_{H_2}$) bei den verschiedenen Produktionsverfahren. Der niedrige Preis muß stets mit einem ökologischen „Scheck" bezahlt werden.

0,5 Millionen Tonnen jährlich geschätzt. Weltweit werden heute etwa 6 Millionen Tonnen Ruß produziert, davon eine Million Tonnen in Europa.

Pilotanlagen für den Kvaerner-Prozeß wurden inzwischen gebaut bzw. befinden sich z.Zt. im Bau. Als Rohstoff verwenden sie schwere Kohlenwasserstoffverbindungen.

Für die Übergangsphase von einer Wasserstoff-Energiewirtschaft zur Solarwasserstoff-Energiewirtschaft könnte der Kvaerner-Prozeß für die Wasserstoffproduktion eine wichtige Rolle spielen.

Wasserstoffproduktion auf biologischem Weg

Die Hoffnung, einmal Wasserstoff auch auf biologischem Weg zu produzieren, ist seit einigen Jahren immer wieder ins Gespräch gebracht worden – und dies aus guten Gründen: Mikroalgen erweisen sich allmählich als Alleskönner, die nicht nur für Reinigungsmittel, Tierfutterzusatz und Pflegemittel, sondern auch für die Nahrungsmittel- und Wasserstoffproduktion verwendet werden können.

Die Biologie kennt inzwischen etwa 30 000 Mikroalgenarten; und alle diese Mikroorganismen, nur unter dem Mikroskop sichtbar, sind wahre „Wunderbiomaschinen". Sie sind sozusagen hochkomplexe, chemische „Fabriken" in Miniaturformat. Sie sehen grün, braun oder rot aus und sind in der Lage, innerhalb ihrer winzigen Zellen das ganze Programm organischen Lebens ablaufen zu lassen. Sie können auf engstem Raum eine Vielzahl komplexer Farbstoffe sowie ungesättigte Fettsäuren und Kohlenhydrate synthetisieren. Als Eiweißproduzenten übertreffen sie Sojabohnen, Eier und sogar Krustentiere; denn der Eiweißanteil ihrer Gesamtmasse beträgt etwa 70%. Diese „Wunderbiofabriken", die sich durch den Photosyntheseprozeß mit Energie versorgen, sind bereits großtechnisch im Einsatz und produzieren große Mengen von Biomasse. Überdies zerlegen sie Gülle in ihre Bestandteile. In Hengelo/Niederlande werden z.B. jährlich 3 000 m^3 Fäkalien in einem 6 000 m^2 großen Algenbecken in Algenmasse umgewandelt; in Klotze/Sachsen-Anhalt existiert ein 12 000 m^2 großes Algengewächshaus, das 500 kg Algenmasse täglich produziert. Daraus entsteht u.a. auch Algenbrot. Die weltweit größte Anlage dieser Art mit einer Fläche von 350 000 m^2 steht auf Hawaii und produziert jährlich 500 Tonnen Algenmasse. Daraus entstehen Nahrungszusatzstoffe, Farbstoffe u.a.

Algen sind aber auch in der Lage, Elektronen auf Protonen zu übertragen, wodurch auf biologische Weise molekularer Wasserstoff entsteht. Aus den „Ausgangsmaterialien" Wasser und Sonnenstrahlung entsteht durch Biophotolyse Wasserstoff. Es gibt aber auch phototrophe Bakterien, z.B. Purpurbakterien, die in einem Nährmedium aus organischen Stoffen Wasserstoff produzieren können.

Diese Bakterien gehören zu der Gattung von anoxygenen phototrophen Bakterien und sind in der Lage, die aus geeigneten organischen Verbindungen, z.b. aus Biomasse, gewonnenen Protonen zu reduzieren, wodurch ebenfalls Wasserstoff entsteht.

Vielversprechend ist auch die Kombination von Algen und Purpurbakterien. In einem Verbundreaktor wird z.b. während eines zweistufigen Prozesses zunächst Kohlendioxid gebunden, und dann werden Kohlenhydrate aufgebaut, die anschließend zu Kohlendioxid und Wasserstoff umgesetzt werden. Dabei wirken die Grünalgen photosynthetisch, während die Purpurbakterien den zweiten chemischen Prozeß übernehmen; und weil Grünalgen und Purpurbakterien für ihre Stoffwechselprozesse unterschiedliche Frequenzspektren der Sonnenstrahlung beanspruchen, können für die Verbundreaktoren Sonnenlichtkollektoren in Sandwich-Bauweise eingesetzt werden. Dadurch kann sowohl Material als auch Platz gespart werden.

Noch weiter in die Zukunft reichen sogenannte Gärungsprozesse zur Gewinnung von Wasserstoff. Solche Prozesse haben den Vorteil, daß sie ohne Sonnenstrahlung ablaufen. Anlagen dieser Art können also wetterunabhängig betrieben werden. Den Rohstoff bilden organische Substanzen, in die thermophile Bakterien eingesetzt und zur Produktion von Wasserstoff, Alkohol, organischen Säuren und Methan veranlaßt werden. Ob und wann es allerdings zu einer solchen Art von Wasserstoffproduktion kommen wird, ist noch völlig offen.

Wasserstoffverflüssigung

Damit Wasserstoff flüssig wird, muß er auf etwa $-253°$ C abgekühlt werden. Die hierfür nötige Energie beträgt theoretisch 1,3 kWh/kg. Diese Energiemenge setzt sich aus den folgenden Teilbeträgen zusammen:

- Wärmeenergie: 0,97 kWh/kg
- Kondensationsenthalpie*: 0,13 kWh/kg
- Ortho-Para-Umwandlung: 0,2 kWh/kg

* Summe aus innerer Energie und Verdrängungsarbeit (Beispiel: Dampfenthalpie).

99

Die in der Praxis erforderliche Gesamtenergiemenge liegt aber, je nach Prozeßführung und Rahmenbedingungen, zwischen 3,6 und 4,3 kWh/kg.

Durch die Ortho-Para-Umwandlung werden praktisch aus Wasserstoffmolekülen mit gleichgerichtetem Drall Wasserstoffmoleküle mit entgegengerichtetem Drall gebildet. Unter Umgebungstemperatur besteht nämlich Wasserstoff zu 75% aus Ortho- und nur zu 25% aus Parawasserstoff. Bei tieferen Temperaturen verschiebt sich dieses Verhältnis zu Gunsten von Parawasserstoff. Flüssigwasserstoff besteht also fast ausschließlich aus Parawasserstoff.

Die erste Wasserstoffverflüssigung fand bereits im Jahre 1898 durch den britischen Chemiker und Physiker James Dewar statt. Die Bedeutung des flüssigen Wasserstoffs als Energieträger wurde aber erst erkannt, als man Raketentriebwerke mit Wasserstoff betreiben wollte und deswegen große Wasserstoffmengen (und Sauerstoff) an Bord von Raketen mitführen mußte. Mit wenigen Ausnahmen geschah dies erst bei der *Saturn 5*-Rakete, die im Rahmen des *Apollo*-Programms entwickelt und eingesetzt wurde. Sie ist jene Rakete, die einst die ersten Menschen zum Mond und zurück beförderte. Inzwischen wird Flüssigwasserstoff bei mehreren Trägersystemen verwendet. Die Europa-Rakete *Ariane 5* und das *Space Shuttle* werden z.B. mit flüssigem Wasserstoff angetrieben.

Die Produktion von flüssigem Wasserstoff (LH_2) ist heute Stand der Technik. Industriemäßig erfolgt die Wasserstoffverflüssigung in drei Schritten. Zuerst wird Wasserstoff mit Hilfe von flüssigem Stickstoff (−190° C) vorgekühlt. Für die weitere Abkühlung sorgen anschließend Wasserstoff-Expansionsturbinen, die in einem geschlossenen Kältekreislauf betrieben werden. Der hier verwendete Wasserstoff gehört also nicht zum produzierten flüssigen Wasserstoff. Durch die Expansion in den Turbinen kühlt sich dieser Wasserstoff ab und überträgt die Kälte durch Wärmetauscher an das Was-

Bild 30: (Seite 101) Wasserstoffverflüssigungsanlage der Firma Linde AG in Ingolstadt. Im Vordergrund sieht man die Speichertanks für den Flüssigwasserstoff.

100

101

serstoff-Endprodukt, d. h. an den flüssigen Wasserstoff, der dadurch eine Temperatur von etwa -253° C erreicht. Der Flüssigwasserstoff wird anschließend in vakuumisolierten Speichertanks zwischengelagert (vgl. Bild 30), bis er mit dafür geeigneten Containerfahrzeugen (vgl. Bild 31) an den Endverbraucher geliefert wird. Die dabei entstehenden Verluste durch Verdampfung sind bei großtechnischen Anwendungen minimal.

Die Firma Linde AG hat in Deutschland bereits 1969 mit der Produktion von hochreinem flüssigen Wasserstoff begonnen. Im Unterschleißheimer Werk wurden damals allerdings nur etwa 60 Liter Flüssigwasserstoff pro Stunde produziert. Seit 1992 betreibt Linde die erste großtechnische Anlage in Deutschland und produziert 4,4 Tonnen Flüssigwasserstoff täglich. Die dafür verwendete Verflüssigungsanlage arbeitet nach dem Claude-Prozeß und zwar mit einer Flüssigstickstoff-Vorkühlung und Expansionsturbinen in zwei Stufen. Diese Anlage befindet sich in Ingolstadt (vgl. Bild 32). Ein LH_2-Speicher für 270 000 Liter (vgl. Bild 30) und eine Flotte von Containerfahrzeugen haben die Möglichkeit geschaffen, daß von Ingolstadt aus europaweit Kunden mit flüssigem Wasserstoff beliefert werden können. Auch die Wasserstoff-Tankstelle am Flughafen München wird von dort mit flüssigem Wasserstoff versorgt.

In Europa existieren insgesamt drei Wasserstoffverflüssigungsanlagen. Die von der Firma Linde AG in Ingolstadt betriebene Anlage ist die einzige in Deutschland. Die zweite Anlage befindet sich in Frankreich und wird von der Firma Air Liquide in Wazier betrieben. Dort werden 9 Tonnen Flüssigwasserstoff täglich produziert. Die dritte Anlage befindet sich in den Niederlanden und wird von der Firma Air Products in Rozenburg betrieben. Ihre tägliche Kapazität beträgt etwa 5,4 Tonnen.

Bild 31: (Seite 103) Die erste öffentliche Wasserstoff-Tankstelle der Welt am Flughafen München. Der gasförmige Wasserstoff wird in situ produziert. Der Flüssigwasserstoff wird mit speziellen Containerfahrzeugen der Firma Linde AG angeliefert.

Wasserstoff-Verflüssigungsanlagen sind heute in der Lage, bis zu etwa 2 Tonnen Flüssigwasserstoff pro Stunde zu produzieren. Ihre Ausnutzungsdauer liegt bei 7500 Stunden jährlich, ihre Lebensdauer bei etwa 30 Jahren. Der Strombedarf beträgt (bei einem Eingangsdruck von 30 bar) 10,5 kWh/kg. Ihre CO_2-Emissionen sind

Bild 32: Die Wasserstoffverflüssigungsanlage der Firma Linde AG in Ingolstadt – eine der drei Anlagen dieser Art in Europa.

minimal; sie liegen bei nur etwa 3 g/kWh$_{H_2}$. Die spezifischen Produktionskosten belaufen sich auf etwa 2,3 Cts/kWh$_{H_2}$ (ohne Strombezug).

Hauptabnehmer für den flüssigen Wasserstoff war in den vergangenen drei Jahrzehnten hauptsächlich die Raumfahrttechnik. Die erste Rakete, die mit Flüssigwasserstoff angetrieben wurde, war die *Centaur*-Stufe der *Atlas-Centaur*-Rakete. Als Antriebssystem wurde damals das Triebwerk LR-10 (**L**iquid **R**ocket/10 Tonnen) verwendet.

104

Anwendungen

Wasserstoff wird zur Kohlehydrierung, zur Hydrierung organischer Zwischenprodukte wie Fettalkohole, zur Fetthärtung u.a. verwendet. Überdies wird Wasserstoff als Reduktions- und als Schutzgas eingesetzt. In Verbindung mit Kohlendioxid wird Wasserstoff benutzt, um Methanol oder Alkohol herzustellen. Die Metallurgie verwendet bei der Herstellung von Nichteisenmetallen wie Nickel oder Wolfram, Wasserstoff als Reduktionsmittel. In der Schweißtechnik braucht man Wasserstoff beim Löten oder Flammenspritzen. Wasserstoff wird aber auch als Ballongas und nicht zuletzt bei

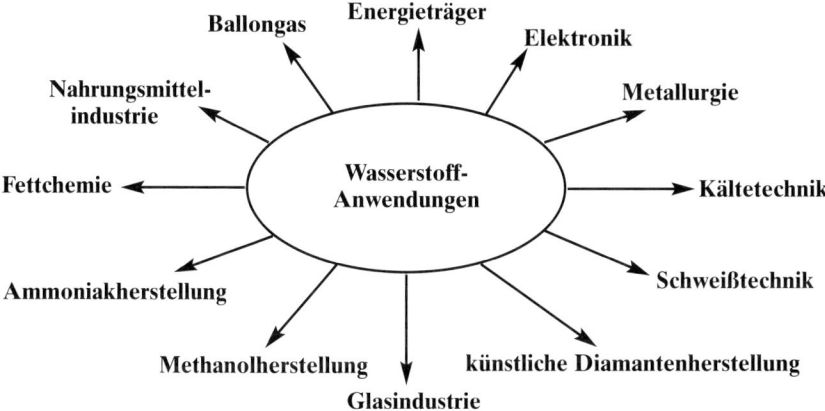

Bild 33: Als Rohstoff findet Wasserstoff inzwischen zahlreiche Industrieanwendungen. Die wichtigsten davon zeigt dieses Bild.

der Herstellung von synthetischen Diamanten eingesetzt. Überdies dient Wasserstoff als indirekter Energieträger. Fossile Energieträger bilden sich bekanntlich durch Zersetzung von pflanzlichen und tierischen Resten (Biomasse) und bestehen daher vorwiegend aus Kohlenwasserstoffen. Reichert man diese Energieträger mit Wasserstoff an, dann verändert sich das C/H-Verhältnis zugunsten des

Wasserstoffs, wodurch sie „veredelt" werden. Je mehr Wasserstoff sie enthalten, desto weniger Schadstoffe stoßen sie bei ihrer Verbrennung aus. Der bei solchen chemischen Prozessen beigefügte Wasserstoff erhöht aber gleichzeitig auch den Energiegehalt der veredelten Energieträger.

Weltweit werden derzeit etwa $3,5 \cdot 10^{11}$ Nm^3 Wasserstoff pro Jahr eingesetzt, von denen etwa 47% für die Ammoniak-Herstellung und etwa 41% in der Petrochemie verwendet werden. Weitere 5% werden zur Herstellung von Methanol eingesetzt. Der verbleibende Rest findet in der Metallurgie und für sonstige industrielle Zwecke Verwendung.

In der Bundesrepublik Deutschland werden jährlich mehr als 20 Mrd. Nm^3 Wasserstoff verarbeitet, wobei etwa 35% für die Herstellung von Ammoniak eingesetzt werden. In der Nahrungsmittelindustrie wird hochreiner Wasserstoff für die Hydrierung natürlicher Fette und Öle zu Nahrungsfetten verwendet. Bild 33 faßt die wichtigsten Anwendungen von Wasserstoff als Rohstoff zusammen.

Als Energieträger dient Wasserstoff sowohl der heißen als auch der „kalten" Verbrennung. In der Kernfusion wiederum wird das Wasserstoffisotop Tritium verwendet. Die Elektronik benutzt Wasserstoff u.a. auch für die Waferherstellung. Die Fettchemie produziert mit Hilfe von Wasserstoff Seife, Fette, Öle, Schmierstoffe und Kosmetikartikel. Durch die Produktion von Ammoniak und Methanol findet Wasserstoff zahlreiche Anwendungen bei der Herstellung von Düngemitteln, Harzen, Fasern, Sprengstoffen, Süßstoffen, Essigsäure, Gummi, Äther u.v.a. Die Glasindustrie verwendet Wasserstoff zur Herstellung von Quarzglas und Glühbirnen.

Die wichtigste Rolle aber wird Wasserstoff bald als Energieträger spielen. Dabei wird zuerst die Automobilindustrie der Hauptabnehmer sein; denn sie will bereits ab etwa 2004 wasserstoffbetriebene Kraftfahrzeuge serienmäßig anbieten. Wasserstoffbetriebene Schie-

Bild 34: (Seite 107) Die legendäre Apollo-Rakete Saturn 5 (links) und die europäische Rakete Ariane 5 (rechts), sowie das Space Shuttle wurden bzw. werden heute noch mit Flüssigwasserstoff angetrieben.

106

nenfahrzeuge und Schiffe werden folgen; und mit einer Verzögerung von etwa 20 bis 30 Jahren wird auch die Luftfahrtindustrie zu den Hauptabnehmern von Wasserstoff zählen. Mir schwebt schon jetzt eine LH_2-Version des soeben angekündigten Superjumbo A 380 vor. Dabei werden für die Luftfahrt riesige LH_2-Energiemengen erforderlich sein, die zweckmäßigerweise direkt an den Flughäfen verflüssigt werden. Die dort installierten Wasserstoff-Verflüssigungsanlagen werden durch Pipeline-Netze mit dem nötigen gasförmigen Wasserstoff versorgt. Die Flugzeugbetankung werden neuartige automatische Betankungsroboter übernehmen.

Bild 35: (Seite 109) Eine Vision, die bald zur Realität werden kann: Wasserstoffbetriebene Flugzeuge am Flughafen München. Eine in situ betriebene Wasserstoffverflüssigungsanlage der Firma Linde AG sorgt für den nötigen LH_2.

108

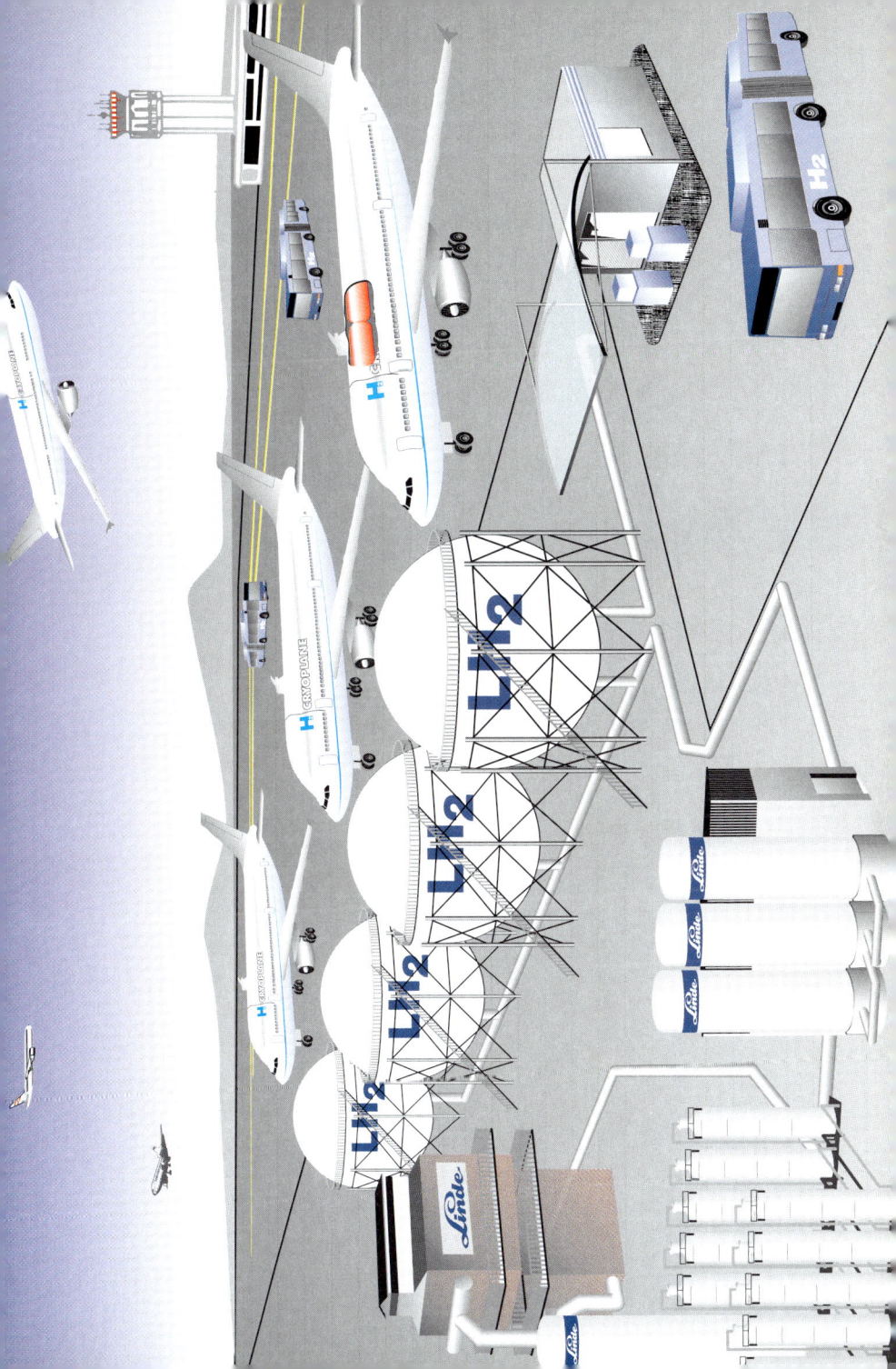

Wasserstofflogistik

Im Rahmen einer Wasserstoff-Energiewirtschaft, die stufenweise in die Solarwasserstoff-Energiewirtschaft überführt werden muß, ist nicht nur die Wasserstoffproduktion, sondern auch die Wasserstofflogistik von besonderer Bedeutung. Diese Logistik umfaßt die Speicherung, den Transport und die Verteilung von Wasserstoff (flüssig und gasförmig).

Betrachtet man die Endphase der Wasserstoff-Energiewirtschaft, die praktisch eine hundertprozentige Solarwasserstoff-Energiewirtschaft sein muß, dann müssen auch die sonnenreichen Erdregionen in die Wasserstofflogistik einbezogen werden. Im europäischen Raum liegen sie hauptsächlich in Nordafrika. Auch Spanien, Griechenland und etliche arabische Regionen zählen dazu. Im Rahmen einer solchen Konstellation muß nicht nur die Wasserstoffspeicherung am Ort der Wasserstoffproduktion, sondern auch der Transport von Solarwasserstoff zu den Verbraucherregionen, d.h. nach Europa, berücksichtigt werden. Auch der Transport innerhalb der Verbraucherregionen, d.h. die Wasserstoffverteilung, gehört dazu. So müssen alle denkbaren Wege wie Pipeline-Netze, Straßen-, Schienen- und Schiffswege einbezogen werden. Überdies muß an eine Zwischenspeicherung an zahlreichen Orten gedacht werden (vgl. Bild 36). Noch wichtiger ist aber das Verteilernetz, das für die Versorgung der einzelnen kleinen und großen Verbraucher sorgen muß. Dazu zählt u.a. auch eine Wasserstoff-Tankstellen-Infrastruktur, die für die Verbreitung wasserstoffbetriebener Fahrzeuge Grundvoraussetzung ist.

Eine solche Logistik muß aber auch an die neuen Gegebenheiten angepaßt sein, die durch eine individuelle Wasserstoffversorgung notwendigerweise entstehen werden. Gemeint sind hier die zahlreichen einzelnen Verbraucher, die ihren eigenen Solarstrom und auch ihren eigenen Solarwasserstoff selbst produzieren werden. Denn diese „Selbstversorger" können zugleich auch Kleinlieferanten sein, vorausgesetzt man hat rechtzeitig die Möglichkeit vorgesehen, daß

111

sie ihren überschüssigen Solarwasserstoff in die entsprechenden H_2-Pipeline-Netze einspeisen können und dürfen.

Wasserstoffspeicherung sowohl für flüssigen als auch für gasförmigen Wasserstoff gehört ebenfalls zur Wasserstofflogistik. Kurz

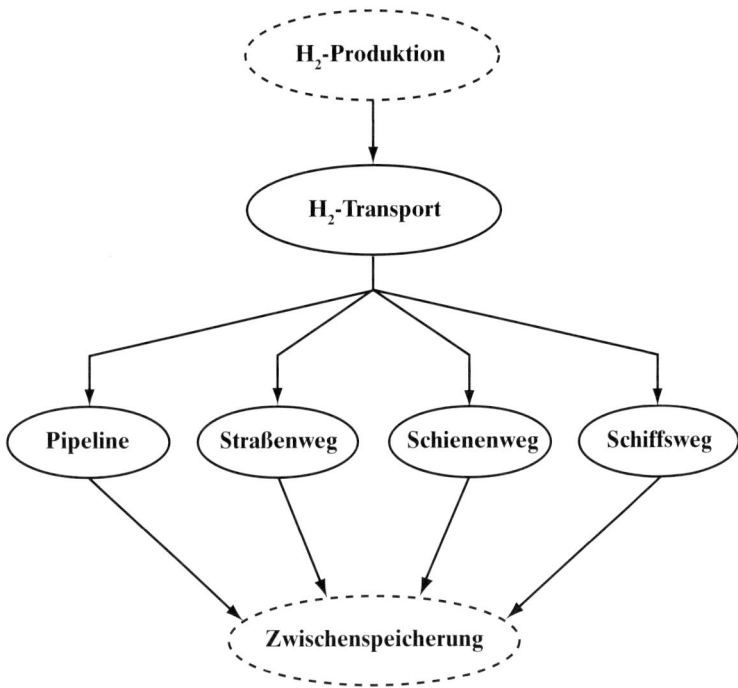

Bild 36: *Wasserstoff in flüssigem oder gasförmigem Zustand läßt sich über mehrere Wege transportieren.*

gesagt: Die erforderliche Wasserstofflogistik stellt eine riesige technische Aufgabe, die auch enorme Investitionen erfordert. Neue Finanzierungs- und Versicherungszweige sind genauso erforderlich wie neue Wege der Refinanzierung. Wasserstoff-Fonds und andere Finanzprodukte gehören dazu. Es handelt sich also hier um eine Logistik, die die ganze Technologie und das gesamte Finanzsystem der Welt beanspruchen und auch beeinflussen wird.

112

Wasserstofftransport

Wasserstoff im flüssigen oder gasförmigen Zustand läßt sich über mehrere Wege transportieren. Dazu gehören die Wege über die Straße, über die Schiene, per Schiff und natürlich auch über Pipelines. Es gibt inzwischen zahlreiche Wasserstoff-Pipeline-Netze, über die heute vorwiegend die chemische Industrie mit Wasserstoff versorgt wird. Dabei handelt es sich hauptsächlich um Netze für gasförmigen Wasserstoff. Meistens sind es Pipeline-Netze mit Längen zwischen einigen Kilometern und einigen 100 Kilometern. Insgesamt gibt es weltweit etwa 1000 km H_2-Pipelines.

Das älteste H_2-Pipeline-Netz ist das Rhein-Ruhr-Pipeline-Netz, das seit 1938 betrieben wird. Mit einer Gesamtlänge von etwa 220 Kilometern verläuft es zwischen Leverkusen und Marl (vgl. Bild 37) und versorgt die chemische Industrie mit dem Rohstoff „Wasserstoff".

In der Region um Leuna betreibt die Firma Linde AG auch ein etwa 100 km langes H_2-Pipeline-Netz. Dieses Netz erstreckt sich zwischen Leuna, Bitterfeld und Rodleben (vgl. Bild 38). Über dieses Netz wird die dort ansässige chemische Industrie mit gasförmigem Wasserstoff versorgt. Die Abnahmemengen reichen von wenigen Nm^3 bis 50000 Nm^3 pro Stunde. Dieses Pipeline-Netz ist übrigens Teil eines insgesamt 400 km langen Netzes, das die regionale chemische Industrie auch mit weiteren Gasen wie Sauerstoff und Stickstoff versorgt.

Von der Firma Air Liquide wird ein 330 km langes H_2-Pipeline-Netz betrieben, das sich zwischen Frankreich, Belgien und den Niederlanden erstreckt (vgl. Bild 39). Sein Gasdruck beträgt 65 bis 100 bar.

Die meisten Wasserstoff-Pipeline-Netze werden heute in den USA betrieben. Von der Firma Air Products wird z.B. seit 1969 ein 217 km langes Netz in Gulf Coast/Texas betrieben. Sein Gasdruck beträgt 34 bis 55 bar. Von der gleichen Firma wird auch ein 48 km langes Netz in Mississippi River betrieben. Sein Gasdruck beträgt 35 bar. Die Firma Chemical Ind. wiederum unterhält ein 62 km langes Wasserstoff-Pipeline-Netz in Houston/Texas. Sein Gasdruck beträgt 35 bis 40 bar.

Auch in Kanada sind mehrere Netze dieser Art in Betrieb. So betreibt z.B. die Firma Cominco seit 1964 ein 6 km langes H_2-Pipe-

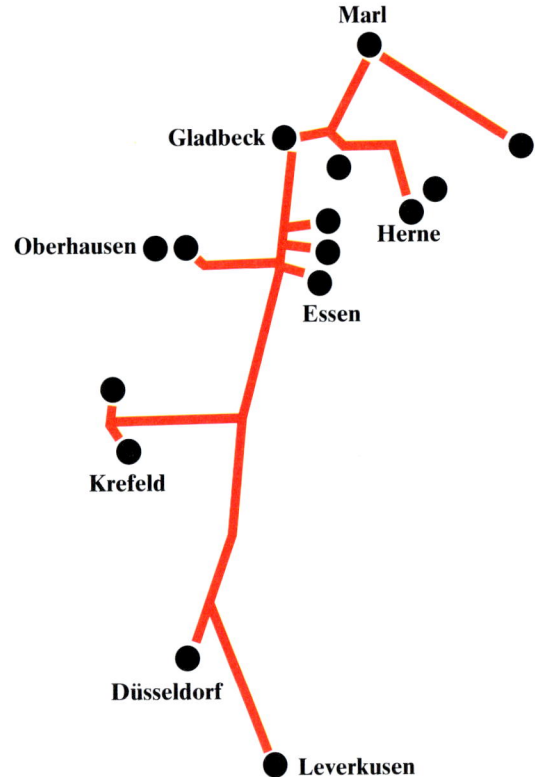

Bild 37: Das Rhein-Ruhr-Wasserstoff-Pipeline-Netz (Länge: 220 km; Gasdruck: bis 300 bar) gehört zu den ältesten H_2-Pipeline-Netzen der Welt. Dieses Netz existiert seit 1938.

line-Netz in British Columbia, und die Firma AGEC seit 1987 ein 16 km langes H_2-Pipeline-Netz in Montreal East. Die bereits erwähnte Firma Air Products betreibt überdies je ein H_2-Pipeline-Netz in

114

den Niederlanden, in Brasilien und in Thailand. Die Firma ICI betreibt ein 16 km langes H_2-Pipeline-Netz in Großbritannien und die Firma Chemical Ind. ein 7,2 km langes H_2-Pipeline-Netz in Schweden.

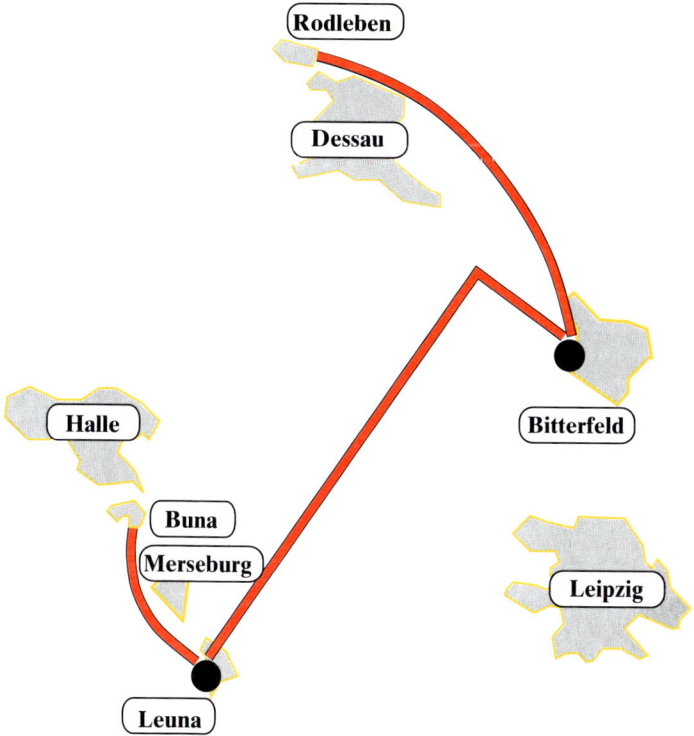

Bild 38: Das Wasserstoff-Pipeline-Netz der Firma Linde AG. Mit diesem H_2-Netz werden mehrere Chemie- und andere Unternehmen von Leuna aus mit Wasserstoff versorgt.

Seit den 90er Jahren des vergangenen Jahrhunderts sind mehrere Konzepte für H_2-Netze ausgearbeitet worden, mit dem Zweck, Wasserstoff über große Entfernungen kosteneffektiv zu transportieren. Dabei wurden Netzsysteme mit einem Rohrdurchmesser von 2 m und einem Gasdruck von bis zu 120 bar in Betracht gezogen. Diese Systeme sollen in der Lage sein, eine H_2-Menge von bis zu 450 TWh jährlich zu transportieren. Bei einer Länge von bis zu 2 000 km sollen diese Netze mit 5 bis 6 Kompressionsstationen ausgerüstet sein. Für die Kompression großer Wasserstoffmengen sind genauso wie bei Naturgas Turbokompressoren erforderlich, die mit Hilfe von

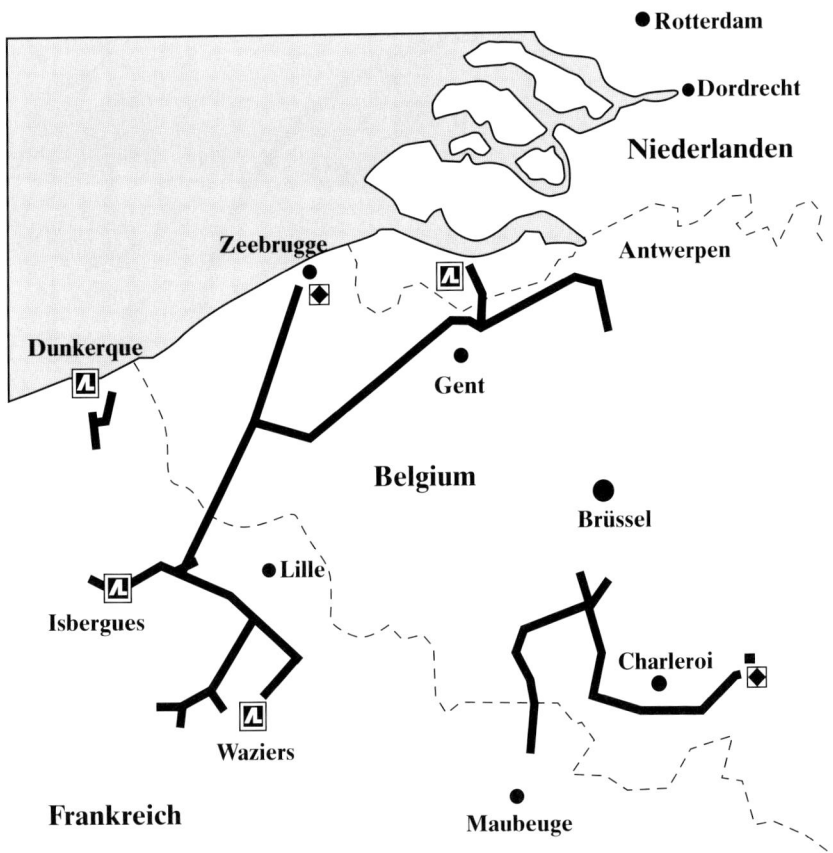

Bild 39: Das Dreiländer-Wasserstoff-Pipeline-Netz der Firma Air Liquide (Länge: 330 km; Gasdruck: 65 bis 100 bar).

Gasturbinen angetrieben werden. Der dafür nötige Treibstoff wird aus dem jeweiligen H_2-Pipeline-Netz entnommen.

116

Im Vergleich zum Naturgas liegen aber die Transportkosten von Wasserstoff durch Pipeline-Netze um etwa 50% höher. Hauptgrund dafür ist, daß für den Wasserstoff eine etwa 3,5mal größere Kompressionsleistung erforderlich ist, um die gleiche Energiemenge durch das betreffende Netz zu befördern. Die Verwendung von Hochdruckelektrolyseuren kann allerdings die Kosten teilweise kompensieren, weil sie den produzierten Wasserstoff bereits mit einem relativ hohen Gasdruck (30 bis 50 bar) in solche Pipeline-Netze einspeisen.

Für Pipeline-Netze mit einer Länge von bis zu 3 300 km rechnet man mit Rohrdurchmessern von 1,4 m (2005) bzw. 1,7 m (2025) bzw. 2,0 m (2025 und später). Die Fördermengen könnten bei $4,17 \cdot 10^6$ Nm³/h (2005) bzw. $8,33 \cdot 10^6$ Nm³/h (2025 und später) liegen. Die Betriebsdauer bei allen diesen Netzen kann etwa 6 040 Stunden jährlich betragen. Die Transportverluste werden auf 11,1% (2005) bzw. 11,5% (ab 2025) und die Gasdruckwerte auf 62 bar (2005) bzw. 56 bar (2025) geschätzt.

Bei den genannten Pipeline-Netzen handelt es sich um Netze, die gasförmigen Wasserstoff transportieren können. Ob es im Rahmen einer Wasserstoff-Energiewirtschaft später auch kurze Netze für den Transport von Flüssigwasserstoff geben wird, ist schwer vorauszusagen. Denkbar wären z.B. kurze LH_2-Pipeline-Netze, die Tankstellen in dichtbesiedelten Regionen mit Flüssigwasserstoff aus einem Zentralspeicher versorgen könnten. Denkbar wären auch kurze LH_2-Netze, die innerhalb eines Betriebskomplexes installiert werden, um mehrere Produktionsstätten mit Flüssigwasserstoff zu versorgen. Lange Pipeline-Netze dieser Art wird es höchstwahrscheinlich auch künftig nicht geben.

Um die Verluste von LH_2-Pipeline-Netzen möglichst gering zu halten, sind vakuumisolierte Rohre erforderlich, die mit relativ hohen Kosten verbunden sind. Technisch betrachtet bereitet diese Technologie hingegen kaum ein Problem. Über die Längen, ab denen solche Netze kostenmäßig verträglich wären, gibt es die unterschiedlichsten Abschätzungen. Die Maximallängen dürften jedoch bei 50 km liegen; und gerade deswegen wird der Transport von Flüssigwasserstoff über größere Entfernungen (auf dem Seeweg) vorwiegend mit Hilfe von dafür geeigneten Tankschiffen stattfinden. Tanker ähnlicher Art werden seit langem für den LNG-Transport eingesetzt, für den LH_2-Transport kommen sie allerdings nicht in Frage.

Das LH_2-Transportkonzept muß deswegen noch überdacht werden. Dieses Konzept beinhaltet das Beladen (Verladen) der Tanker mit LH_2, den eigentlichen Transport und natürlich auch das Entladen und das Zwischenspeichern bei den entsprechenden Zielhäfen. Erfahrungsgemäß ist das Verladen von Tankern mit relativ hohen Kosten verbunden. Deswegen wird man hier bestrebt sein, die Verladungszeiten so kurz wie möglich zu halten. Konventionelle LNG-Tanker beanspruchen Verladezeiten von etwa 24 Stunden. Man nimmt an, daß auch für die LH_2-Verladung etwa die gleiche Zeit erforderlich sein wird. Ob diese Annahme der Realität entspricht, ist heute noch offen. Der Grund dafür liegt darin, daß bei der LH_2-Verladung neue Techniken erforderlich sind. Bei der LNG-Verladung werden z.B. Tauchpumpen verwendet, die innerhalb der LNG-Tanks installiert sind. Solche Pumpen sind aber für die LH_2-Technologie noch nicht vorhanden. Überdies scheint die eventuelle Verwendung solcher Pumpen problematisch zu sein, denn bei großen Umschlagmengen sind für die Versorgung von solchen Pumpen auch relativ hohe Energiemengen erforderlich. Dabei kommt es zwangsläufig zur Verdampfung von LH_2 und somit zu entsprechenden Verlusten. Deswegen werden z.Zt. Überlegungen angestellt, die LH_2-Speichertanks nicht als feste Bestandteile der Tanker zu bauen, sondern als abnehmbare Tankbehälter, die auch an Land einsetzbar wären. Damit wird der Pumpvorgang bei der Beladung und Entladung überflüssig. Diese Konzeption bringt übrigens weitere Vorteile mit sich. Die von Zeit zu Zeit nötigen Inspektionen und Reparaturen der Tankbehälter können unabhängig vom Schiffsbetrieb vorgenommen werden. Es müssen also neuartige Tanker gebaut werden, die dieser Logistikphilosophie Rechnung tragen, natürlich auch mit Konsequenzen für die jeweils betreffende Hafeninfrastruktur.

Bild 40: (Seite 119) Der LH_2-Tanker „LH_2-Carrier" der Howaldtswerke Deutsche Werft AG. Ein Entwurf, der bald Realität werden kann.

Über die Art der abnehmbaren LH_2-Tankbehälter sind inzwischen Überlegungen angestellt und mehrere Konzeptionen in Betracht gezogen worden. Dabei wurde z.B. an schwimmfähige Bargen gedacht, die auch im Rahmen des EQHHPP-Projekts verwendet wurden. Auf diesen Bargen werden die LH_2-Tankbehälter montiert. Der Transport findet mit Hilfe von dafür geeigneten Dockschiffen statt. Zum Verladen der Tankbargen wird das Dockschiff mit Hilfe von Wasserballast soweit abgesenkt, daß die Bargen aufschwimmen und mit Schleppern herausgezogen werden können.

Für das Abladen der Tankbehälter wird das Dockschiff ebenfalls entsprechend abgesenkt. Sobald die Tankbehälter an Land sind, werden sie mit Hilfe von speziellen Schienenfahrzeugen an die vorgesehene Parkpositionen befördert. Von dort werden sie anschließend an das landseitige Verteilersystem angeschlossen. Die hierfür erforderliche Hafeninfrastruktur wird also nicht einfach und auch nicht billig sein.

Die Anlieferung des flüssigen Wasserstoffs an die Verladehäfen wird erwartungsgemäß diskontinuierlich stattfinden; deswegen wird eine ausreichende Speicherkapazität erforderlich sein. Konkurrierende Zielhäfen wie Genua, Triest oder Marseille (vgl. Bild 41) sind also gefordert, die nötigen Infrastrukturschritte rechtzeitig vorzunehmen.

Über die LH_2-Verteilung im europäischen Verbraucherraum sind ebenfalls zahlreiche Überlegungen angestellt worden. Dabei herrscht unter den Experten die Meinung, daß sowohl eine Straßen- als auch eine Schienenverteilung benutzt wird. Für dezentral gelegene LH_2-Abnehmer werden aber zwangsläufig LH_2-Containerfahrzeuge diese Aufgabe übernehmen. Bei einer mittleren Geschwindigkeit von 70 Stundenkilometern und einem Verbrauch von etwa 35 Litern pro 100 km können solche Fahrzeuge heute eine LH_2-Menge von etwa 40 Nm^3 transportieren. Künftige Fahrzeuge dieser Art könnten bis zu 55 Nm^3 befördern.

Bild 41: (Seite 121) Solarwasserstoff aus Tunesien, Libyen, Griechenland und anderen Südländern kann mit Hilfe von LH_2-Tankern nach Marseille, Genua oder Triest transportiert werden.

120

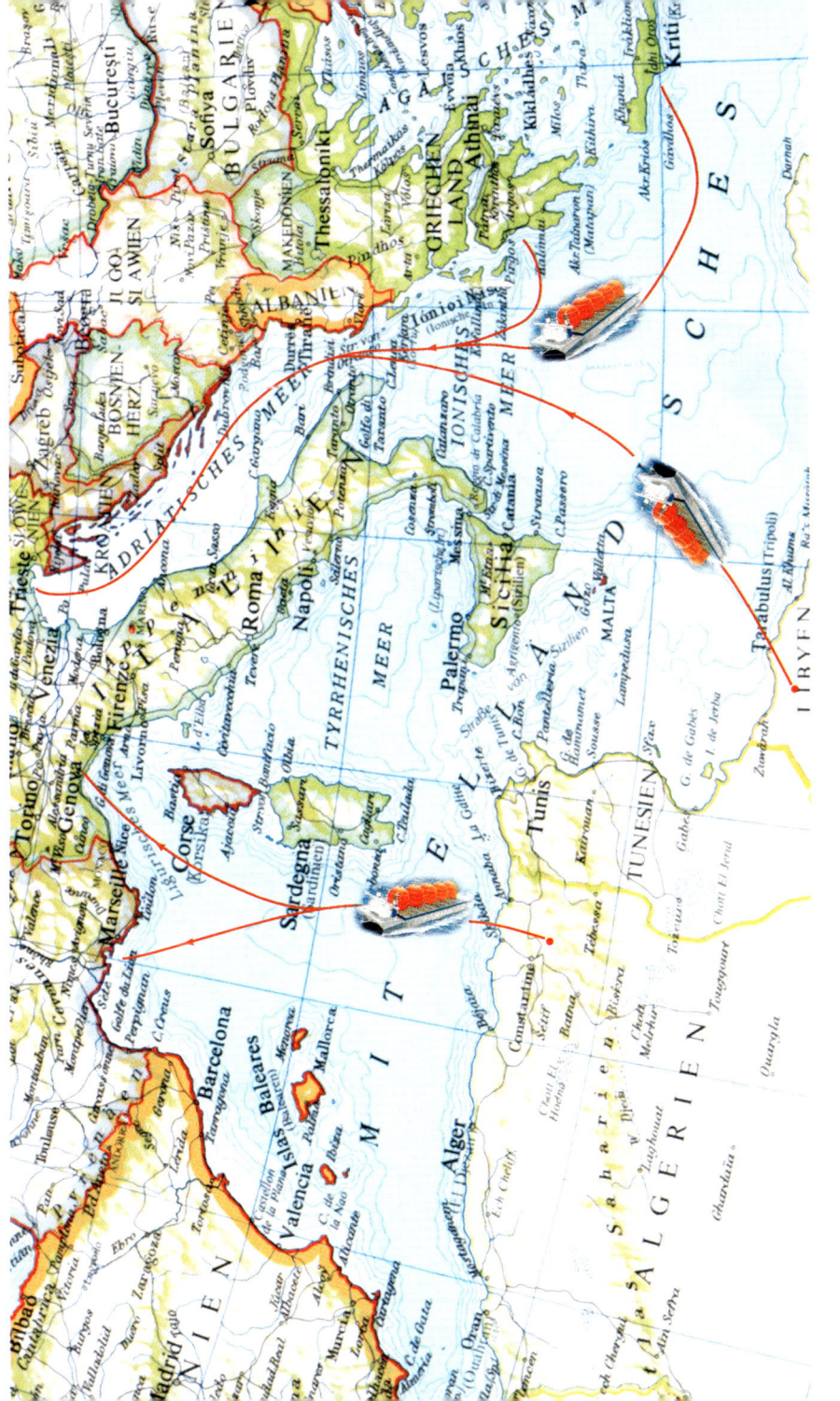

Ein interessantes Beispiel ist der LH_2-Transport Anfang 2001 von Ingolstadt (Firma Linde AG) nach Dubai/Saudi-Arabien. Hierfür hat die Firma Linde AG einen 40 Fuß-Container mit einer Kapazität von 40 000 Liter Flüssigwasserstoff verwendet, der über den Straßenweg von Ingolstadt nach Antwerpen und von dort über den Seeweg nach Dubai transportiert wurde. Dieser Container ist übrigens mit einer Stickstoffkühlung ausgestattet, die dafür sorgt, daß während des über 30-tägigen Transports kaum LH_2-Verluste entstehen. Der teilweise entleerte Container wurde dann von Dubai auf dem Seeweg nach Los Angeles transportiert. Dort endete die „Clean Energy World Tour 2001" der Firma BMW.

Wasserstoffspeicherung

Damit Wasserstoff als Energieträger eingesetzt werden kann, muß er nicht nur produziert und transportiert, sondern auch je nach Bedarf gespeichert werden. Die einfachste Speicherungsart besteht darin, den gasförmigen Wasserstoff zu verdichten und in einem Druckbehälter aufzubewahren. Je höher der hierfür verwendete Druck, desto größer auch die gespeicherte Gasmenge. Weil aber der Druck nicht beliebig groß gewählt werden kann, bleibt die Energiedichte von solchen Speichern relativ klein. Um mit dem Speicherproblem für mobile Anwendungen besser umgehen zu können, verwendet man Flüssigwasserstoffspeicher. Dafür braucht man allerdings Energie, um gasförmigen Wasserstoff zu verflüssigen. Man kann aber auch chemische Speicher verwenden, was den Verflüssigungsprozeß erspart. Bild 42 zeigt diese drei grundsätzlichen Speichermöglichkeiten. Bild 43 zeigt die Einteilung der H_2-Speicher in stationäre, mobile und portable Typen. Stationäre Speicher braucht man z.B., um den Wasserstoff am Produktionsort zu speichern. Dabei handelt es sich um Großspeicher, die gasförmigen bzw. flüssigen Wasserstoff aufbewahren können. Solche Speicher können aber auch als Zwischenspeicher sowohl für große wie auch für mittlere Wasserstoffmengen verwendet werden. Stationäre Speicher, die bei

122

einer Wasserstoff-Tankstelle oder im Gelände eines Unternehmens eingesetzt werden, zählen zu den mittelgroßen stationären Speichern. Speicher dieser Art können bei entsprechender Konstruktion sowohl für gasförmigen als auch für flüssigen Wasserstoff verwendet werden. Die Wasserstoff-Tankstelle am Flughafen München verwendet z.B. sowohl einen mittelgroßen stationären Speicher für gasförmigen, als auch einen solchen für flüssigen Wasserstoff.

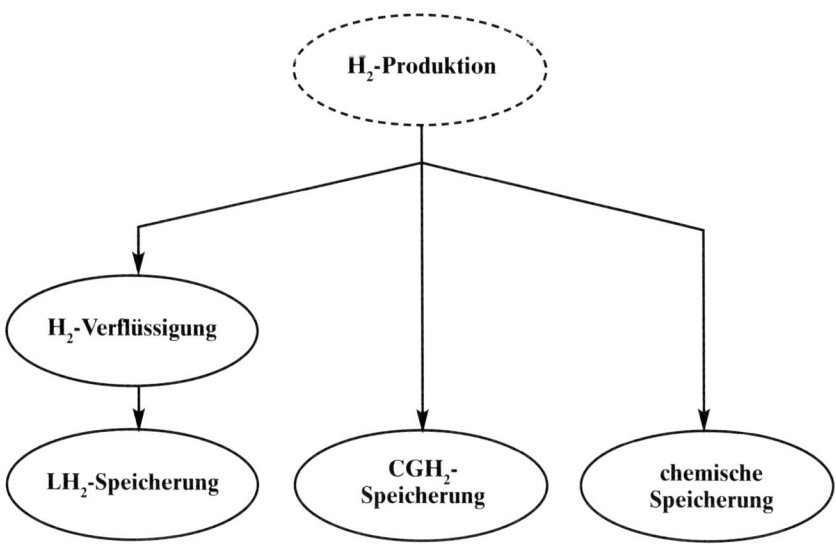

Bild 42: Die drei grundsätzlichen Speicherverfahren für Wasserstoff. Die größte Energiedichte erreicht man mit der LH_2-Speicherung.

Zu den mobilen Speichern gehören alle H_2-Speicher, die mobil eingesetzt werden. Auch solche Speicher können sowohl für flüssigen wie für gasförmigen Wasserstoff verwendet werden. Der Bordspeicher einer Rakete zählt genauso wie der Bordspeicher eines Kraftfahrzeugs zu den mobilen Speichern. Zu dieser Speicherkategorie gehören sinngemäß auch Speicher, die später an Bord von Flugzeugen oder auf Schiffen installiert werden.

Zu den portablen H_2-Speichern rechnet man vorwiegend kleine H_2-Speicher, die in Verbindung mit Miniaturbrennstoffzellen für die Stromversorgung von portablen Geräten wie Laptops, Funkgeräten u.a. verwendet werden können. Für solche Zwecke werden hauptsächlich chemische Speicher eingesetzt. Dies ist natürlich nicht zwingend notwendig; denn es kann auch portable Anwendungen geben, wo gasförmiger oder flüssiger Wasserstoff gebraucht wird. Hierzu zählen u.a. auch spezielle Militäranwendungen.

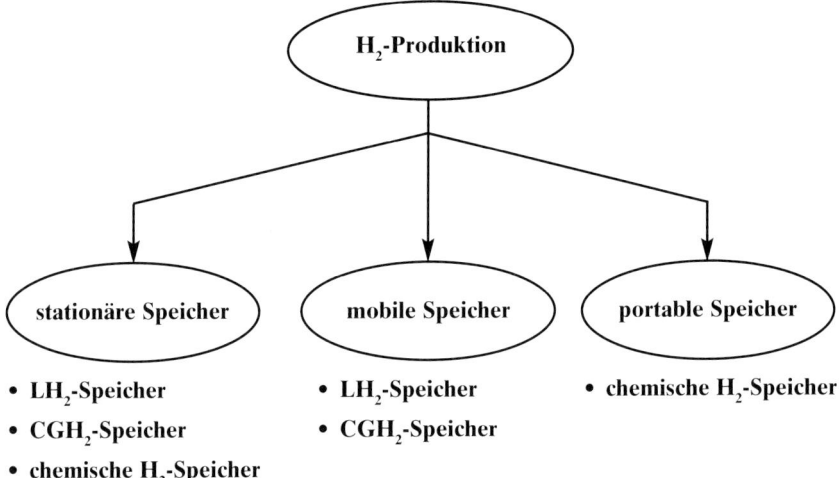

Bild 43: Je nach Bedarf können stationäre, mobile oder portable Wasserstoffspeicher verwendet werden. Für mobile Zwecke werden vorwiegend LH_2- und CGH_2-Speichertypen verwendet. Für portable Anwendungen werden z.Zt. hauptsächlich chemische Speicher eingesetzt.

Chemische H_2-Speicher

Für die Wasserstoffspeicherung können, wie bereits erwähnt, auch chemische Speichersysteme verwendet werden. Bei solchen Speichern wird der gasförmige Wasserstoff chemisch an bestimmte

124

Materialien gebunden. Es gibt z.Zt. zwei derartige Speicherverfahren. Das eine betrifft die sogenannten Metallhydridspeicher, das andere eine Reihe von neuen Speichertypen, die sich noch im Laborstadium befinden. Dazu gehören auch die Graphit-Nanofaser-Speicher.

Metallhydridspeicher

Metallhydridspeicher bestehen aus Metallegierungen, die praktisch Hydride bilden. Liegt Wasserstoff unter dem dafür nötigen Druck vor, dann spalten sich die Wasserstoffmoleküle auf; somit können sich Wasserstoffatome an Zwischengitterplätzen von Metallhydriden einlagern. Der Ladevorgang ist bei solchen Speichern auch mit der Freisetzung von Wärme verbunden, die eigentlich entfernt wer-

Bild 44: Die z.Zt. im Bau befindlichen U-Boote der Klasse 212 werden mit Metallhydridspeichern und Brennstoffzellen/Elektroantriebssystemen ausgerüstet.

125

den muß. Sie kann aber unter Umständen auch gespeichert und später nutzbar gemacht werden. Für die Entladung eines solchen Speichers ist dagegen Wärmeenergie erforderlich, die dem Speicher von außen zugeführt werden muß. Sie dient praktisch dazu, die bereits gebildeten Hydride in ihre ursprünglichen Bestandteile „Metall" und „Wasserstoff" zu zerlegen.

Es gibt Hoch- und Niedertemperatur-Metallhydridspeicher. Die Betriebstemperatur der ersteren liegt über der $200°$ C-Grenze, die der anderen bei etwa $50°$ C. Der Betriebsdruck variiert zwischen 2 und 100 bar. Betriebstemperatur, Betriebsdruck und Speicherdichte hängen mit den verwendeten Metallegierungen zusammen. Durch die Wahl der Legierung wird deswegen Druck- und Temperaturwert innerhalb gewisser Grenzen verändert und dadurch der betreffende Speicher an den jeweiligen Anwendungsfall angepaßt.

Hauptnachteil von Metallhydridspeichern ist ihre relativ niedrige Speicherdichte. Metallegierungen können z.Zt. bis zu etwa 1,8 Gew.% Wasserstoff speichern, was einer Speicherdichte von etwa 0,6 kWh_{H_2}/kg entspricht. Bei Pkw-Speichern dieses Typs können allerdings Werte von nur etwa 0,3 kWh_{H_2}/kg erreicht werden. Ein 100 kg-Speicher dieser Art kann also als Pkw-Speicher nur etwa 30 kWh_{H_2} speichern. Beträgt z.B. die Leistung des betreffenden Pkws 60 kW, dann kann dieses Fahrzeug nur für die Dauer von 30/60 = 0,5 h = 30 Minuten fahren. Bei einer Durchschnittsgeschwindigkeit von 100 Stundenkilometer hat dieses Fahrzeug eine Reichweite von nur 100 km x 0,5 = 50 km.

Vorteilhaft an Metallhydridspeichern ist, daß der Speicherprozeß kaum mit Verlusten verbunden ist, weil die für die Entladung von solchen Speichern nötige Wärmeenergie minimal ist.

Obwohl Metallhydridspeicher eine relativ kleine Speicherdichte haben, kommen sie trotzdem für mobile, portable und auch für stationäre Anwendungen in Frage. Sieht man von Pkw-Anwendungen ab, dann können solche Speicher in anderen Fahrzeugen (z.B.

Bild 45: (Seite 127) Oben: H_2-Metallhydridspeicher des U-Boots der Klasse 212.
Unten: Flüssigsauerstoff-Speicher.

126

127

Gabelstaplern) sehr wohl verwendet werden. Die z.Zt. im Bau befindlichen U-Boote der Klasse 212 werden auch mit solchen Speichern ausgerüstet (vgl. Bilder 44 und 45). Die bereits erwähnte Wasserstoff-Tankstelle am Flughafen München verwendet ebenfalls einen Metallhydridspeicher als Zwischenspeicher. Die fast 10 Tonnen schwere H_2-Speicheranlange bildet das Bindeglied zwischen dem Wasserelektrolyseur und dem Wasserstoffkompressor. Ihre Speicherkapazität beträgt 2 000 Nm^3. Dabei handelt es sich hier um einen Niedertemperaturspeicher mit einer Betriebstemperatur von bis 50° C. Seine Speicherdichte beträgt 0,26 kWh_{H_2}/kg.

Kohlenstoff-Nanofaser-Speicher

Seit etwa 1997 wird auch eine neue Form der Wasserstoffspeicherung intensiv diskutiert: Die Speicherung in Kohlenstoff-Nanostrukturen. Dabei wird, ähnlich der Wasserstoffspeicherung in Metallen, ein Feststoffmedium benutzt, in diesem Fall Kohlenstoff.

Kohlenstoff-Nanostrukturen haben typische Abmessungen im Nanometerbereich. Man unterscheidet im allgemeinen zwei Typen dieser Strukturen (vgl. Bild 46): Kohlenstoff-Nanoröhrchen (auch als „Nanotubes" bekannt) und Kohlenstoff-Nanofasern (auch „Nanofiber" genannt). Beide sind aus Kohlenstoff aufgebaut, unterscheiden sich aber in ihrem Aufbau auf atomarer Ebene. Während es sich bei den Kohlenstoff-Nanotubes um Kohlenstoff-Atomlagen handelt, die parallel zur Faserachse verlaufen und so extrem kleine Röhrchen aus Kohlenstoff bilden, bestehen die Kohlenstoff-Nanofaser aus Kohlenstoff-Atomlagen, die mehr oder weniger senkrecht zur Faserachse verlaufen. Anhand des Bildes 46 erkennt man leicht die unterschiedlichen Strukturen.

Die Idee dieser H_2-Speicherungsart besteht darin, Wasserstoff vergleichbar mit der Speicherung in Metallen, von den Kohlenstoff-Nanostrukturen „aufsaugen" zu lassen: Die Wasserstoffmoleküle lagern sich in den Kohlenstoff-Nanoröhrchen ab, bzw. wandern im Fall der Kohlenstoff-Nanofasern zwischen die einzelnen Kohlenstoff-Atomlagen. Dadurch wird praktisch eine höhere Wasserstoff-

128

dichte erreicht. Die Einlagerung (Ladevorgang) des Wasserstoffs erfolgt bei erhöhtem Druck (ca. 100 bar), während die Abgabe des Wasserstoffs (Entladevorgang) bei niedrigerem Druckniveau (ca. 40 bar) stattfindet.

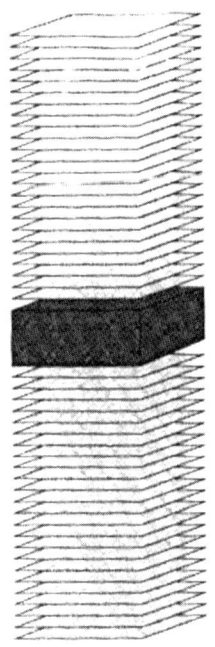
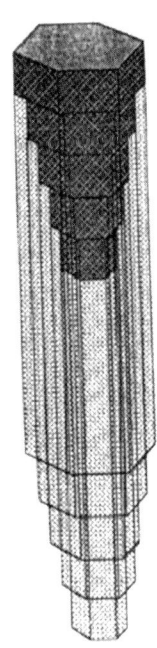

Bild 46: Graphit-Nanofaser-Speicher versprechen relativ große H_2-Speicherkapazitäten. Der Clou solcher Speicher besteht in Kohlenstoffstrukturen im Nanobereich, die in der Lage sind, größere Wasserstoffmengen als herkömmlich zu binden.
Links: Kohlenstoff-Nanofaserstruktur.
Rechts: Kohlenstoff-Nanoröhrchenstruktur.

Erste Veröffentlichungen haben von immensen Speicherkapazitäten in diesen neuartigen Speichermaterialien berichtet. Ein mit diesen Materialien gebauter Tank, etwa in der Größe eines herkömmlichen Benzintanks, könnte so viel Wasserstoff speichern, daß ein wasserstoffbetriebenes Fahrzeug damit eine Reichweite von mehreren tau-

129

send Kilometern erreichen würde. Diese Werte konnten leider bis heute nicht reproduziert werden. Allerdings begannen aufgrund der ersten Veröffentlichungen mehrere Forschungsaktivitäten auf diesem Gebiet, und man darf gespannt sein, ob in den nächsten Jahren verläßliche, reproduzierbare Ergebnisse erzielt werden. Nimmt man eine mittlere Speicherdichte von 10 Gew.% Wasserstoff in Kohlenstoff-Nanofasern an (wie von mehreren Forschungsgruppen inzwischen berichtet wird), so könnte eine Verdreifachung der LH_2-Speicherdichte (volumenbezogen) erreicht werden. Mit dem 140 Liter-LH_2-Tank der BMW 750 hL-Versuchsfahrzeuge könnte man also statt einer Reichweite von 350 km eine Reichweite von über 1 000 km erreichen.

Brennstoffzellen: Schlüsselelemente der Wasserstofftechnologie

Brennstoffzellen sind galvanische Elemente, die als Energiewandler dienen. Sie wandeln chemisch gespeicherte Energie emissions- und geräuschfrei in elektrische Energie um. Gleichzeitig entsteht Wärmeenergie, die von Fall zu Fall auch genutzt werden kann. Als Abfallprodukt entsteht Wasser. Die allgemeine elektrochemische Reaktion einer Brennstoffzelle lautet deswegen wie folgt:

$$H_2 + {}^1/_2\, O_2 \Rightarrow H_2O + \text{elektrische Energie} + \text{Wärmeenergie}$$

Die ideale „Nahrung" für Brennstoffzellen ist Wasserstoff.

Brennstoffzellen führen im Prinzip den umgekehrten chemischen Prozeß durch, der bei der Wasserelektrolyse stattfindet. Statt also mit Hilfe von elektrischer Energie Wasser in seine Bestandelemente Wasserstoff und Sauerstoff zu spalten, „verbrennen" Brennstoffzellen Wasserstoff (unter der Einwirkung von Sauerstoff) und erzeugen dadurch elektrische Energie und zugleich Wärmeenergie. Die dabei stattfindende „Verbrennung" ist allerdings von keiner Flamme begleitet. Sie findet also unter kontrollierten Bedingungen statt. Insofern können Brennstoffzellen auch als eine Art „Gasbatterien" angesehen werden.

Die Brennstoffzelle ist eigentlich eine Zufallsentdeckung aus dem Jahre 1839. William Grove, ein junger Physiker und Freund des genialen Experimentators Michael Faraday, befaßte sich damals mit dem Phänomen der Elektrolyse. Mit Überraschung stellte er fest, daß der benutzte Elektrolyseur auch als „Stromgenerator" fungieren könnte. Denn sobald die elektrische Spannungsquelle vom Elektrolyseur abgetrennt wurde, lieferte er auch Strom. Es schien also, als ob der Elektrolyseur seine Funktion umkehrte und die Rolle einer Batterie übernahm. Diese „Batterie" erzeugt im übrigen eine Spannung von etwa 1 Volt. Ihr Wert hängt aber von vielen

Parametern ab, darunter auch von der Belastung. Grove suchte nach einer Erklärung dieses Phänomens und wurde in der Tat fündig. Nach der Unterbrechung des Elektrolyseprozesses bleiben nämlich an der Anode der Anlage noch Elektronen „hängen". An der Kathode lagern dagegen Wasserstoffionen, d.h. positiv geladene Teilchen. Damit waren die Voraussetzungen für die Entstehung einer elektrischen Spannung zwischen den beiden Elektroden gegeben.

Grove maß seiner Erfindung allerdings keine besondere Bedeutung bei. So blieb sie bis Ende des 19. Jahrhunderts unbeachtet, d.h. bis der deutsche Physiker und Chemiker Wilhelm Ostwald zeigen konnte, daß Brennstoffzellen effizienter als Wärmekraftmaschinen arbeiten; und gerade deswegen nannte er das kommende 20. Jahrhundert das „Zeitalter der elektrochemischen Verbrennung". Seine Prognose erwies sich aber als „verfrüht"; denn was Ostwald für das 20. Jahrhundert prognostizierte, scheint erst für das 21. Jahrhundert zuzutreffen.

Dennoch befaßten sich Anfang des 20. Jahrhunderts auch andere bekannte Physiker wie Fritz Haber und Walther Nernst mit Brennstoffzellen, jedoch ohne nennenswerte Fortschritte zu erzielen. Die erste funktionsfähige Brennstoffzelle mit einem alkalischen Elektrolyten wurde erst Mitte des 20. Jahrhunderts von Franzis Bocon und seinem Team entwickelt. Die Krönung der Brennstoffzellentechnologie erfolgte aber erst einige Jahre später, als die Brennstoffzelle in der Raumfahrt ihre spektakuläre Anwendung fand. An Bord der Raumkapsel *Gemini* wurde nämlich zum erstenmal eine Brennstoffzelle als Stromquelle eingesetzt. Dabei handelte es sich um eine PEMFC-Brennstoffzelle.

Seither hat die Brennstoffzellentechnologie eine stürmische Entwicklung erfahren, die zu den verschiedenen Brennstoffzellentypen geführt hat.

In bezug auf ihre Betriebstemperatur unterscheidet man zwischen Niedertemperatur-Brennstoffzellen mit einer Betriebstemperatur von bis zu etwa $120°$ C, Mitteltemperatur-Brennstoffzellen mit einer Betriebstemperatur zwischen 100 und $500°$ C und Hochtemperatur-Brennstoffzellen mit einer Betriebstemperatur von über $500°$ C. Bezüglich des verwendeten Elektrolyten unterscheidet man zwischen den folgenden Brennstoffzellentypen:

- Alkalische Brennstoffzellen, kurz AFC (**A**lkaline **F**uel **C**ell) genannt.
- Polymer-Elektrolyt-Membran-Brennstoffzellen, kurz PEMFC (**P**olymer **E**lectrolyte **M**embrane **F**uel **C**ell) genannt.
- Direktmethanol-Brennstoffzellen, kurz DMFC (**D**irect **M**ethanol **F**uel **C**ell) genannt.
- Indirektmethanol-Brennstoffzellen, kurz IMFC (**I**ndirect **M**ethanol **F**uel **C**ell) genannt.
- Phosphorsäure-Brennstoffzellen, kurz PAFC (**P**hosphor **A**cid **F**uel **C**ell) genannt.
- Schmelzkarbonat-Brennstoffzellen, kurz MCFC (**M**olten **C**arbonite **F**uel **C**ell) genannt.
- Oxidkeramische Brennstoffzellen, kurz SOFC (**S**olid **O**xyde **F**uel **C**ell) genannt.

Funktionsprinzip

Bild 47 zeigt das Funktionsprinzip einer Brennstoffzelle anhand eines PEMFC-Typs. Eine solche Brennstoffzelle besteht praktisch aus zwei Elektroden (eine Anode und eine Kathode), die durch einen protonenleitenden Elektrolyt voneinander getrennt sind. Der Anode wird Wasserstoff, der Kathode Sauerstoff zugeführt. Damit findet innerhalb dieser Anordnung eine Art „kalte" Verbrennung statt, wodurch elektrische Energie und Wärmeenergie entstehen.

An der katalytisch aktivierten Anodenoberfläche werden den Wasserstoffatomen Elektronen (e^-) entzogen, wodurch Protonen (P^+ bzw. H^+) zurückbleiben. Die Wasserstoffatome spalten sich also dort in ihre Bestandteile Protonen und Elektronen, d.h. in positive und negative elektrische Ladungen. Die entsprechende chemische Reaktion sieht wie folgt aus:

133

$$H_2 \Rightarrow 2\,H^+ + 2\,e^-$$

Weil der Elektrolyt für die Protonen durchlässig ist, diffundieren sie ungehindert zur Kathode, wo sie mit dem Sauerstoff chemisch reagieren. Die dort stattfindende chemische Reaktion sieht wie folgt aus:

$$^1/_2\,O_2 + 2\,H^+ + 2\,e^- \Rightarrow H_2O$$

Schließt man die Elektroden der Anordnung des Bildes 47 elektrisch zusammen, dann wandern die an der Anode übriggebliebenen Elektronen zur Kathode, wodurch praktisch Strom fließt. Es entsteht also eine Energiequelle, die elektrische Energie produziert. Durch die stattfindenden chemischen Reaktionen entsteht aber gleichzeitig auch Wärmeenergie. Aus Wasserstoff werden also zugleich Strom und Wärme gewonnen.

Brennstoffzellen erzeugen, wie erwähnt, eine Spannung von etwa 1 V, bei einer Stromdichte von etwa 1 A/cm^2. Durch Serien- und Parallelschaltungen kann sowohl die Ausgangsspannung als auch die Stromstärke entsprechend variiert werden.

Die meisten Brennstoffzellen werden mit Wasserstoff direkt betrieben. Man kann aber auch andere wasserstoffhaltige Brennstoffe, z.B. Benzin, Erdgas, Methanol, Biogas oder Ethanol verwenden. Aus diesen Energieträgern muß allerdings vorher mit Hilfe eines Reformers der Wasserstoff abgespalten werden (vgl. Bild 48). Bei Hochtemperatur-Brennstoffzellen ist auch eine interne Reformierung möglich. Dadurch können solche Brennstoffzellen mit anderen Brennstoffen (z.B. Methanol) direkt versorgt werden.

Bild 47: (Seite 135) Funktionsprinzip einer Brennstoffzelle mit protonenleitendem Elektrolyt. Aus Wasserstoff und Sauerstoff entstehen elektrische Energie und Wärme.
Oben: Schematische Darstellung.
Unten: Graphische Darstellung (Quelle: Brennstoffzellenzentrum Jülich).

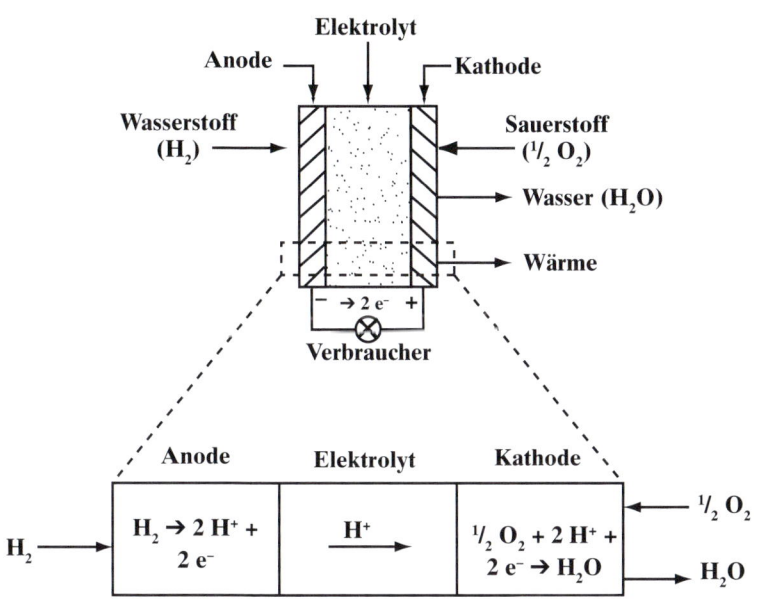

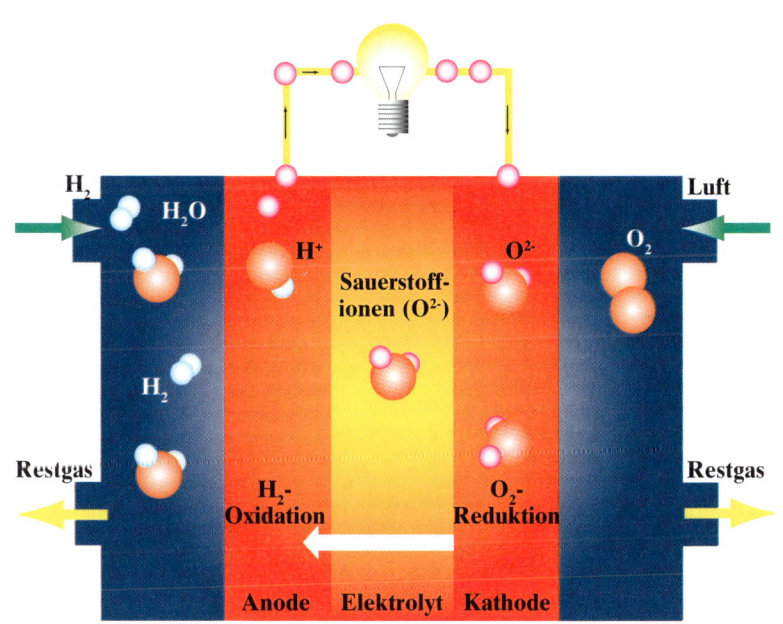

AFC-Brennstoffzellen

AFC-Brennstoffzellen verwenden als Elektrolyt Kalilauge, die hydroxylionenleitend ist. Brennstoffzellen dieses Typs werden genauso wie PEMFC-Brennstoffzellen mit Wasserstoff und Sauerstoff versorgt, wodurch die folgenden chemischen Reaktionen entstehen:

Anode: $2\,H_2 + 4\,OH^- \Rightarrow 4\,H_2O + 4\,e^-$

Kathode: $O_2 + 2\,H_2O + 4\,e^- \Rightarrow 4\,OH^-$

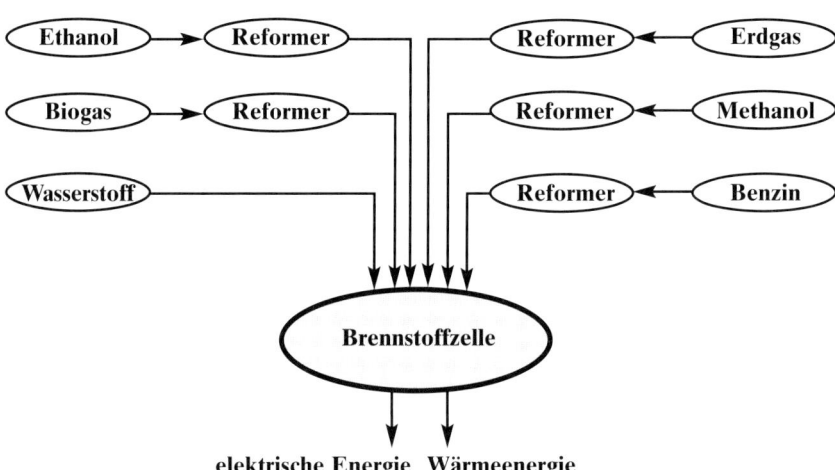

Bild 48: Brennstoffzellen benutzen als Energieträger vorwiegend Wasserstoff. Durch die Verwendung von geeigneten Reformern können aber auch andere Energieträger wie Ethanol, Erdgas, Biogas, Methanol oder Benzin verwendet werden.

Durch die chemische Reaktion von Wasserstoff und Hydroxylionen an der Anode entsteht also Wasser. Zugleich werden aber auch vier Elektronen frei, die durch einen externen elektrischen Kreis zur

136

Kathode wandern, wodurch praktisch Strom fließt, d.h. elektrische Energie gewonnen wird. An der Kathode reagiert Sauerstoff mit Wasser, wobei durch die Wirkung der dort vorhandenen Elektronen Hydroxylionen entstehen.

Brennstoffzellen dieses Typs arbeiten innerhalb eines relativ breiten Temperatur- und Druckbereichs. Die Brennstoffzellen, die beim *Apollo*-Projekt eingesetzt wurden, hatten z.B. eine Betriebstemperatur von 230° C und einen Betriebsdruck von 3,4 bar. Als Anodenkatalysator wurde Nickel, als Kathodenkatalysator Nickeloxid eingesetzt. Die Brennstoffzellen des gleichen Typs, die später beim *Space Shuttle* verwendet wurden, hatten dagegen eine Betriebstemperatur von nur 93° C und einen Betriebsdruck von 4,1 bar. Der Anodenkatalysator bestand aus einer Platin/Palladium- und der Kathodenkatalysator aus einer Gold/Platin-Legierung. Die Weiterentwicklung dieses Brennstoffzellentyps wird z.Zt. nicht intensiv verfolgt.

PEMFC-Brennstoffzellen

Brennstoffzellen dieses Typs verwenden als Elektrolyt eine dünne, gasdichte, jedoch für Protonen bzw. Wasserstoffatomkerne leitende polymere Membran. Die beiden Elektroden (d.h. die Anode und die Kathode) sind mit Edelmetallkatalysatoren (Platin oder Platinlegierungen) beschichtet, um dem sauren Charakter der Membrane entgegenzuwirken. Als Brennstoff wird Wasserstoff und als Oxidator Sauerstoff verwendet, wobei allerdings der Reinheitsgrad von beiden Gasen nicht kritisch ist. So kann hier auch Luft als Oxidator verwendet werden.

Die Betriebstemperatur dieser Brennstoffzelle liegt zwischen 50 und 120 °C. Somit gehört sie zu den Niedertemperatur-Brennstoffzellen. Die Anfahrtszeit beläuft sich auf einige Minuten. Die Zellspannung beträgt knapp 1 V und die Stromdichte etwa 1 A/cm². Der Gesamtwirkungsgrad variiert zwischen 80% bei niedriger Last und 40 % bis 50 % bei Vollast. Brennstoffzellen dieses Typs haben ein hohes Leistungs-/Gewichtsverhältnis von über 250 W/kg und

137

eine lange Lebensdauer. Sie werden z.Zt. hauptsächlich für Brennstoffzellen/Elektroantriebssysteme bevorzugt.

DMFC-Brennstoffzellen

Brennstoffzellen dieses Typs gehören im Prinzip zu den PEMFC-Brennstoffzellen. Sie sind aber in der Lage, statt Wasserstoff direkt Methanol in wässriger Lösung mit Sauerstoff zu verbrennen. Das Funktionsprinzip einer solchen Brennstoffzelle zeigt das Bild 49. Wie bei der PEMFC-Brennstoffzelle entstehen auch hier an der Anode Protonen, die über eine Polymer-Elektrolyt-Membran zur Kathode wandern. Die an der Anode stattfindende chemische Reaktion sieht wie folgt aus:

$$H_3COH + H_2O \Rightarrow 6\ H^+ + 6\ e^- + CO_2$$

Bei dieser Reaktion entsteht also auch Kohlendioxid (CO_2), was eigentlich nicht im Sinne des Erfinders ist. Die über den Elektrolyt an der Kathode „landenden" Protonen vereinigen sich mit dem Sauerstoff und den vorhandenen freien Elektronen, wodurch Wasser entsteht. Die entsprechende chemische Reaktion sieht wie folgt aus:

$$6\ H^+ + 6\ e^- + 3/2\ O_2 \Rightarrow 3\ H_2O$$

Gegenüber den mit Reformern betriebenen Brennstoffzellen bieten DMFC-Brennstoffzellen eine Systemvereinfachung, weil hier der Reformer einfach entfällt. Die Verwendung eines bei Raumtemperatur flüssigen Brennstoffs wie Methanol ermöglicht eine weitere Systemvereinfachung. Denn es wird weder tiefgekühlter Flüssigwasserstoff noch komprimierter gasförmiger Wasserstoff gebraucht. Probleme bereitet aber der Brennstoff „Methanol" selbst. Darauf werden wir später noch zu sprechen kommen.

138

Der Vorteil der DMFC-Brennstoffzelle liegt auch darin, daß sie mit sogenannten Schwachgasen versorgt werden kann. Solche Gase sind mit konventioneller Technik schwer verwertbar, weil einerseits der niedrige Brennwert ihre Nutzung erschwert und andererseits die

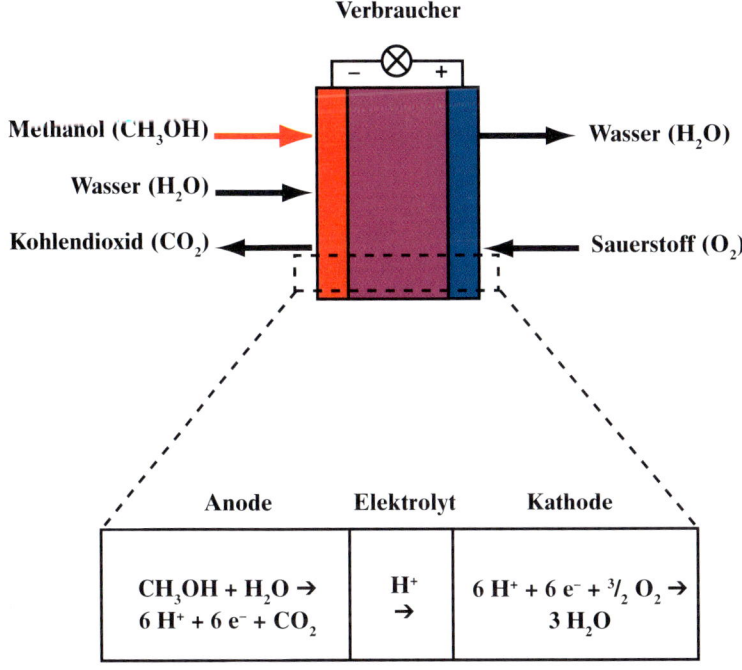

Bild 49: Funktionsprinzip einer DMFC-Brennstoffzelle. Aus Methanol und Sauerstoff wird elektrische Energie und zugleich Wärme gewonnen.

Inertanteile mit Folgeproblemen verbunden sind. Der hohe CO_2-Anteil führt z.B. bei Gasmotoren zu Korrosionsschäden. Der hohe N_2-Anteil wiederum führt zu hohen NO_x-Emissionen.

DMFC-Brennstoffzellen können Gesamtwirkungsgradwerte von bis zu etwa 65% erreichen.

IMFC-Brennstoffzellen gelten als Vorläufer der DMFC-Brennstoffzellen.

PAFC-Brennstoffzellen

Brennstoffzellen dieses Typs verwenden als Elektrolyt konzentrierte, nahezu wasserfreie Phosphorsäure. Die beiden Elektroden bestehen meistens aus Kohlematerialien, auf die Partikel von Edelmetallkatalysatoren aufgelegt sind, um der Wirkung der starken Säure entgegenzuhalten. Als Katalysatoren kommen Platin oder Gold in Frage. Als Brennstoff kann Erdgas verwendet werden. Es darf aber keine allzu hohen Stickstoffanteile enthalten, weil sich sonst im Elektrolyt Ammoniaksalze ablagern, wodurch sich der Wirkungsgrad verschlechtert. Die relativ hohe Betriebstemperatur von etwa $200°$ C hat den Vorteil, daß die CO-Desorption an den Platinkatalysatoren die Elektroden verstärkt, so daß eine CO-Reinigung des verwendeten Synthesegases bis auf einen Volumenanteil von 1,5% ausreicht. Der Gesamtwirkungsgrad dieses Brennstoffzellentyps beträgt etwa 55%.

MCFC-Brennstoffzellen

Brennstoffzellen dieses Typs verwenden als Elektrolyt geschmolzene Karbonate, vorwiegend Alkalikarbonate wie Lithium- oder Kaliumkarbonat (Li_2CO_3 bzw. K_2CO_3).

Als Brennstoff kann sowohl Wasserstoff als auch Kohlenmonoxid verwendet werden. Bei der Verwendung von Wasserstoff sehen die chemischen Reaktionen wie folgt aus:

$$\text{Anode: } 2\,H_2 + 2\,CO_3^{2-} \Rightarrow 2\,H_2O + 2\,CO_2 + 4\,e^-$$

$$\text{Kathode: } O_2 + 2\,CO_2 + 4\,e^- \Rightarrow 2\,CO_3^{2-}$$

Aus Wasserstoff ($2H_2$) und Karbonat ($2CO_3^{2-}$) entsteht also an der Anode Wasser und Kohlendioxid. Gleichzeitig werden aber auch Elektronen frei, die durch einen externen elektrischen Kreis zur Kathode wandern, wodurch Strom fließt, d.h. elektrische Energie gewonnen wird. Das Karbonat entsteht an der Kathode durch die Reaktion von Sauerstoff und Kohlendioxid, das der Kathode als Reaktionsgas zugefügt wird.

Wird als Brennstoff Kohlenmonoxid eingesetzt, dann sehen die entsprechenden chemischen Reaktionen wie folgt aus:

$$\text{Anode: } 2\,CO + 2\,CO_3^{2-} \Rightarrow 4\,CO_2 + 4\,e^-$$

$$\text{Kathode: } O_2 + 2\,CO_2 + 4\,e^- \Rightarrow 2\,CO_3^{2-}$$

Die wichtige Rolle spielen also auch hier Karbonate und die frei werdenden Elektronen, die zur Stromerzeugung führen.

SOFC-Brennstoffzellen

Brennstoffzellen dieses Typs können als Brennstoff sowohl Wasserstoff als auch Kohlenmonoxid verwenden. Dabei werden elektrisch negativ geladene Sauerstoffionen durch den Feststoffelektrolyten von der Kathode zur Anode transportiert, wo sie mit Wasserstoff reagieren, wodurch Wasser entsteht. Gleichzeitig bleiben aber auch Elektronen „übrig". Die entsprechende chemische Reaktion sieht wie folgt aus:

$$2\,H_2 + 2\,O^= \Rightarrow 2\,H_2O + 4\,e^-$$

Die frei werdenden Elektronen wandern durch einen externen elektrischen Kreis zur Kathode, wo sie mit dem dort vorhandenen Sauerstoff chemisch reagieren, wodurch wiederum elektrisch negativ geladene Sauerstoffionen entstehen. Die entsprechende chemische Reaktion sieht wie folgt aus:

$$O_2 + 4\,e^- \Rightarrow 2\,O^=$$

Wird als Brennstoff Kohlenmonoxid verwendet, dann sehen die chemischen Reaktionen wie folgt aus:

Anode: $2\,CO + 2\,O^= \Rightarrow 2\,CO_2 + 4\,e^-$

Kathode: $O_2 + 4\,e^- \Rightarrow 2\,O^=$

Sauerstoffionen und freie Elektronen sind also auch hier die „Akteure".

Brennstoffzellen dieses Typs gehören zu den Hochtemperatur-Brennstoffzellen. Ihre Betriebstemperatur liegt bei etwa 1000 °C.

Mikrobrennstoffzellen

Inzwischen sind auch Miniaturbrennstoffzellen, sog. Mikrobrennstoffzellen entwickelt worden, die hauptsächlich für portable Anwendungen eingesetzt werden. Eine solche Brennstoffzelle zeigt das Bild 50, links. Dabei handelt es sich um eine PEMFC-Brennstoffzelle, die das Fraunhofer-Institut für Solare Energiesystme ISE

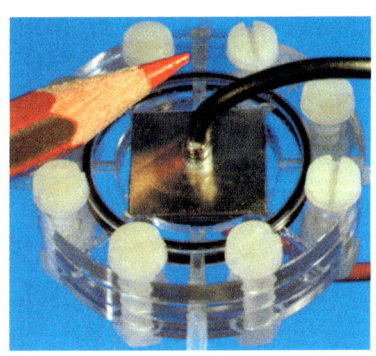 

Bild 50: Links: 250 mW-PEMFC-Mikrobrennstoffzelle, die vom Fraunhofer-Institut für Solare Energiesysteme in Zusammenarbeit mit dem Institut für Mikrosystemtechnik der Universität Freiburg entwickelt wurde.
Rechts: DMFC-Mikrobrennstoffzelle, die vom Zentrum für Sonnenenergie und Wasserstoff-Forschung entwickelt wurde.
Zellspannung: 0,8 V.
Stromstärke: 100 mA.

142

zusammen mit dem Institut für Mikrosystemetechnik IMTEK der Freiburger Universität entwickelt hat. Sie hat eine Leistung von 250 mW bei einer Leistungsdichte von 1 W/cm^2 und einem elektrischen Wirkungsgrad von 50%. Als Treibstoff wird Wasserstoff, als Oxidator Luft verwendet. Die Zellspannung beträgt 0,7 V. Durch die Serienschaltung von mehreren solchen Zellen kann jede gewünschte Betriebsspannung erzielt werden.

Bild 50, rechts, zeigt eine DMFC-Mikrobrennstoffzelle, die vom Zentrum für Sonnenenergie und Wasserstoff Forschung entwickelt wurde. Die Zellspannung beträgt 0,8 V, die Stromstärke 100 mA.

Schaltungsmöglichkeiten

Brennstoffzellen-Anlagen sind wie Batterie-Anlagen, die aus mehreren einzelnen Zellen bestehen. Man kann sie seriell, parallel oder gemischt schalten, um die gewünschte Leistung unter der gewünschten Spannung zu erreichen. Zusammengeschaltete einzelne Brennstoffzellen bilden größere Einheiten, die sogenannten „Stacks". Jeder Stack besteht aus mehreren in Serie geschalteten Brennstoffzellen. Will man größere Stromdichtewerte erreichen, kann man mehrere solcher Stacks parallel schalten.

Bild 51, oben, zeigt eine Brennstoffzelle mit einer Zellspannung von 0,7 V. Schaltet man drei solche Zellen seriell (Bild 51, Mitte), dann beträgt die Ausgangsspannung 3 x 0,7 V = 2,1 V. Die Stromstärke der einzelnen Zellen bleibt in diesem Fall unverändert. Beträgt z.B. die Stromstärke der einzelnen Zellen 2,5 A, dann kann die Ausgangsspannung von 2,1 V nur mit dieser Stromstärke belastet werden. Weil sich aber durch die serielle Schaltung die Spannung um den Faktor drei erhöht, wird auch die Leistung der Anordnung um den gleichen Faktor größer. Im Fall unseres Beispiels beträgt sie 0,7 V x 3 x 2,5 A = 5,25 W. Bild 51 (unten), zeigt eine Parallelschaltung. Auch diesmal beträgt die Leistung der Anordnung 5,25 W. Diese Leistung kann aber von einer Stromquelle zur Verfügung gestellt werden, die eine Spannung von 0,7 V und eine Stromstärke von 2,5 A x 3 = 7,5 A hat. Will man diese Leistung unter einer höheren Spannung verwenden, dann kann ein DC/DC-Wandler eingesetzt werden (vgl. Bild 51, unten).

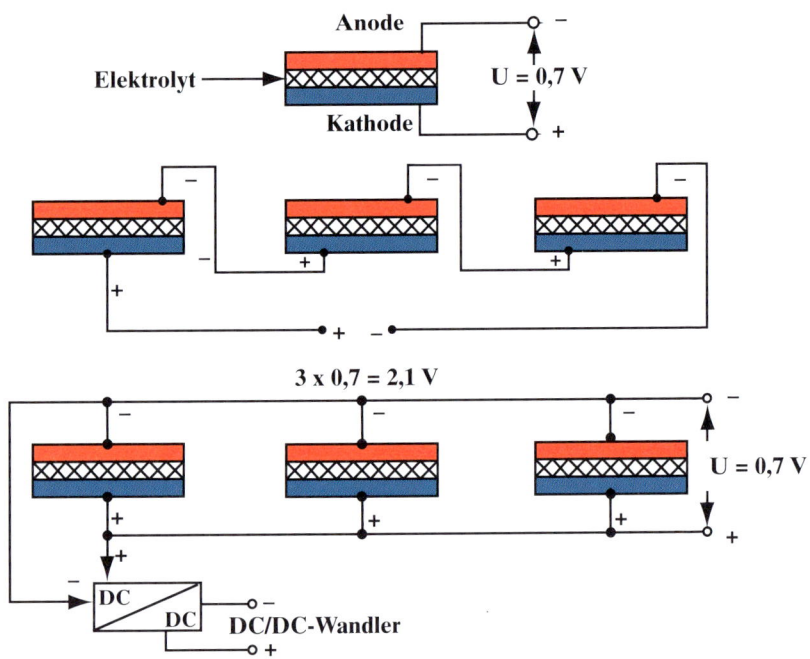

Bild 51: Brennstoffzellen kann man wie Batterien seriell (Mitte) oder parallel (unten) schalten, um die gewünschte Spannung bzw. Stromstärke zu erreichen.

Kenngrößen

Wie jedes andere Gerät bzw. jede andere Anlage werden auch die Brennstoffzellen durch bestimmte Kenngrößen charakterisiert. Die wichtigsten davon sind die folgenden:

Leistung

Mit dieser Kenngröße wird die Gesamtleistung (elektrische und thermische) einer Brennstoffzelle charakterisiert. Sie wird in W-, kW- oder MW-Einheiten angegeben. Neben dieser Kenngröße wird meistens auch die elektrische(W_{el}) bzw. die thermische Leistung (W_{th}) zusätzlich angegeben.

Stromdichte

Diese Kenngröße charakterisiert die zellflächenbezogene Leistungsfähigkeit einer Brennstoffzelle. Sie wird in mA/cm^2 gemessen, gelegentlich auch in A/ft^2. Beide Größen sind aber fast identisch, denn 1 mA/cm^2 entspricht 0,8 A/ft^2. Da diese Kenngröße auch von der Zellspannung abhängig ist, bezieht man die Stromdichte üblicherweise auf eine Zellspannung zwischen 0,6 und 0,7 Volt. Die Stromdichte hängt hauptsächlich von der effektiven Zellfläche ab. Diese Fläche ist oft tausendmal größer als die mechanische Fläche. Dies wird durch eine poröse Gestaltung der Oberfläche der Elektroden erreicht. Eine Linearität zwischen den beiden Größen existiert aber nicht. Eine Verdoppelung der Zellfläche führt also nicht zu einer Verdoppelung der Stromdichte. Die Gründe für diese Tatsache sind nicht ganz geklärt. Sie sind aber bei den chemischen Reaktionen zu suchen, die sich an den Elektroden abspielen.

Leistungsdichte

Diese Kenngröße charakterisiert die volumetrische Leistungsfähigkeit einer Brennstoffzelle. Sie wird in kW/m^3 angegeben.

Spezifische Leistung

Diese Kenngröße charakterisiert die massenbezogene Leistungsfähigkeit einer Brennstoffzelle. Sie wird in W/kg angegeben.

Wirkungsgrad

Wie jeder andere Energiewandler hat auch die Brennstoffzelle einen Wirkungsgrad, der stets kleiner als 1 bzw. 100% ist. Bei Brennstoffzellen unterscheidet man zwischen dem System- und dem Stack-Wirkungsgrad. Der erste Wert ist kleiner als der zweite, weil auch die Zusatzeinrichtungen des Systems „Brennstoffzelle" stets mit (geringen) Energieverlusten verbunden sind. Überdies unterscheidet man zwischen dem elektrischen (el), dem thermischen (th) und dem Gesamtwirkungsgrad.

Lebensdauer

Diese Kenngröße ist schwer zu definieren, weil die Grenzen für die Lebensdauer schwer definierbar sind. Deswegen wird hier vielmehr der Begriff „Degradation" verwendet. Dieser Begriff gibt den prozentualen Leistungsabfall pro Betriebsstunde an. Als Maßeinheit hierfür wird die Größe mV/1 000 Std. verwendet. Will man dennoch die Lebensdauer einer Brennstoffzelle in Zahlen angeben, so gelten z.Zt. Werte zwischen 40 000 Betriebsstunden für stationäre und 5 000 Betriebsstunden für mobile Systeme.

Leistungsspezifische Kosten

Mit dieser Kenngröße werden die Kosten von Brennstoffzellen charakterisiert, bezogen auf eine Leistung von 1 kW. Sie werden meistens in $/kW angegeben. Als Zielwert für die Herstellungskosten gelten 1 000 $/kW für stationäre Anwendungen. Die heutigen Preise liegen wesentlich höher.

Die Vorteile von Brennstoffzellen

Brennstoffzellen weisen gegenüber konventionellen Energiewandlern etliche Vorteile auf. Dies betrifft sowohl ihre Effizienz als auch ihre Schadstoffemissionen.

Die Tatsache, daß die innerhalb von Brennstoffzellen stattfindenden elektrochemischen Energieumwandlungsprozesse anderen Gesetzmäßigkeiten unterliegen als diejenigen von Wärmekraftmaschinen (Carnot), führt zu zwei wesentlichen Vorteilen: Erstens liegt der Wirkungsgrad von Brennstoffzellen höher als der Wirkungsgrad von konventionellen Anlagen wie Verbrennungsmotoren oder Turbinen, und zweitens erreichen Brennstoffzellen einen großen Wirkungsgrad innerhalb eines großen Lastenbereichs, was bei Anwendungen mit stark wechselndem Leistungsbedarf Vorteile mit sich bringt.

Auch bezüglich der Schadstoffemissionen sind Brennstoffzellen gegenüber konventionellen Anlagen überlegen. Werden sie mit Solarwasserstoff betrieben, dann arbeiten sie fast schadstoffemissionsfrei. Verwenden sie dagegen Wasserstoff, der aus kohlenwasserstoffhaltigen Energieträgern wie Erdgas gewonnen wird, dann sind die Schadstoffemissionen immer noch niedriger als diejenigen von konventionellen Anlagen.

Zusammenfassend kann man folgende Vorteile von Brennstoffzellen nennen:

- Hohe Energiedichte
- Hoher Wirkungsgrad bereits ab kleinsten Leistungen
- Hohe Lebensdauer
- Niedrige Betriebstemperatur
- Kurze Anfahrtzeiten
- Geräusch- und vibrationsfreier Betrieb
- Modularer Aufbau
- Gleichzeitige Gewinnung von elektrischer Energie und Wärmeenergie
- Niedrige Schadstoffemissionen (durch den Einsatz von Solarwasserstoff fast schadstoffemissionsfreier Betrieb)
- Weniger Wartungsaufwand

Der relativ hohe Wirkungsgrad von Brennstoffzellen hängt mit der Tatsache zusammen, daß bei den Brennstoffzellen das Carnot-Gesetz seine Gültigkeit verliert. Zur Erinnerung: Sadi Carnot, ein französischer Ingenieur, der einst seine Fachdienste der Militärtechnik zur Verfügung stellte, zeigte bereits 1834, daß das Funktionsprinzip von Wärmekraftmaschinen mit der Tatsache zusammenhängt, daß solche Maschinen Hochtemperaturwärme, die bei der Verbrennung entsteht, stets auf eine niedrigere Temperatur überführen. Dadurch findet eine Energieumwandlung statt, die zur Gewinnung von mechanischer Energie führt. Der größte Energieanteil bleibt aber als Wärmeenergie erhalten, wodurch ein relativ kleiner Wirkungsgrad erzielt wird. Dieselbetriebene Verbrennungsmotoren erreichen z.B. Werte von ca. 30%, Benzinmotoren Werte von etwa 20%. Bei Brennstoffzellen herrschen dagegen andere Verbrennungsverhältnisse. Dort wird nämlich die in dem Energieträger (z.B. im Wasserstoff) chemisch gebundene Energie zum Teil direkt in elektrische Energie umgewandelt. Hier entfällt also die Zwischenumwandlung, was zwangsläufig zur Erhöhung des Wirkungsgrads führt.

Anwendungen

Umweltverschmutzung und Energieverknappung sind Gründe für die Suche nach Technologien, die zur Lösung dieser Doppelproblematik beitragen können. Die KWK-Technik (**K**raft-**W**ärme-**K**opplung) stellt eine Teillösung dar, weil die Nutzung der anfallenden, mechanisch unwandelbaren Wärmeenergie den Wirkungsgrad der Anlagen erhöht. Falls solche Anlagen auch zur Öko-Problematik beitragen könnten, dann stellen sie die ideale Lösung besagter Doppelproblematik dar; und deswegen sind Brennstoffzellen das ideale „Werkzeug“. Es gibt natürlich auch Fälle, wo die anfallende Wärmeenergie nicht genutzt werden kann. Dort bleibt aber immerhin der Öko-Vorteil als Gewinn übrig. Einen solchen Fall bilden die Brennstoffzellen/Elektroantriebe von Fahrzeugen; denn dort wird nur die

148

elektrische Energie benutzt, um durch Elektroantriebssysteme kinetische Energie, d.h. Fortbewegung, zu erzielen. Bei der Energieversorgung von Gebäuden oder bei der Bereitstellung von Prozeßwärme kann dagegen sowohl die elektrische Energie als auch die Wärmeenergie der Brennstoffzellenanlage genutzt werden, wodurch ein höherer Wirkungsgrad erzielt wird. Hinzu kommt in jedem Fall der Öko-Vorteil.

Bei der zentralen Stromversorgung, wo heute noch hocheffiziente Gas- und Dampfturbinen-Anlagen verwendet werden, können Hochtemperatur-Brennstoffzellen (z.B. MCFC- oder SOFC-Brennstoffzellen) mit Gas- und oder Dampfturbinen als kombinierte BHKW-Anlagen eingesetzt werden, wodurch Wirkungsgradwerte von bis zu 70% erreichbar sind. Im dezentralen Energieversorgungsbereich, z.B. bei der Energieversorgung von Gebäuden und Gebäudekomplexen können Nieder- und Mitteltemperatur-Brennstoffzellen (z.B. PEMFC- oder PAFC-Brennstoffzellen) als Mini-BHKW-Anlagen ohnehin hohe Wirkungsgradwerte erreichen, weil dort sowohl die elektrische Energie als auch die Niedertemperatur-Wärmeenergie voll ausgeschöpft werden kann. Der Öko-Vorteil kommt auch hier als zusätzlicher Gewinn hinzu. Daraus wird ersichtlich, daß nicht nur der Wasserstoff als Energieträger ein „Gottesgeschenk" ist, sondern auch die Brennstoffzellen eine „gottgesegnete" Technologie sind und sie gerade deswegen inzwischen von vielen Energieexperten als die „Lokomotive" des 21. Jahrhunderts angesehen werden.

Zweckmäßigerweise unterscheidet man zwischen den folgenden Anwendungsbereichen von Brennstoffzellen:

- Stationäre Anwendungen
- Mobile Anwendungen
- Portable Anwendungen

149

Stationäre Anwendungen

Sowohl im Rahmen einer Wasserstoff-Energiewirtschaft als auch bei der dann bald folgenden Solarwasserstoff-Energiewirtschaft wird ein großer Teil der Energieversorgung zentral organisiert sein. Es mehren sich aber die Meinungen, daß ein Teil des künftigen Energiebedarfs dezentral durch kleine Versorgungseinheiten gedeckt werden wird. Dies hat sowohl politische als auch technische Hintergründe. Zu den ersten gehört sicherlich die Liberalisierung der Energiemärkte. Der zweite Grund hängt damit zusammen, daß diese Technologie das „Selbstversorgungsprinzip" mit Hilfe von kleinen Energieeinheiten gut und leicht realisierbar macht.

Innerhalb einer solchen politisch/technisch geprägten „Landschaft" werden Brennstoffzellen sicherlich eine wichtige Rolle spielen. Denn mit solchen Energiewandlern können die verschiedenen dezentralen kleinen und mittelgroßen Energieversorgungssysteme ökologisch und ökonomisch günstig realisiert werden.

Es existieren inzwischen nicht nur zahlreiche Szenerien für solche Anwendungen, sondern auch Entwicklungen von konkreten Geräten, die zum Teil bereits einsatzreif sind. Solche Energieversorgungskonzeptionen reichen von der Energieversorgung von Einfamilienhäusern über die Versorgung von Industrieeinheiten bis hin zur Versorgung ganzer Regionen. Bild 52 zeigt z.B. die dezentrale Energieversorgung von einzelnen Einfamilienhäusern. Jedes dieser Häuser verfügt über eine kleine Brennstoffzellen/Heizungsanlage. Diese Einzelanlagen werden über ein H_2-Pipeline-Netz mit Wasserstoff versorgt. Dabei wird ein zentraler Erdgasreformer benutzt, der aus einem in der betreffenden Region vorhandenen Erdgasnetz gespeist wird, um Wasserstoff zu produzieren. Dieser Reformer versorgt anschließend das H_2-Pipeline-Netz.

Auch für die dezentrale Energieversorgung von Mehrfamilienhäusern und gewerblichen Räumen können kombinierte Brennstoffzellen/Heizungsanlagen verwendet werden. Ihre Leistung muß jedoch größer gewählt werden als im Falle der Einfamilienhäuser. Der Hauptunterschied zu den vorher genannten Anlagen besteht darin, daß dort der Spitzenbedarf aufgrund des unterschiedlichen Verbraucherverhaltens der einzelnen Familien nicht sehr stark ausgeprägt ist.

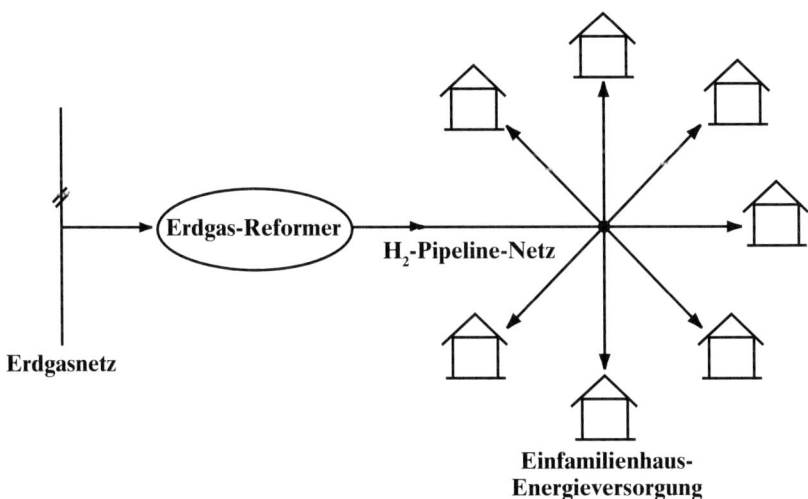

Bild 52: *Konzept einer dezentralen Einfamilienhaus-Energieversorgung mit Hilfe von Brennstoffzellen/Heizungsanlagen. Ein zentraler Erdgasreformer produziert aus Erdgas Wasserstoff. Ein H_2-Pipeline-Netz versorgt die einzelnen Einfamilienhäuser mit Wasserstoff.*

Statt einer zentralisierten Erdgasreformierung können aber auch dezentrale Energieversorgungseinheiten mit eingebautem Reformer verwendet werden. Mehrere Heizungsfirmen beginnen inzwischen damit, solche Geräte serienmäßig anzubieten. Die elektrische Leistung dieser Anlagen für Einfamilienhäuser liegt bei etwa 1 kW. Bei einem Gesamtwirkungsgrad von etwa 80% beträgt die elektrische Leistung etwa 0,40 kW. Dies entspricht einer elektrischen Energie von 0,4 kW x 8 760 h = 3 504 kWh jährlich, d.h. einer elektrischen Energie, die eine 3 Personen-Familie hierzulande im Durchschnitt jährlich verbraucht. Dieser Energieverbrauch ist naturgemäß der üblichen täglichen Fluktuation unterworfen, was wiederum bedeutet, daß solche Anlagen nicht autonom operieren können, sondern nur in Verbindung mit einem vorhanden Stromnetz. Denn dadurch kann überschüssiger Strom ins Netz eingespeist und Zusatzstrom während der Spitzenbelastungszeiten aus dem Stromnetz entnommen werden. Spitzenbedarfswerte liegen hierzulande bei etwa 3 kW. Dagegen liegt der Bedarf während der Nachtzeit bei nur etwa 0,1 kW. Das Maximum/Minimum-Verhältnis beträgt also 3,0 kW/0,1 kW = 30. Bei Mehrfamilienhäusern ist dieser Wert etwas günstiger. Bei einem Mehrfamilienhaus mit 10 Einheiten und bei der Verwendung einer 10 kW-Brennstoffzellenanlage beträgt der Spitzenwert 10 kW und der Nachtbedarf 0,4 kW. Das Maximum/Minimum-Verhältnis liegt hier bei 10 kW/0,4 kW = 25. Dies bedeutet, daß auch hier ein Ausgleich durch das Stromnetz erforderlich ist.

Obwohl solche Energieversorgungseinheiten nicht autonom arbeiten können, bieten sie sowohl ökonomische wie ökologische Vorteile; denn der Strom wird dort produziert, wo er gerade benötigt wird. Dadurch können Verteilungsverluste zwischen 3% und 6% vermieden werden. Hinzu kommt die Nutzung der anfallenden Wärmeenergie, die für Warmbrauchwasser und zum Teil auch für Raumheizung benutzt werden kann.

Häuser in Südregionen könnten mit solchen Anlagen leicht ihren gesamten Heizungsbedarf decken; damit würde eine konventionelle Heizungsanlage überflüssig. In unseren Breiten reicht allerdings die erwähnte Wärmeleistung von etwa 0,4 kW nicht aus. Deswegen werden die genannten Energieversorgungseinheiten auch über eine kleine Heizungsanlage verfügen, die während der Wintermonate für Zusatzheizung sorgt.

Für Häuser und gewerbliche Gebäude in südlichen Regionen gibt es natürlich auch Energiebedarf für Kühlungszwecke; und weil sich Sorptionssysteme sowohl zur Heizung als auch zur Kühlung gut eignen, sind solche Systeme die ideale Ergänzung für kombinierte Brennstoffzellen/Heizungsanlagen. Das entsprechende Funktionsprinzip einer solchen Anlage zeigt das Bild 53. Die aus der Brennstoffzelle gewonnene Wärmeenergie versorgt also ein Sorptionssystem, das für Kühlungszwecke verwendet wird. Der gewonnene

152

Strom versorgt wiederum die elektrischen Verbraucher. Überschüssiger Strom wird in das Stromnetz eingespeist.

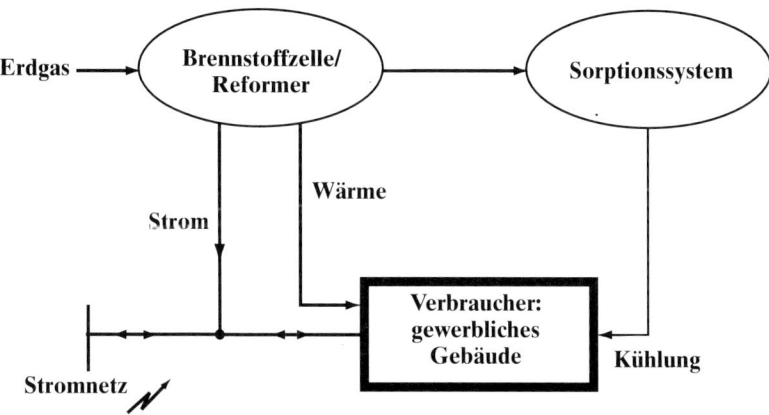

Bild 53: Im Rahmen einer dezentralen Energieversorgung kann man Brennstoffzellen mit Sorptionssystemen kombinieren, um gewerbliche Räume und Häuser auch mit Kühlung zu versorgen.

Stationäre Energieversorgungssysteme der beschriebenen Art können aber auch für die dezentrale Versorgung ganzer Regionen eingesetzt werden. Für viele Regionen der Welt wird der Anschluß an überregionale Energieversorgungsnetze auch künftig eine Vision bleiben. Dies gilt für ganze Siedlungen, aber auch für abgelegene Touristenzentren, Krankenhäuser, Forschungsstationen u.a. Ihre Energieversorgung geschieht heute meistens mit fossilen Energieträgern, die oft unter erschwerten Bedingungen dorthin transportiert werden müssen. Überdies fallen oft hohe Transportkosten an. Hier bieten sich Hochleistungsbrennstoffzellen in Verbindung mit Solarstrom, der *in situ* produziert wird, als ideale Lösung an. Man kann solche Anlagen schon jetzt installieren und solange mit fossilen Energieträgern (z.B. Erdgas) betreiben, bis Solarstrom direkt am Ort günstig produziert werden kann. Aus diesem Strom kann dann auch Solarwasserstoff produziert werden, der anschließend für die Versorgung von Brennstoffzellen verwendet werden kann.

153

Mobile Anwendungen

Raumfahrzeuge benutzen Brennstoffzellen als Bordstromversorger und U-Boote für Antriebszwecke. Man kann aber auch die konventionelle Batterie/Lichtmaschine von Kraftfahrzeugen durch Brennstoffzellen ersetzen. Diesen Weg geht z.B. die Firma BMW. Damit wird das Bordnetz vom Verbrennungsmotor abgekoppelt. So können alle Bordgeräte auch im Stillstand des Motors mit Strom versorgt werden, ohne daß man Rücksicht auf die Kapazität der Bordbatterie nehmen muß. BMW nennt diese Anlage APU (**A**uxiliary **P**ower **U**nit). Sie ist zur Zeit experimentell im Kofferraum von Kraftfahrzeugen untergebracht (vgl. Bild 54) und beansprucht nicht mehr Platz als eine gewöhnliche Bleibatterie. Die Betriebsspannung beträgt noch 12 V, weil die meisten Bordgeräte wie Radios, Navigationsgeräte, Funkgeräte u.a. nach wie vor mit 12 V betrieben werden. Spätere APU-Versionen sollen eine Betriebsspannung von 42 V haben, um die Bordnetzverluste zu reduzieren.

Auch die Firma DaimlerChrysler arbeitet auf diesem Gebiet. Die entsprechende Bordanlage benutzt eine 3,2 kW-PEMFC-Brennstoffzelle, die aus einem Metallhydridspeicher mit Wasserstoff versorgt wird. Seine Speicherkapazität beträgt 18 kWh.

Während die Automobilindustrie und zum Teil auch die Schiffbauindustrie den Brennstoffzellen/Elektroantrieb konsequent vorantreiben, sind Schienenfahrzeughersteller offensichtlich ins „Hintertreffen" geraten. Die Energiestiftung Schleswig-Holstein und die LVS (**L**andesweite **V**erkehrs**s**ervicegesellschaft Schleswig-Holstein) haben deswegen gemeinsam einen Auftrag vergeben, der die Einsetzbarkeit von Brennstoffzellen im Schienenverkehr untersuchen soll. Das Ergebnis dieses Auftrags war ein Bericht, der Mitte des Jahres 2000 unter dem Titel *Brennstoffzellen im Schienenverkehr* erstellt wurde. In diesem Bericht ist u.a. zu lesen, daß PEMFC-Brennstoffzellen für den Schienenverkehr ohne weiteres verwendet werden könnten. Die Begründung ist, daß solche Brennstoffzellen einen hohen elektrischen Wirkungsgrad haben und daß sie inzwischen serienreif hergestellt werden können. Hinzu kommt, daß sich

154

die für Schienenfahrzeuge geforderte hohe Leistung durch das Zusammenschalten mehrerer Stacks erzielen läßt. Da aber die vorhandenen PEMFC-Brennstoffzellen derzeit nur Leistungen der

Bild 54: Brennstoffzellen können auch als Ersatz für die Lichtmaschine/ Batterie von Fahrzeugen verwendet werden. Die Firma BMW experimentiert z.Zt. mit einer APU-Anlage (Auxiliary Power Unit), die im Kofferraum eines wasserstoffbetriebenen BMW 750 hL eingebaut ist. Anlagen dieser Art können aber auch in Benzinautos eingesetzt werden.

Größenordnung von 200 kW zur Verfügung stellen können, kommen sie für sehr große Schienenfahrzeuge nicht in Frage. Für die Anfangsphase bietet sich deswegen die Verwendung eines leichten Nahverkehrswagens mit einer Leistung von etwa 500 kW als Pilotprojekt an. Der Treibstoff soll durch Erdgasreformierung gewonnener Wasserstoff sein. Hier kann also nur beschränkt mit ökologischen Vorteilen gerechnet werden. Der Vorteil eines solchen Schienenfahrzeugs gegenüber dieselbetriebenen Schienenfahrzeugen liegt aber darin, daß zumindest lokal ein emissionsfreier Betrieb erreichbar ist.

Brennstoffzellen/Elektroantriebssysteme werden inzwischen auch für kleine Boote verwendet. Bild 55 zeigt das Boot *Hydra*, das von einem Brennstoffzellen/Elektroantrieb angetrieben wird. Bei der hier verwendeten Brennstoffzelle handelt es sich um einen AFC-Typ

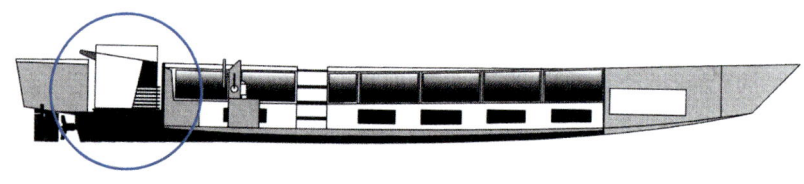

Bild 55: Das Passagierboot Hydra. Dieses 20 Passagiere-Boot wird mit einem Brennstoffzellen/Elektroantrieb angetrieben. Die Wasserstoffspeicherung findet in einem Metallhydrid-Bordspeicher statt.

mit einer Bruttoleistung von 6,9 kW$_{el}$ (Nennleistung: 5,5 kW$_{el}$). Die Anlage ist 1 m x 1 m x 1 m groß und wiegt ca. 350 kg.

Die Wasserstoffspeicherung übernimmt ein Metallhydrid-Bordspeicher mit einer Speicherkapazität von etwa 16 Fahrstunden. Bei einer Durchschnittsgeschwindigkeit von 10 km (ca. 6 Meilen) be-

156

trägt die Reichweite des Bootes ca. 160 km bzw. 100 Meilen. Die Betankung des Speichers dauert etwa 15 Minuten.

Für den Elektroantrieb wird ein Permanentmagnet-Gleichstrommotor verwendet, der bei einer Betriebsspannung von 48 V eine Leistung von 8 kW zustande bringt. Die sonstigen Daten dieses Bootes lauten wie folgt: Länge: 12 m, Breite: 3 m; Tiefgang: 0,45 m; Gewicht (ohne Brennstoffzelle): 1,8 t; Verdrängung, komplett ausgerüstet und voll besetzt: 4,3 t; Maximal-/Reisegeschwindigkeit: 9 km/h; Kapazität: 20 Passagiere, 1 Schiffsführer.

Auch größere Passagierschiffe werden bald mit Brennstoffzellen angetrieben. MTU und andere Firmen arbeiten schon daran.

Portable Anwendungen

Brennstoffzellen können selbstverständlich auch für portable Zwecke eingesetzt werden. Portable Geräte werden bisher mit Einwegbatterien, wiederverwendbaren Batterien und gelegentlich auch mit portablen Stromgeneratoren versorgt. Bei vielen militärischen Einsätzen werden auch hand- bzw. fußbetriebene Generatoren verwendet. Die Palette der portablen Anwendungen ist also groß. Dabei variiert die dafür nötige Leistung von wenigen Watt bis zu mehreren Kilowatt.

In vielen solcher Fälle können künftig Brennstoffzellen in Verbindung mit Wasserstoffspeichern eingesetzt werden. Damit können praktisch Einweg- oder wiederverwendbare Batterien überflüssig werden, was die Nachschublogistik bedeutend vereinfacht. Die z.Zt. verwendeten Mini-Metallhydridspeicher haben eine Energiedichte, die immerhin um den Faktor 3 bis 4 größer ist als die Energiedichte konventioneller Batterien. Ihre Energiedichte beträgt z.Zt. etwa 0,25 kWh$_{el}$/kg. Die Speicherkapazität liegt meistens unter der 100 Wh-Grenze. Solche Speicher sind also nur dafür geeignet, kleine Verbraucher mit Strom zu versorgen. Ihr Lade-/ Entladedruck beträgt 1,5 bis 5 bar und ihre Lebensdauer etwa 300

Lade-/Entladezyklen. Ihre Kosten sind allerdings noch sehr hoch; sie liegen bei etwa 650 €/kWh$_{H_2}$. Auch ihre CO_2-Emissionen sind nicht besonders günstig, sie betragen etwa 22 g/kWh$_{H_2}$. Metallhydridspeicher dieser Art befinden sich also heute noch am Anfang ihrer Entwicklung. Erst wenn ihre Herstellungskosten deutlich gesenkt und ihre Energiedichtewerte weiter gestiegen sind, können kombinierte Brennstoffzellen/Metallhydridspeicher die Rolle von Einwegbatterien bzw. wiederaufladbaren Batterien übernehmen.

Wasserstoffbetriebene Kraftfahrzeuge

Daß die Automobilindustrie von der Öko-Energie-Problematik nicht unberührt geblieben ist, weiß inzwischen jeder. Weniger bekannt ist, daß fast alle Automobilhersteller weltweit eifrig daran arbeiten, so schnell wie möglich serienreife wasserstoffbetriebene Kraftfahrzeuge anzubieten. Denn der künftige Markt für solche Fahrzeuge ist riesengroß; und wer einen möglichst großen Teil dieses Marktes erobern will, muß die entsprechenden Produkte auch rechtzeitig bereitstellen.

Weltweit gibt es derzeit etwa 700 Millionen Kraftfahrzeuge; mehr als 500 Millionen davon sind Pkws (180 Millionen in den USA und 180 Millionen in der EU). Die meisten werden z.Zt. mit Benzin bzw. Diesel betrieben. Etwa 3,5 Millionen Fahrzeuge benutzen als Treibstoff Propangas und mehr als eine Million Druckerdgas (etwa 0,6 Millionen davon in Argentinien).

Prinzipiell können die verschiedensten Kraftstoffe für das Betreiben von Kraftfahrzeugen verwendet werden: Flüssigerdgas (LNG), Druckerdgas (CNG), Druckwasserstoff (CGH_2), Flüssigwasserstoff (LH_2), Dimethylether (DME), Methanol (CH_3OH) sowie synthetisches Benzin bzw. synthetischer Dieselkraftstoff. Die z.Zt. zur Diskussion stehenden Kraftstoffe sind Wasserstoff und teilweise auch Methanol, obwohl der letztere nicht unumstritten ist.

Unabhängig aber davon, welcher Treibstoff am Ende das Rennen machen wird, eins steht jetzt schon fest: Es ist immer ein Antriebssystem erforderlich, das die in dem betreffenden Treibstoff chemisch gespeicherte Energie in kinetische Energie, d.h. in Fortbewegung, umwandelt; und gerade hier scheiden sich z.Zt. die Geister. Während z.B. viele Automobilhersteller den Brennstoffzellen/Elektroantrieb favorisieren, beharren andere (z.B. BMW) auf dem wasserstoffbetriebenen Verbrennungsmotor.

Auch bezüglich des Brennstoffzellen/Elektroantriebssystems selbst gehen die Meinungen der Automobilhersteller ziemlich weit auseinander. Während z.B. einige die wasserstoffbetriebene Brennstoffzelle favorisieren, vertreten andere die Meinung, daß Methanol oder sauberes Benzin dafür die bessere Alternative wäre. Zu diesen Vertretern gehören u.a. auch die Firmen Toyota und DaimlerChrysler. Die Bilder 56 und 57 fassen all diese „Antriebsphilosophien" schematisch zusammen.

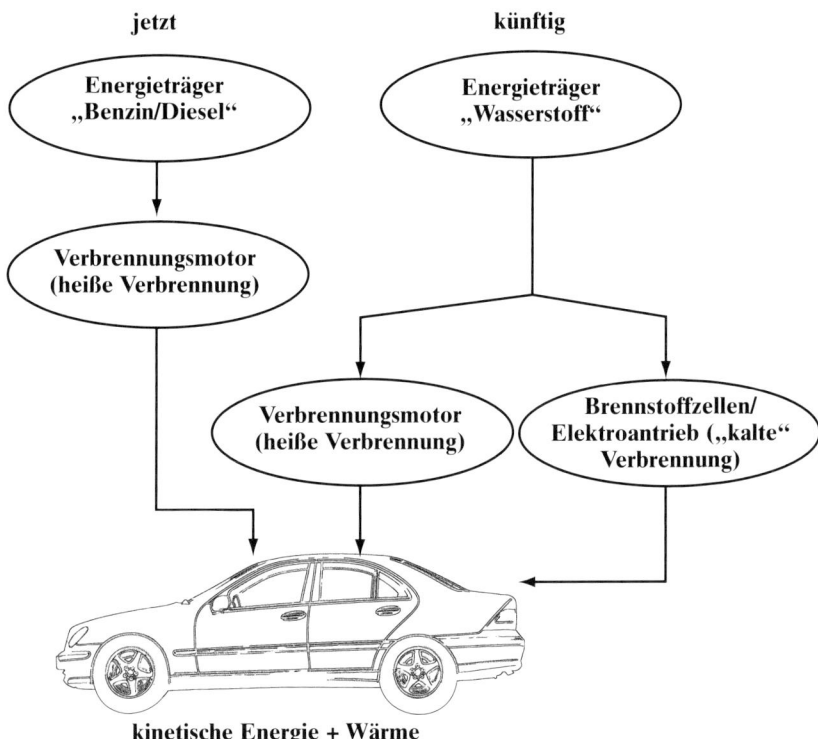

jetzt **künftig**

Energieträger „Benzin/Diesel"

Energieträger „Wasserstoff"

Verbrennungsmotor (heiße Verbrennung)

Verbrennungsmotor (heiße Verbrennung)

Brennstoffzellen/ Elektroantrieb („kalte" Verbrennung)

kinetische Energie + Wärme

Bild 56: Egal ob Benzin, Diesel oder Wasserstoff: Stets muß aus chemisch gespeicherter Energie kinetische Energie für die Fortbewegung gewonnen werden.

Zur Zeit werden noch fossile Energieträger und zwar vorwiegend Benzin und Diesel benutzt, um über den Weg des Verbrennungsmotors (heiße Verbrennung) Fortbewegung zu erzielen. Dabei entsteht

160

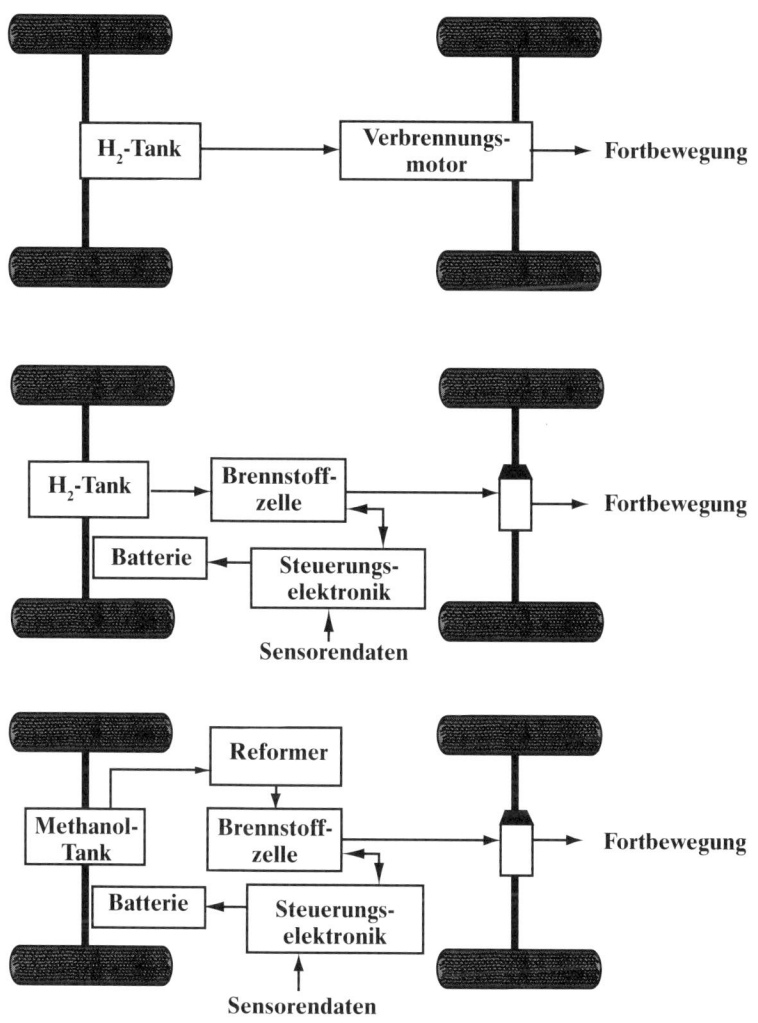

Bild 57: *Funktionsprinzip eines wasserstoffbetriebenen Kraftfahrzeugs mit einem Verbrennungsmotor (oben), und mit einem Brennstoff-zellen/Elektroantrieb (Mitte und unten).*

161

zwangsläufig auch Wärmeenergie, die die Effizienz von solchen Antriebssystemen erheblich senkt. Künftig soll Wasserstoff bzw. Methanol als Energieträger eingesetzt werden, um entweder über den Weg der heißen Verbrennung (Verbrennungsmotor) oder über den Weg der „kalten" Verbrennung (Brennstoffzelle) die gewünschte Fortbewegung zu erzielen. Unabhängig davon, daß diese Brennstoffe vorläufig aus fossilen Energieträgern gewonnen werden müssen, scheint die Antwort auf die Frage nach der richtigen „Antriebsphilosophie" hier viel wichtiger zu sein. Während viele Energieexperten die Meinung vertreten, daß diese Frage noch offen ist, sind andere fest davon überzeugt, daß es künftig eine Koexistenz der beiden Antriebssysteme geben wird. Dies ist auch die Meinung des Autors.

Wasserstoff und die heiße Verbrennung

Die Idee, Wasserstoff als Brennstoff für Kraftfahrzeuge einzusetzen, ist ziemlich alt und geht auf die 30er Jahre zurück. Damals wurde in London der erste wasserstoffbetriebene Omnibus experimentell in Betrieb genommen. Der Zweite Weltkrieg, der bald darauf begann, ließ u.a. auch dieses Projekt für mehrere Jahre ruhen.

Ende der 70er Jahre wurde das Thema „Wasserstoffauto" erneut aufgegriffen, als sowohl bei DLR (damals noch DVLR) in Stuttgart wie auch bei der Firma DaimlerChrysler (vormals Daimler-Benz AG) gleichzeitig und unabhängig voneinander wasserstoffbetriebene Pkw und Nutzfahrzeuge entwickelt und erprobt wurden. Dabei wurden wasserstoffbetriebene Verbrennungsmotoren mit äußerer Gemischbildung verwendet, die im Vergleich zu den heutigen ausgereiften Verbrennungsmotoren etliche Nachteile hatten. Ihre Leistungsdichte betrug z.B. nur etwa 30% der Leistungsdichte von Benzinmotoren. Weitere Schwachstellen hingen mit dem Klopfen, der Frühzündung während der Verdichtungsphase und dem Flammenrückschlag durch das geöffnete Einlaßventil ins Saugrohr zusammen. Mit der Einführung der frühen inneren Gemischbildung wur-

162

den zwar die meisten dieser Probleme gelöst, es blieben aber andere Schwachstellen. Dazu zählt u.a. die fehlende Wasserstoff-Tankstellen-Infrastruktur. Nichts destotrotz wurde die Idee von wasserstoffbetriebenen Fahrzeugen auch während der 80er und 90er Jahre weiter verfolgt, wobei neben der heißen Verbrennung auch die „kalte" Verbrennung, d.h. der Brennstoffzellen/Elektroantrieb in Betracht gezogen wurde; und damit begann auch die Diskussion, ob

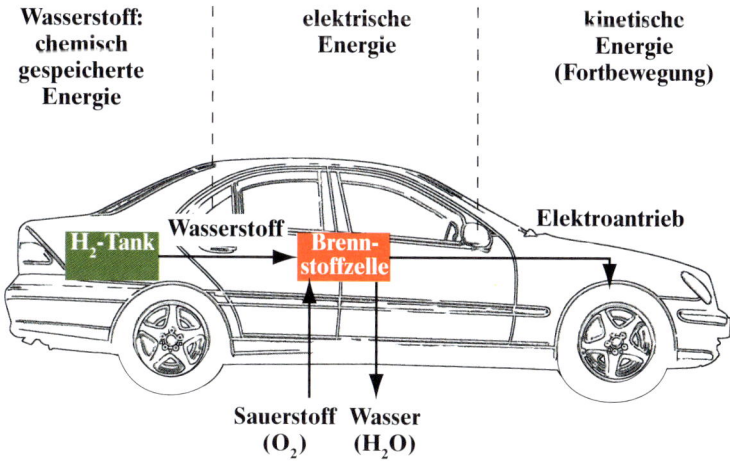

Bild 58: *Das Prinzip eines wasserstoffbetriebenen Fahrzeugs: Aus chemisch gespeicherter Energie (Wasserstoff) wird elektrische Energie gewonnen (Brennstoffzelle), die über einen Elektroantrieb in kinetische Energie umgewandelt wird.*

die „kalte" oder die heiße Verbrennung der richtige Weg sei. Während z.B. die Firma BMW den wasserstoffbetriebenen Verbrennungsmotor mit Nachdruck propagiert, beharren andere Automobilhersteller auf dem Brennstoffzellen/Elektroantrieb. Dabei sind Argumente und Gegenargumente der beiden Fronten bunt und ziemlich einfallsreich. Während z.B. die Firma BMW damit argumentiert, daß Verbrennungsmotoren preiswerter als Brennstoffzellen/Elektroantriebe hergestellt werden können, vertreten Brennstoff-

163

zellenverfechter die Meinung, daß man auch Brennstoffzellen bald preiswert herstellen kann. Während die Befürworter der heißen Verbrennung von der Verknappung und dadurch der Verteuerung von Materialien wie Platin u.a. sprechen, die bei der Herstellung von Brennstoffzellen in größeren Mengen erforderlich sind, vertreten die Verfechter des Brennstoffzellen/Elektroantriebs die Meinung, daß Verbrennungsmotoren gegenüber Brennstoffzellen kleinere Wirkungsgrade haben. Die Argumentation der Anhänger von Verbrennungsmotoren, daß wasserstoffbetriebene Verbrennungsmotoren per Knopfdruck auch auf Benzinbetrieb umgeschaltet werden können und dadurch während der Anfangsphase einer Wasserstoff-Energiewirtschaft das Problem der Wasserstoff-Tankstellen-Infrastruktur gemildert werden kann, wird mit der Gegenmeinung der Fürsprecher des Brennstoffzellen/Elektroantriebs beantwortet, daß die Bereitstellung einer solchen Infrastruktur nur eine Frage des „Wollens" sei. Im Herbst 2000 hatte ich Gelegenheit, mit einem der insgesamt 15 wasserstoffbetriebenen Versuchsfahrzeuge BMW 750 hL (h steht für Wasserstoff; L für flüssig) zu fahren. Die Technik wirkt einfach überzeugend.

Methanol: Der strittige Energieträger

Daß Wasserstoff der Energieträger der Zukunft sein wird, bezweifeln nur wenige der Energieexperten. Dennoch vertritt auch diese kleine „Truppe" die Meinung, daß Wasserstoff eine wichtige Rolle im Rahmen der künftigen Energiewirtschaft spielen wird. Es zweifelt auch niemand daran, daß irgendwann in 50 bis 70 Jahren die Solarwasserstoff-Energiewirtschaft voll etabliert sein wird. Meinungsverschiedenheiten gibt es nur bezüglich des Weges, der eingeschlagen werden muß, damit dieses Endziel erfolgreich und effizient erreicht wird. Dies betrifft nicht nur die Technologien, die dazu eingesetzt werden müssen, sondern auch die Treibstoffe, die zur Überbrückung der Zwischenperiode verwendet werden; und von dieser Kontroverse ist auch und vor allem die Automobilindustrie betroffen.

164

Eines der umstrittensten Themen in diesem Zusammenhang ist zweifellos der Treibstoff Methanol. Befürworter dieses Treibstoffs argumentieren damit, daß Methanol im Vergleich zu den konventionellen fossilen Energieträgern Benzin und Diesel zur Reduzierung von Schadstoffemissionen führt. Darüber hinaus kann dieser Treibstoff wie Benzin behandelt und somit auch konventionelle Tankstellen für die Methanolverteilung benutzt werden. Dadurch kann also die Zeit überbrückt werden, bis die nötige Wasserstoff-Tankstellen-Infrastruktur voll etabliert ist. Methanol soll also die Brücke zwischen „Heute" und „Morgen" bilden. Diese Brücke hat aber ihren ökologischen Preis; denn Methanol ist ökologisch gesehen nicht so sauber wie Wasserstoff.

Mit den oben genannten Argumentationen und anderen Überlegungen im Hintergrund arbeitet u.a. auch DaimlerChrysler daran, ab 2004 das „Null-Liter"-Auto (NECAR 5) serienmäßig anzubieten – einen methanolbetriebenen Pkw. Dabei wird die Umwandlung von Methanol in Wasserstoff, der für den Brennstoffzellen/Elektroantrieb erforderlich ist, von einem Methanol-Bordreformer vorgenommen. An dieser „Methanolphilosophie" halten übrigens auch viele andere Automobilhersteller fest. Dazu zählen u.a. Honda, Mitsubishi, Nissan und Toyota sowie Brennstoffzellenhersteller wie Johnson Matthey Wellman GJB u.a.

Mit der Methanolthematik muß sich die Automobilindustrie also zwangsläufig auseinandersetzen; denn im Fall von methanolbetriebenen Kraftfahrzeugen werden Millionen von Personen sowohl direkt als auch indirekt mit diesem Treibstoff zu tun haben; und auch das ist keineswegs unproblematisch. Methanol greift nämlich das Nervensystem an und ist auch für die Augen gefährlich. Insofern ist es fraglich, ob ein Genehmigungsverfahren für Methanol-Tankstellen überhaupt Erfolgschancen haben wird. Hinzu kommen noch technische Probleme. Die Behauptung, daß die bereits vorhandenen Erdöl-Transportmittel auch für Methanol geeignet wären, entspricht nicht der Realität; denn sobald Erdöl-Tankwagen für Methanoltransporte verwendet worden sind, können sie nicht erneut für den Erdöltransport eingesetzt werden. Methanol-Befürworter meinen jedoch, daß solche Argumente reine Übertreibungen sind, um das

Methanol als Brennstoff zu diskreditieren. Wie dem auch sei, die Forschung auf diesem Gebiet geht weiter. Im Forschungszentrum Jülich sind z.B. kürzlich Simulationsberechnungen für ein Methanolauto durchgeführt worden. Dabei handelt es sich um ein Fahrzeug, das mit einem PEMFC-Brennstoffzellen/Elektroantrieb „angetrieben" wird. Der dafür nötige Wasserstoff wird mit Hilfe eines Methanol-Bordreformers aus mitgeführtem Methanol gewonnen. Die Hauptergebnisse dieser Untersuchungen zeigt die nachstehende Tabelle:

Autotyp	Gewicht (kg)	Wirkungsgrad (%) (Antriebsstrang)	Wirkungsgrad (%) (EUK)*
Benzinauto:	1 130	21 – 23	19 – 21
Wasserstoffauto:	1 250	32 – 40	20 – 25
Methanolauto:	1 360	29 – 36	17 – 21

Als Bezugsfahrzeug wurde hier ein Benzinauto herangezogen, das 5 Liter Benzin auf 100 Kilometer verbraucht und die Auflagen der EU für das Jahr 2005 erfüllt. Aus den genannten Daten wird ersichtlich, daß der Wirkungsgrad sowohl des Methanol- als auch des Wasserstoffautos im Vergleich zum Benzinauto der nächsten Generation etwas günstiger ausfällt. Wird aber der EUK-Wirkungsgrad* herangezogen, dann geht in beiden Fällen ziemlich viel von diesem Vorteil verloren. Auch gewichtsmäßig liegt das Methanolauto gegenüber dem Benzin- und dem Wasserstoffauto etwas ungünstiger. Inwieweit aber solche Zahlen für die Einführung von Methanolautos eine Rolle spielen werden, ist fraglich. Viel wichtiger scheint die Akzeptanzfrage von Methanol zu sein – und die Antwort auf diese Frage bleibt nach wie vor offen.

Dennoch geht die Methanol-Reformierungsforschung weiter. Zu den führenden Entwicklern von Methanol-Reformern zählen wie erwähnt die Firmen DaimlerChrysler, Honda, IFC (International Fuel Cells), Mitsubishi, Nissan, Toyota, Johnson Matthey,Wellman

---

* EUK-Wirkungsgrad: Wirkungsgrad der Energieumwandlungskette. Er umfaßt nicht nur die Verluste vom gefüllten Tank bis zum Rad des Fahrzeugs, sondern auch die davor liegenden Verluste von der Treibstoffproduktion bis zum Füllen des Kfz-Tanks an der Tankstelle.

166

CJB u.a. Das EU-geförderte „Mercatox"-Projekt bei der Firma Wellmann in Großbritannien führte inzwischen zur Entwicklung eines Methanol-Bordreformers für Pkws. Die dabei verwendeten Aluminium-Wärmetauscher bestehen aus Platten, die auf der einen Seite mit einem Methanolreformer-Katalyt und auf der anderen Seite mit einem Katalyt für die Verbrennung von Fremdresten des Brennstoffs belegt sind. Die Anlage enthält auch eine Reinigungseinheit mit einem selektiven Oxidationskatalyt, der das Kohlenmonoxid in Anwesenheit von Wasserstoff in Kohlendioxid umwandelt. Ziel dieser Entwicklung ist der Bau eines 50 kW_{el}-Reformers mit einem Gewicht von 50 kg und einer Startzeit von weniger als 5 Sekunden. Die Firma Johnson Matthey hat ihrerseits einen Reformer mit der Bezeichnung „Hot Spot" entwickelt, der in der Lage ist, verschiedene Brennstoffe (z.B. Methanol, Methan oder Benzin) zu reformieren. Die Firma Arthur D. Little und ihre spätere Tochter Epyx Corp. hat wiederum einen Benzinreformer entwickelt. Solche Reformer werden übrigens von der Ölindustrie gerne gesehen, weil sie für die vorhandene Benzin-Tankstellen-Infrastruktur gut geeignet sind.

Für konkrete Methanolautos haben Firmen wie Honda, Daimler-Chrysler, u.a. bereits spezifische Methanolreformer entwickelt. Es geschieht also auf diesem Sektor viel, auch wenn die Methanolfrage, wie erwähnt, strittig ist. Im Forschungsverbund *Sonnenenergie/ Themen 1999/2000* ist z.B. folgendes zu lesen: „Methanol metabolisiert im Körper zu Ameisensäure, die Schädigungen im Nervensystem hervorruft. Dabei wird zunächst das Sehvermögen beeinträchtigt. Die Einnahme von 60 bis 240 ml reinen Methanols ist für den Menschen akut tödlich. Schädigungen durch chronische Exposition wurden beobachtet."

Wasserstoff-Bordspeicherung

Unabhängig davon, ob wasserstoffbetriebene Verbrennungsmotoren oder Brennstoffzellen/Elektroantriebe das Rennen bei den künftigen Kraftfahrzeugen gewinnen werden, eins steht fest: Ohne Wasserstoff-Bordspeicher kommen beide Antriebssysteme nicht aus. Dabei stehen im Prinzip die folgenden drei Speichertypen zur Diskussion:

- Metallhydrid-Bordspeicher (chemische „Behälter")
- CGH_2-Bordspeicher (Druckgasbehälter)
- LH_2-Bordspeicher (Kryobehälter)

Metallhydrid-Bordspeicher

Als vor etwa zwei Jahrzehnten öffentlich geförderte Metallhydridspeicher-Projekte durchgeführt wurden, gehörten Druck- und Kryobehälter bereits zum Stand der Technik. Dagegen standen Metallhydridspeicher erst am Anfang ihrer Entwicklung. Deswegen konzentrierte man sich damals hauptsächlich auf die Wasserstoff-

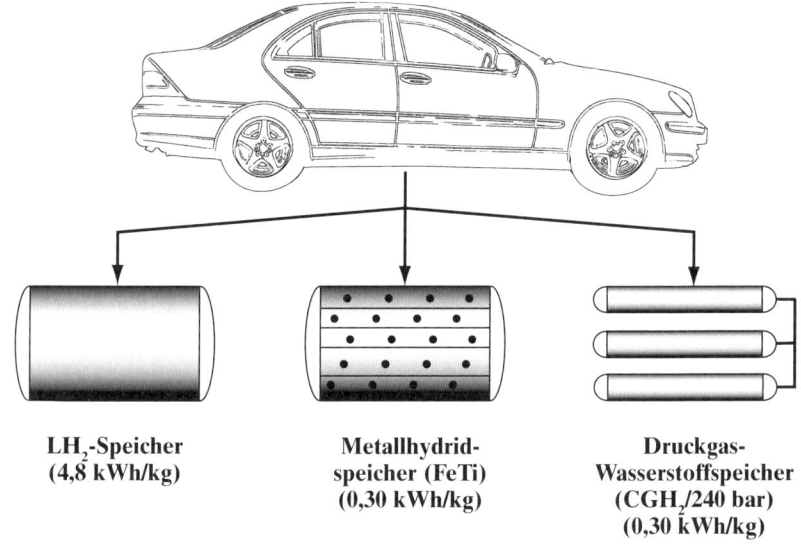

LH_2-Speicher
(4,8 kWh/kg)

Metallhydrid-
speicher (FeTi)
(0,30 kWh/kg)

Druckgas-
Wasserstoffspeicher
(CGH_2/240 bar)
(0,30 kWh/kg)

Bild 59: Energiedichte von verschiedenen Kraftfahrzeug-Wasserstoffspeichern. Der LH_2-Speichertyp weist, wie erwähnt, im Vergleich zu anderen Speichertypen, die größte Energiedichte auf.

168

speicherung in Metallhydriden, ohne jedoch die beiden anderen Speichertypen zu vernachlässigen.

Die Speicherdichte von Metallhydridspeichern liegt für Kraftfahrzeuge, wie bereits erwähnt, bei etwa 0,30 kWh_{H_2}/kg. Ein 100 kg schwerer Speicher dieses Typs kann also eine äquivalente Energiemenge von nur 0,30 x 100 = 30 kWh_{H_2} speichern. Beträgt die Leistung des betreffenden Wasserstoffautos 60 kW, dann kann dieses Auto mit einem solchen Speicher nur 30/60 = 0,5 Stunden lang fahren. Bei einer Durchschnittsgeschwindigkeit von 100 Stundenkilometer läge seine Reichweite dann bei nur 100 km x 0,5 = 50 km. Allein schon dieses Zahlenbeispiel zeigt, daß Metallhydridspeicher für Pkws nicht besonders gut geeignet sind. Für andere Mobileinsätze, bei denen Speichervolumen, Speichergewicht und Kosten keine allzu große Rolle spielen, können solche Speicher ohne besondere Einschränkungen verwendet werden. Dies zeigt auch der bereits erwähnte Fall der z.Zt. im Bau befindlichen U-Boote der Klasse 212. Auch das erwähnte Passagierschiff *Hydra* verwendet einen Metallhydridspeicher. Es ist also nicht ausgeschlossen, daß künftig auch Schiffe und Schienenfahrzeuge mit solchen Speichertypen ausgerüstet werden.

CGH_2-Bordspeicher (Druckgasspeicher)

Speicher dieser Art sind Stand der Technik, sie haben jedoch aufgrund der erforderlichen massiven Stahlbehälter ein relativ hohes Gewicht. Inzwischen sind zwar Verbundbehälter aus Metall und Fasern mit günstigeren Gewichtsverhältnissen entwickelt worden, doch zumindest für die Verwendung in Pkws ist auch diese Technologie nicht ganz zufriedenstellend. Denn die Energiedichte von CGH_2-Speichern ist relativ gering. Zwar steigt die Energiedichte mit steigendem Gasdruck, sie bleibt aber immer hinter den Werten zurück, die mit Flüssigwasserstofftanks erreicht werden. Übliche Druckwerte liegen z.Zt. bei 240 bar. Bei diesem Druck beträgt die Energiedichte 2,2 MJ/Liter. Zum Vergleich: Die Energiedichte von Flüssigwasserstoff beträgt etwa. 8,5 MJ/Liter. Betrachten wir z.B. einen 140 Liter

Bordspeicher, der z.Zt. bei den BMW 750hL-Versuchsfahrzeugen für Flüssigwasserstoff verwendet wird. Würde man diesen Speicher benutzen, um gasförmigen Wasserstoff bei einem Druck von 240 bar zu speichern, dann könnte man in diesem Speicher eine Energiemenge von $140 \times 2,2 \cdot 10^6$ Ws $\approx 3 \cdot 10^8$ Ws speichern. Dies entspricht einer Energiemenge von $3 \cdot 10^8/3\,600$ s $= 8,3 \cdot 10^4$ Wh $= 83$ kWh. Bei einer Motorleistung von 180 kW könnte das betreffende Fahrzeug nur $83/180 = 0,46$ Stunden lang fahren; und bei einer Durchschnittsgeschwindigkeit von 180 Stundenkilometer würde seine Reichweite nur 180 km x 0,46 = 83 km betragen.

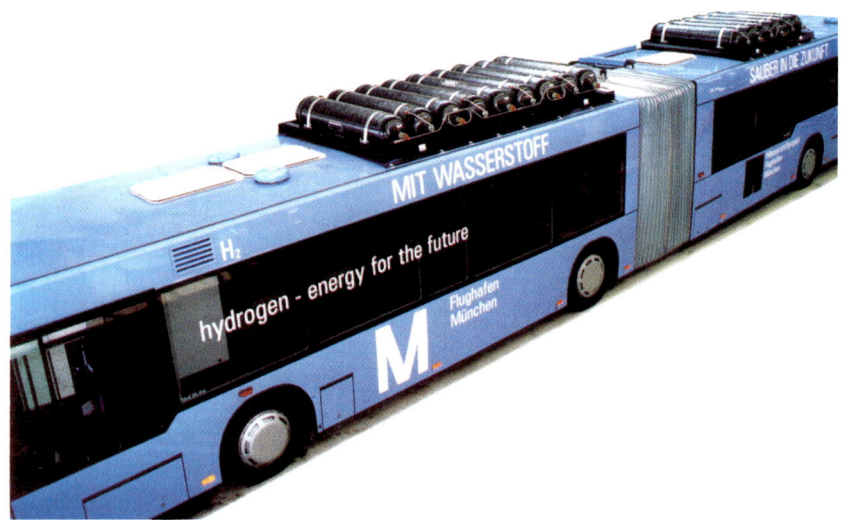

Bild 60: Auf dem Dach sieht man den CGH_2-Bordspeicher der Firma MAN. Seine Speicherkapazität beträgt 1548 Liter Wasserstoff bei einem Druck von 240 bar.

Der Druck von 240 bar gehört, wie gesagt, zu den heute üblichen Betriebswerten. Aber auch Druckwerte der Größenordnung von 350 bar sind inzwischen realisiert. Künftig erwartet man sogar Druckwerte der Größenordnung von 700 bar. Dadurch wird zwar die Energiedichte solcher Speicher weiter steigen, sie bleibt aber immer noch unter den Energiedichtewerten, die mit flüssigem Was-

170

serstoff erreicht werden. Bei einem Gasdruck von z.B. 350 bar liegt die Energiedichte von Druckspeichern um den Faktor 3 unter der Energiedichte von Flüssigwasserstoff-Speichern; und bei einem Gasdruck von 750 bar liegt sie immer noch um den Faktor 1,7 niedriger. Dennoch werden Speicher dieses Typs auch für mobile Einsätze verwendet, z.B. bei Bussen, wo ja Gewicht und Volumen nicht so kritisch sind. Bild 60 zeigt einen solchen Speicher, der aus insgesamt neun Druckbehältern besteht. Er faßt 1 548 Liter gasförmigen Wasserstoff bei einem Druck von 240 bar. Dieser Speicher wird z.Zt. für einen MAN-Brennstoffzellenbus verwendet, der mit einem 120 kW-Brennstoffzellen/Elektroantrieb fährt. Bei einer Energiedichte von 2,2 MJ/Liter (240 bar) beträgt die Speicherkapazität dieses Speichers $2,2 \cdot 10^6$ x 1 548 = $3,4 \cdot 10^9$ Ws = $3,4 \cdot 10^6$ kWs. Dies entspricht einer Energiemenge von $3,4 \cdot 10^6$/3 600 = 964 kWh. Bei einer Motorleistung von 120 kW kann dieser Bus für die Dauer von 964/120 ≈ 7,9 Stunden fahren. Bei einer Durchschnittsgeschwindigkeit von 35 Stundenkilometer beträgt seine Reichweite 35 km x 7,9 = 275 km.

LH_2-Bordspeicher (Flüssigwasserstoff-Speicher)

Flüssigwasserstoff-Speicher, kurz auch LH_2-Speicher genannt, sind z.Zt. die einzigen Kandidaten für die künftigen wasserstoffbetriebenen Pkws; denn obwohl sie eine relativ aufwendige Konstruktion erforderlich machen, liegt ihr Gewicht gegenüber dem Gewicht von Druckgasspeichern (Stahlbehälter) immer noch um den Faktor 7 günstiger.

Ähnliche Verhältnisse gelten auch bei Wasserstoff-Transportfahrzeugen. Ein 40 Tonnen schwerer H_2-Transporter kann z.B. nur etwa 550 kg gasförmigen Wasserstoff (Druck: 240 bar) transportieren. Dagegen kann der gleiche Transporter immerhin 3 300 kg Flüssigwasserstoff befördern.

Die günstige Speicherkapazität von LH_2-Speichern verdeutlicht das folgende Beispiel: 1 Liter LH_2 entspricht 0,071 kg. Der erwähnte 140 Liter-Tank der BMW 750 hL-Versuchsfahrzeuge kann also eine Wasserstoffmenge von 0,071 kg x 140 ≈ 9,8 kg aufnehmen. Unter Berücksichtigung des untersten Heizwerts von 120 000 kJ/kg beträgt der Gesamtheizwert 9,8 x 120 000 kJ ≈ 1,2 · 10^9 Ws = 1,2 · 10^6 kWs. Dies entspricht einer Energiemenge von 1,2 · 10^6/3 600 = 333 kWh. Die Motorleistung der oben genannten Fahrzeuge beträgt 180 kW. Somit kann ein solches Fahrzeug mit dieser Wasserstoff-Energiemenge 333 kWh/180 kW = 1,85 Stunden lang fahren. Bei einer Durchschnittsgeschwindigkeit von 200 km, beträgt seine Reichweite 200 km x 1,85 = 370 km. Zu diesem Wert kommt man auch auf dem anschaulicheren Weg der Umrechnung über Benzin. Die 140 Liter Flüssigwasssserstoff entsprechen einer Benzinmenge von 140/3,5 ≈ 40 Liter. Unter Berücksichtigung von einem Durchschnittsverbrauch von 12 Litern pro 100 km beträgt die Reichweite des oben genannten Fahrzeugs (40/12) x 100 ≈ 350 km. Auch der folgende Berechnungsweg führt zum gleichen Ergebnis: Unter der Annahme, daß der Flüssigwasserstoff mit einem Druck von 0,1 MPa (= 1 bar) gespeichert ist, beträgt sein Heizwert 8,5 MJ/Liter. Der Gesamtheizwert des in diesem Tank gespeicherten Wasserstoffs beträgt also 140 x 8,5 · 10^6 J (Ws) ≈ 1,2 · 10^9 Ws, bzw. 333 kWh. Dieser Heizwert entspricht in der Tat dem vorher errechneten Heizwert.

Noch günstiger ist die Speicherung von LNG. Denn die Energiedichte von LNG beträgt ca. 25 MJ/Liter. Mit dem oben genannten 140 Liter-Tank kann also eine Reichweite von (25/8,5) x 333 km ≈ 980 km erreicht werden (vgl. Bild 61).

Die Vorteile von Flüssigwasserstoff müssen allerdings durch relativ komplizierte und teure Tankkonstruktionen erkauft werden. Denn tiefgekühlte Flüssigkeiten erfordern allgemein spezielle Speichereinrichtungen, sogenannte Kryostaten. Dabei handelt es sich in der Regel um metallische Doppelwandbehälter mit einer dazwischenliegenden, ausreichenden thermischen Isolierung. Um die thermischen Verluste auf einem Minimum zu halten, muß man bei der Konstruktion von solchen Speichern stets darauf achten, daß Energie weder durch Konvektion noch durch Abstrahlung verloren geht. So werden solche Behälter innen meist mit einer Multischicht-Isolierung versehen. Überdies wird der metallische innere Behälter

172

von einem weiteren Behälter ummantelt, wobei der Zwischenraum vakuumisoliert gehalten wird. Man spricht deswegen hier auch von einer Vakuum-Superisolierung.

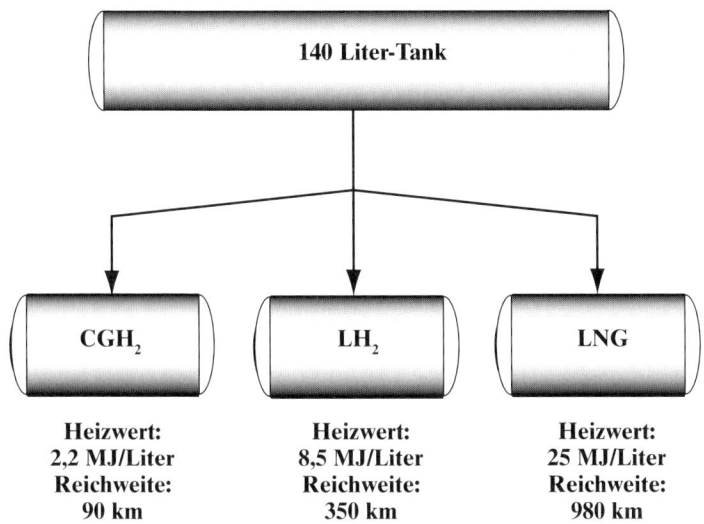

Bild 61: Mit einem 140 Liter-Bordtank, wie er z.Zt. bei den BMW 750 hL-Versuchsfahrzeugen verwendet wird, kann je nach Treibstoffart eine Reichweite zwischen etwa 90 und 1 000 km erziehlt werden.

Auch auf die Konstruktionsform von solchen Speichern muß geachtet werden, damit der an Bord von Fahrzeugen verfügbare Raum am besten genutzt wird. Wie das Bild 62 zeigt, stellt ein rechteckiger Behälter die beste Form dar. Denn alle anderen möglichen Formen sind mit „Raumverlusten" verbunden. Den ungünstigsten Fall bildet die zylindrische Form, denn damit gehen fast 50% des Raumvolumens „verloren". Auch die elliptische Form ist nicht besonders vorteilhaft; denn dadurch bleiben immer noch 22% des Raumvolumens ungenutzt. Die Ovalform kommt der Rechteckform am nächsten und wird deshalb bevorzugt. Dennoch werden z.Zt. für Pkw-Anwendungen aus fertigungstechnischen und anderen Gründen

173

Konstruktionen benutzt, die zwischen der elliptischen und der Ovalform liegen (vgl. Bild 63).

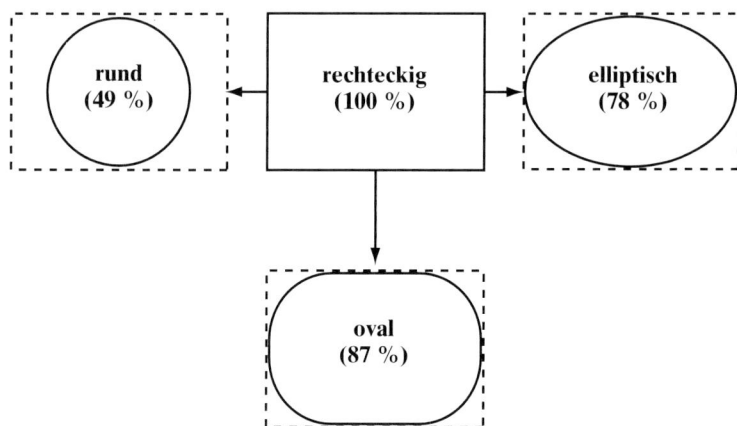

Bild 62: Konstruktionsformen für Kryostaten und die Nutzung des verfügbaren Raums an Bord von Kraftfahrzeugen. Aus Fertigungsgründen wird meistens die Ovalform gewählt, die der idealen Rechteckform am nächsten kommt.

LH_2-Speicher sind also relativ komplizierte und dadurch kostspielige Konstruktionen. Dies gilt insbesondere, wenn es sich um langzeitspeichernde Anlagen handelt. Denn hier muß eine Superisolierung verwendet werden, damit die Verdampfungsverluste auf lange Zeit möglichst gering bleiben. Dies betrifft z.B. die LH_2-Zwischenspeicher an Produktionsorten von Flüssigwasserstoff und zum Teil auch die LH_2-Bordtanks von Kraftfahrzeugen. Raketentanks dagegen sind in dieser Hinsicht unproblematisch, weil sie üblicherweise erst kurz vor dem Start der Raketen bzw. des Raumtransporters betankt werden. LH_2-Tanks, die z.Zt. bei Pkws experimentell eingesetzt werden, weisen Verluste von „nur" etwa 1% pro Tag auf. Dies bedeutet, daß ein solcher Tank innerhalb von etwa drei Monaten voll entleert wird, auch wenn das betreffende Fahrzeug still steht. Bild 64 zeigt den 140 Liter-Tank, der von der Firma Linde AG für die BMW 750 hL-Versuchsfahrzeuge entwickelt wurde. Eine mehrschichtige

Superisolierung sorgt hier für geringe Verdampfungsverluste von etwa 1% pro Tag. Diese Isolierung entspricht einer etwa 1,5 m dicken Styroporwand, obwohl die verwendete mehrschichtige Wand nicht mehr als einen Zentimeter dick ist.

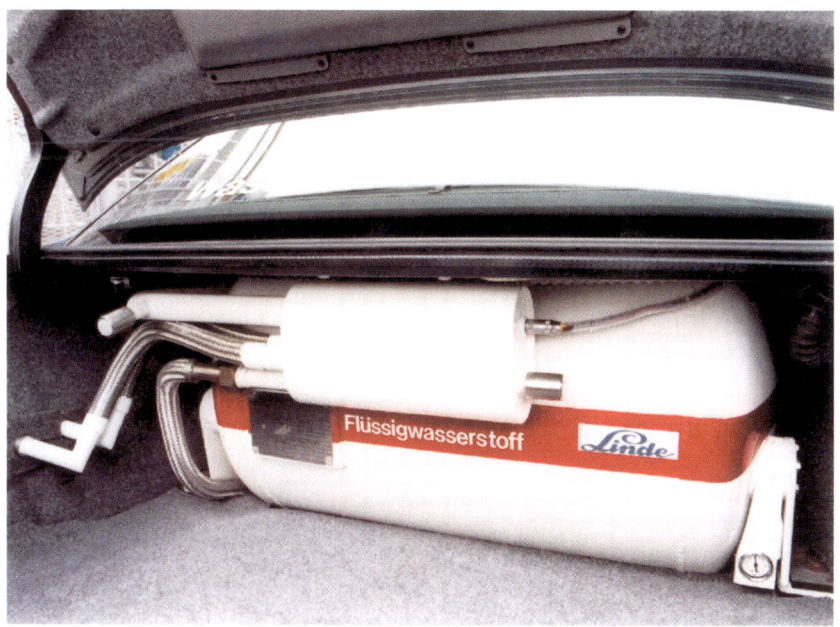

Bild 63: LH$_2$-Tank der Firma Linde AG installiert im Kofferraum eines Versuchsfahrzeugs.

Damit Verbrennungsmotoren von solchen Tanks aus mit gasförmigem Wasserstoff (+20 bis +80° C) versorgt werden können, muß der Flüssigwasserstoff erst mit Hilfe eines elektrischen Heizers (Bild 64, links unten) in den gasförmigen Zustand überführt werden. Überdies muß der gasförmige Wasserstoff permanent einen konstanten Druck haben. Hierfür können verschiedene Verfahren benutzt werden. Das klassische Verfahren, in dem kleine Flüssigwasserstoffmengen außerhalb des Tanks verdampfen und in den Tank zurückgeführt werden, funktioniert hier nicht. Grund dafür sind die

175

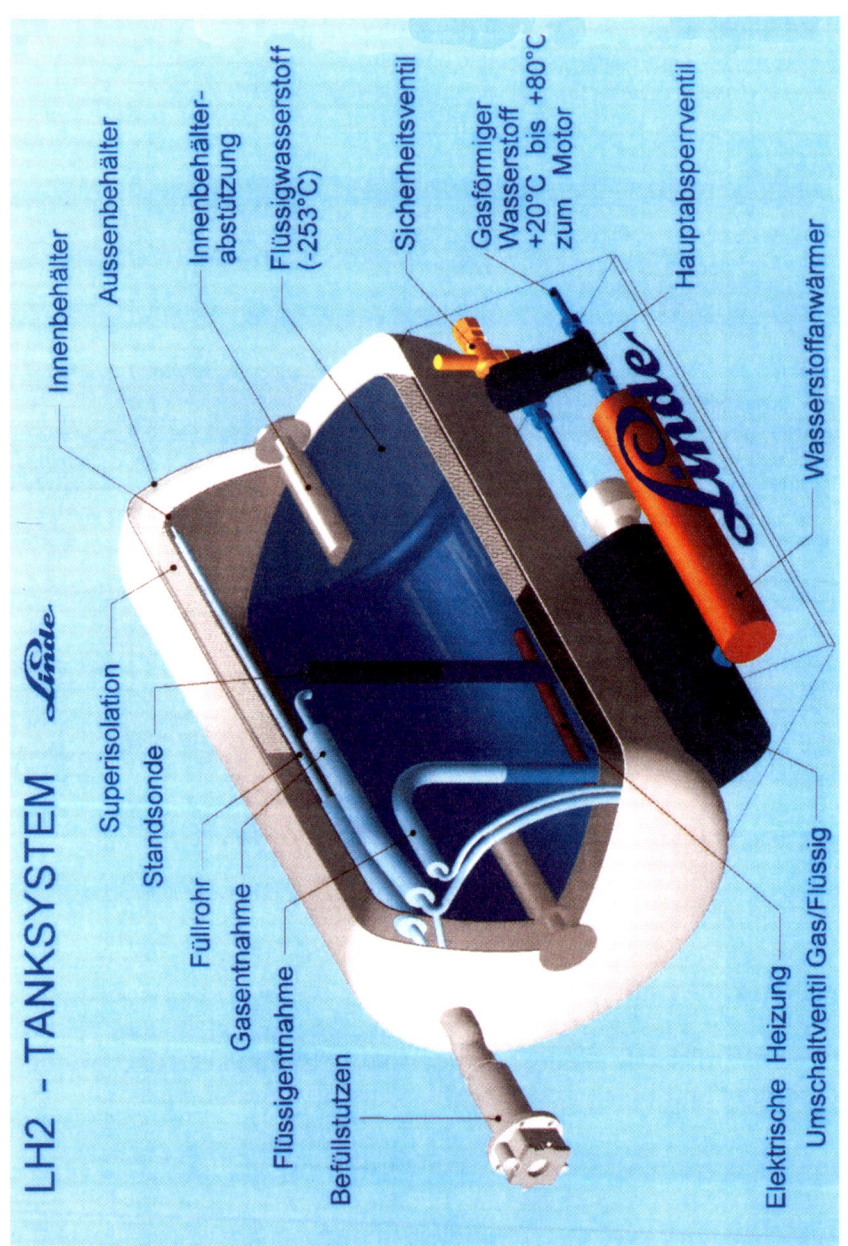

LH2 - TANKSYSTEM *Linde*

Innenbehälter

Aussenbehälter

Innenbehälter-abstützung

Flüssigwasserstoff (-253°C)

Sicherheitsventil

Gasförmiger Wasserstoff +20°C bis +80°C zum Motor

Hauptabsperrventil

Wasserstoffanwärmer

Superisolation

Standsonde

Füllrohr

Gasentnahme

Flüssigentnahme

Befüllstutzen

Elektrische Heizung

Umschaltventil Gas/Flüssig

176

relativ kleinen Zulaufhöhen und der niedrige Druck des Flüssigwasserstoffs, durch den keine ausreichende Druckdifferenz zustande kommt. Deswegen wird oft eine elektrische Heizung innerhalb des Tanks eingebaut. Dazu ist aber elektrische Energie erforderlich, die an Bord von Kraftfahrzeugen ohnehin knapp ist. Überdies wäre eine mögliche Reparatur dieser Heizung kostspielig. Sinnvoller ist deswegen, hier ein Konvektionssystem einzusetzen. Dabei strömt ein Teil des erwärmten Wasserstoffs in einer Rohrschlange zurück durch den Tank, gibt dort seine Wärmeenergie ab und erwärmt sich anschließend wieder außerhalb des Tanks. Den Antrieb für die dafür nötige Strömung liefert das Druckgefälle zwischen Tank und Verbraucher. Zahlreiche Versuche, die inzwischen u.a. auch die Firma Messer Griesheim durchgeführt hat, zeigten, daß dieses Verfahren einwandfrei funktioniert.

Messer Griesheim und vor allem Linde AG gehören zu den führenden Unternehmen, die Tanks dieser Art für die Automobilindustrie (z.B. BMW, Opel, Ford) entwickeln und liefern. Auch Air Liquide in Frankreich ist auf diesem Gebiet tätig.

Sicherheitsaspekte

Wasserstoff ist ein Energieträger, und als solcher enthält er eine gewisse Energiemenge, die genauso wie bei jedem anderen Energieträger gelegentlich auch unkontrolliert freigesetzt werden kann. Insofern birgt Wasserstoff auch Gefahren, die vor allem bei Kollisionen von Kraftfahrzeugen auftreten können.

Es ist allgemein bekannt, daß die Zündung von brennbaren Stoffen (speziell von Brenngas-Luft-Gemischen) stets Explosionsenergie freisetzt. Daraus entsteht eine Druckwelle mit Zerstörungsfolgen. Der theoretische Wert der Zerstörungsenergie von Brenngasen wird

Bild 64: (Seite 176) Innenaufbau des 140 Liter-LH$_2$-Tanks der Firma Linde AG, der z.Zt. bei den BMW 750 hL-Versuchsfahrzeugen eingesetzt wird.

177

meistens in äquivalenten Mengen Trinitrotoluol (TNT) angegeben, genauso wie bei Bomben jeglicher Art. Das Zerstörungspotential von Autotanks bleibt im Rahmen; denn diese Tanks enthalten keine allzu großen Treibstoffmengen. Dennoch kann die Explosion von H_2-Tanks genauso wie die Explosion von Benzintanks zu Schäden führen. Der Wasserstoff liegt aber diesbezüglich viel günstiger als Methan oder Propan. Dennoch bleibt die Schadensgefahr stets vorhanden; und gerade deswegen führt man seit langem Versuche durch, um entsprechende praktische Erfahrungen zu sammeln. Dabei werden Autounfälle simuliert sowie Wasserstofftanks im ein-

| Feuer | mechanische Beschädigung | exzessiver Tankdruck (Blockade von allen Sicherheitsventilen) |

Bild 65: Wasserstofftanks von Pkws werden z.Zt. auf Herz und Nieren getestet, um ihr Zerstörungspotential im Falle von Autounfällen herauszufinden.

zelnen entsprechend getestet. Bild 65 zeigt drei derarige Testversuche, bei denen die Fälle des Feuers, der mechanischen Beschädigung und des technischen Versagens (Blockade aller Sicherheitsventile) getestet wurden.

178

Die bisherigen Ergebnisse von diesen und ähnlichen Tests haben erfreulicherweise gezeigt, daß Wasserstoff gegenüber anderen Brennstoffen nicht ungünstiger liegt. Im Gegenteil: Die Tatsache, daß Wasserstoff etwa 14mal leichter als die Luft ist, führt dazu, daß die entstehenden Flammen im Falle eines Brandes stets nach oben getrieben werden, wodurch ein Flächenbrand weitgehend vermieden wird. Wasserstoff ist also auch bei Unfällen auf jeden Fall nicht gefährlicher als andere Treibstoffe wie Benzin oder Diesel. Piechs jüngste Äußerungen (SZ v. 7./8. April 2001) dürfen deswegen nur als indirekte Unterstützung der „Methanol-Philosophie" interpretiert werden.

Pkw- und Bus-Pilotprojekte

Die meisten Automobilhersteller sind, wie erwähnt, seit langem dabei, das „Auto der Zukunft" zu entwickeln; und im Rahmen dieses lang angelegten Ziels scheuen sie keinen Aufwand, um den eigenen Vorsprung auf den Weltmärkten zu sichern. Insofern ist es nicht verwunderlich, wenn die breite Öffentlichkeit des öfteren mit entsprechenden Meldungen über wasserstoffbetriebene Fahrzeuge konfrontiert wird. Die nachstehenden Ausführungen vermitteln einen kurzen Überblick darüber.

BMW

Die Firma BMW präsentiert z.Zt. eine Flotte von 15 wasserstoffbetriebenen Fahrzeugen (BMW 750 hL), die nahezu unter serienmäßigen Fertigungsbedingungen gebaut wurden (vgl. Bild 66).

Die Entwicklungsgeschichte dieser Fahrzeuge reicht mehr als 20 Jahre zurück, d.h. in das Jahr 1979, als BMW zusammen mit der DVLR (**D**eutsche **V**ersuchsanstalt für **L**uft- und **R**aumfahrt, heute DLR, **D**eutsches **L**uft- und **R**aumfahrtzentrum) in Oberpfaffenhofen das erste experimentelle wasserstoffbetriebene Fahrzeug entwickelte; und weil niemand mit diesem Auto „normal" reisen mußte, wurde für die Installation des LH_2-Tanks der Kofferraum in Anspruch genommen. Als Basis für dieses Fahrzeug wurde ein 2,0 Liter BMW 520 benutzt, der sowohl mit Benzin als auch mit Wasserstoff angetrieben werden konnte. Seine Höchstgeschwindigkeit betrug 140 Stundenkilometer.

Im Jahr 1984 folgte ein weiteres Modell – ein BMW 745i turbo, mit einem 3,5 Liter-Sechszylinder-Motor, der ebenfalls mit Wasserstoff und Benzin angetrieben werden konnte. Sein LH_2-Tank nahm fast den ganzen Kofferraumplatz in Anspruch. Dieses Fahrzeug, ebenfalls in Zusammenarbeit mit der DLR entwickelt, konnte eine Höchstgeschwindigkeit von etwa 185 Stundenkilometern erreichen.

Vier Jahre später, im Jahre 1988, entwickelte BMW – diesmal im Alleingang – einen BMW 735i, der genauso wie die früheren Modelle sowohl mit Wasserstoff als auch mit Benzin angetrieben werden konnte. Dieses Fahrzeug – das erste Fahrzeug übrigens ohne Wasserinjektion – konnte eine Höchstgeschwindigkeit von etwa 180 Stundenkilometern erreichen. Der LH_2-Tank stammte von der Firma Linde AG.

Auf der Basis dieser Erfahrungen entstand 1999 die bereits erwähnte Flotte von 15 BMW 750 hL-Versuchsfahrzeugen (vgl. Bild 66). Diese Fahrzeuge können ebenfalls sowohl mit Wasserstoff als auch mit Benzin angetrieben werden. Der verwendete 5,4 Liter-V12-Motor erreicht eine Höchstgeschwindigkeit von 226 Stundenkilometern. Die Beschleunigungszeit von 0 auf 100 km beträgt 9,6 Sekunden und die Reichweite etwa 350 km. Ein eingebauter 95 Liter-Benzintank sorgt für eine zusätzliche Reichweite von etwa 600 km. Mit der oben genannten Flotte startete BMW Anfang 2001 die Aktion „Clean Energy World Tour 2001", die von Dubai über Brüssel, Mailand, Tokyo im Sommer 2001 nach Los Angeles führte.

Bild 66: (Seite 181) Die 15 wasserstoffbetriebenen BMW 750 hL-Versuchsfahrzeuge geparkt vor dem Brandenburger Tor in Berlin. Damit konnte BMW als weltweit erster Automobilhersteller demonstrativ zeigen, daß wasserstoffbetriebene Fahrzeuge bereits heute Realität sind.

180

Damit demonstrierte BMW werbewirksam seine Entschlossenheit, die künftige Mobilität in Verbindung mit Wasserstoff zu bringen – eine begrüßenswerte Initiative. Ich hatte Gelegenheit, am 21./22. März 2001 der Mailand-Veranstaltung beizuwohnen und intensive Gespräche mit mehreren der dort für Umweltfragen Zuständigen zu führen. Das Engagement ist tatsächlich groß. Mailand will bald seine erste H_2-Tankstelle eröffnen.

Bild 67: Das wasserstoffbetriebene Modell P 2000 der Firma Ford.

Ford

Ford als traditionsreicher Automobilhersteller ist selbstverständlich auch dabei, wasserstoffbetriebene Fahrzeuge zu entwickeln. Denn auch dieser Autohersteller will ab 2004 ein serienreifes H_2-Auto anbieten. So verkündete William Clay Ford jr., Präsident der Ford Motor Company, im Juni 1999 in Aachen folgendes:

182

„Wir halten die Brennstoffzellentechnik für sehr vielversprechend und wir werden dieses Versprechen bei der nächsten Generation von Familienautos einlösen. Wir planen, im Jahr 2004 eine Version des Brennstoffzellenautos in Produktion zu haben".

Im Vergleich zu den anderen Automobilherstellern ist Ford aber bisher mit einem relativ kleinen Beitrag dabei; denn das Unternehmen hat bisher nur ein Fahrzeug, das P 2000-Modell (vgl. Bild 67), vorgestellt, das mit gasförmigem Wasserstoff angetrieben wird. Überdies ist seine Reichweite relativ klein. Eine Flüssigwasserstoff-Version ist aber auch geplant.

Die Hauptkenndaten des P 2000-Modells lauten wie folgt: Höchstgewicht: 1 514 kg; Höchstgeschwindigkeit: 145 km/h; Länge: 4 747 mm; Beschleunigung (0 – 96 km/h): 14,0 Sekunden; Platz: 5 Personen.

Am 9. März 2001 gab Ford bekannt, daß das Unternehmen in drei Jahren die ersten brennstoffzellenbetriebenen Autos vom Band rollen lassen will. Dabei handelt es sich aber um eine kleine Serie des Ford Focus FCV-Modells (**F**uel **C**elle **V**ehicle). Damit können die künftigen Kunden die neue Technologie in Probefahrten testen. Eine Serienproduktion sei vor 2010 nicht geplant.

Opel

Opel hat ebenfalls ein wasserstoffbetriebenes Fahrzeug, das Modell „HydroGen 1", präsentiert (vgl. Bild 68). Zusammen mit GM (**G**eneral **M**otors) gründete Opel im Jahr 1998 das GAPC-Zentrum (**G**lobal **A**lternative **P**ropulsion **C**enter) mit Standorten in Deutschland und den USA, das die Aktivitäten von Mutter und Tochter auf diesem Sektor bündelt.

Das 1 575 kg schwere „HydroGen 1"-Modell ist ein fünfsitziger Prototyp und wird von einem 75 kW Brennstoffzellen/Elektroantrieb angetrieben. Die LH_2-Tankkapazität beträgt 75 Liter (5 kg). Das Fahrzeug schafft damit eine Reichweite von etwa 400 km. Dieser Wert läßt sich leicht wie folgt abschätzen. Die in diesem Tank gespeicherte Energie beträgt 2,35 kWh x 75 = 176 kWh. Somit kann

HydroGen1
HydroGen1
GG FC 205

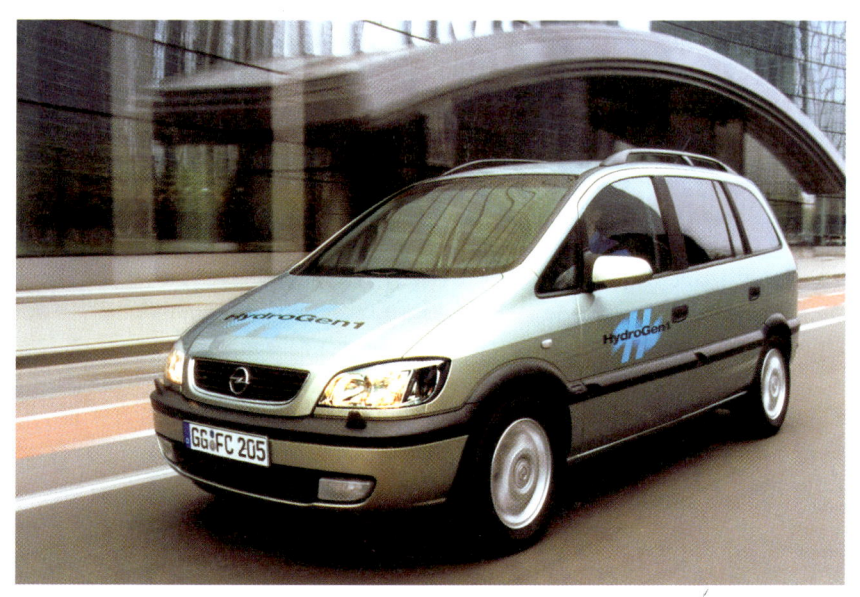

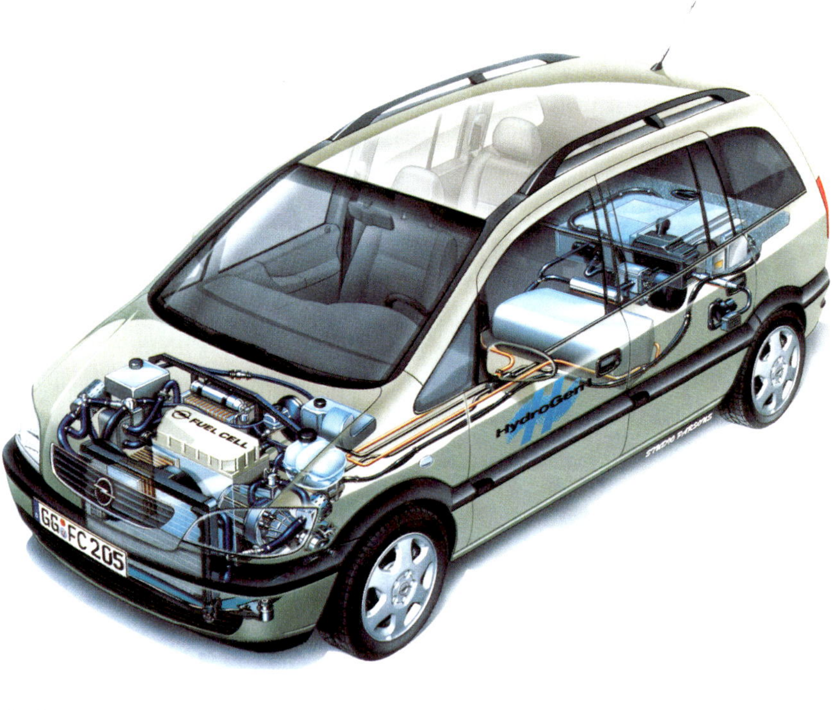
FUEL CELL
HydroGen1
GG FC 205
STUDIO PARSONS

dieses Fahrzeug für die Dauer von176/75 = 2,35 Stunden fahren. Bei einer Durchschnittsgeschwindigkeit von 140 Stundenkilometer beträgt seine Reichweite 2,35 x 140 km ≈ 330 km.

Der Brennstoffzellen-Stack dieses Modells besteht aus 200 Einzelbrennstoffzellen, die seriell geschaltet sind. Dadurch entsteht eine Spannung zwischen 125 und 200 Volt. Dieser, im vorderen Teil installierte Stack (vgl. Bild 68, unten) hat eine Länge von 590 mm, eine Breite von 270 mm und eine Höhe von 500 mm.

Opel will bis 2004 das erste Versuchsmodell ausliefern und zwar zum Preis eines vergleichbaren Dieselautos mit Automatikgetriebe. Als Treibstoff wird Flüssigwasserstoff verwendet.

Toyota

Die Firma Toyota setzt (wie DaimlerChrysler) auf das Methanolauto. Parallel dazu entwickelt sie aber sowohl ein reines Elektro- als auch ein Hybridauto (Benzinmotor/Elektroantrieb). Bild 69 zeigt das Methanolauto FCEV. Bei diesem Pkw handelt es sich um ein 3,98 m langes, 1 695 kg schweres Modell, das mit einer 25 kW-Brennstoffzelle und einem Elektromotor angetrieben wird. Die Methanolreformierung übernimmt ein Methanol-Bordreformer. Die Reichweite dieses Fahrzeugs beträgt etwa 500 km.

DaimlerChrysler

Die Firma DaimlerChrysler verfolgt z.Zt. eine Doppelstrategie. Sie entwickelt sowohl ein wasserstoffbetriebenes als auch ein methanolbetriebenes Fahrzeug. In beiden Fällen wird ein Brennstoffzellen/Elektroantrieb eingesetzt, obwohl früher auch der wasserstoffbetriebene Verbrennungsmotor entwickelt und erprobt wurde.

Bild 68: (Seite 184) Das wasserstoffbetriebene Opel-Modell „HydroGen 1".

185

Als Basis für die neuen Fahrzeuge dient die NECAR-Reihe (**N**ew **E**lectric **Car**), die inzwischen ihre fünfte Generation erlebt. Auch ein wasserstoffbetriebener Bus mit der Bezeichnung „NEBUS" (**N**ew **E**lectric **Bus**) wird entwickelt.

Die Entwicklung der NECAR-Reihe begann im Jahre 1994 mit dem Kleintransporter NECAR 1. Dieses Fahrzeug war mit einer 50 kW-Brennstoffzelle ausgerüstet, die aus 12 Stacks bestand und eine relativ kleine Energiedichte von 21 kg/kW hatte. Die Betriebsspannung betrug 230 Volt.

Bild 69: Das methanolbetriebene Fahrzeug FCEV der Firma Toyota. Mit einer 25 kW-Brennstoffzelle und einem Elektroantrieb erreicht dieses Fahrzeug eine Reichweite von etwa 500 km.

Zwei Jahre später, im Jahr 1996, folgte das Modell NECAR 2, das ebenfalls mit einer 50 kW-Brennstoffzelle ausgerüstet war. Diese Brennstoffzelle bestand aber aus nur 2 Stacks und hatte eine viel günstigere Energiedichte von 6 kg/kW. Damit konnte eine erhebli-

186

che Gewichtsersparnis erreicht werden. Die Betriebsspannung dieser Brennstoffzelle betrug 280 Volt.

Die nächste Generation, das Modell NECAR 3 aus dem Jahr 1997, war ein methanolbetriebenes Fahrzeug. Statt Wasserstoff wurde die 50 kW-Brennstoffzelle also mit Methanol versorgt. Ein Methanol-Bordreformer wandelte etwa 98% des Methanols in Wasserstoff um. Damals war diese Kombination weltweit das erste System dieser Art. Die ebenfalls aus zwei Stacks bestehende Brennstoffzelle hatte eine Betriebsspannung von 300 V. Mit dem NECAR 3 ging DaimlerChrysler also zu der von vielen Energieexperten umstrittenen „Methanol-Philosophie" über.

Bild 70: Das wasserstoffbetriebene NECAR 4-Modell der Firma DaimlerChrysler.

Inzwischen ist auch das Modell NECAR 4 (vgl. Bild 70) vorgestellt worden, kein methanol- sondern ein wasserstoffbetriebenes Fahr-

187

zeug. Die aus zwei Stacks bestehende Brennstoffzelle hat bei einer Betriebsspannung von 230 V eine Leistung von 70 kW.

Das Nachfolgemodell NECAR 5, das im Jahr 2000 präsentiert wurde, ist wieder ein methanolbetriebenes Fahrzeug. Damit wird die Doppelstrategie von DaimlerChrysler erneut bestätigt. Ferdinand Danik, Leiter des Projekthauses Brennstoffzelle, faßt diese Strategie wie folgt zusammen:

„Mit den beiden Konzepten Methanol und Wasserstoff verfolgt DaimlerChrysler zwei zukunftsträchtige Optionen für umweltverträgliche Fahrzeuge mit Brennstoffzellenantrieb, die sich an unterschiedliche Kundenanforderungen anpassen lassen".

Ist damit alles gesagt? Experten meinen, DaimlerChrysler will das Geschäft mit dem H_2-Verbrennungsmotor doch nicht allein der Konkurrenz in München überlassen.

Wasserstoffbetriebene Busse

Nicht nur Pkw, sondern auch Busse und andere Nutzfahrzeuge können mit Wasserstoff angetrieben werden. Den Weg in diese „Wasserstoff-Welt" versuchen inzwischen mehrere Pilotprojekte zu ebnen. Automobilhersteller in Zusammenarbeit mit anderen relevanten Firmen haben inzwischen mehrere wasserstoffbetriebene Busse und Nutzfahrzeuge entwickelt, die laufend erprobt werden. In Erlangen fährt z.B. seit 1996 ein wasserstoffbetriebener Bus. Andere Städte wie Chicago und Oslo erproben ebenfalls wasserstoffbetriebene Busse.

Im Rahmen des EQHHPP-Projekts (**E**uro **Q**uebec **H**ydro **H**ydrogen **P**ilot **P**roject) entwickelte die Firma MAN einen Stadtbus, der sowohl mit Flüssigwasserstoff als auch mit Benzin angetrieben werden kann. Der Motor dieses Busses ist aus einem Serien-Erdgasmotor mit 12 Liter Hubraum entstanden und mit zwei voneinander unabhängig getriebenen Gemischbildungssystemen ausgerüstet. Für jeden Zylinder steht also sowohl ein Wasserstoff-Einblas- als auch ein Benzin-Einspritzventil zur Verfügung. Der Motor hat eine Leistung von 170 kW (Benzinbetrieb) bzw. 140 kW (Wasserstoffbetrieb), die sich bei einer Drehzahl von 2 200

188

Umdrehungen pro Minute entfaltet. Für den LH_2-Betrieb wird ein superisolierter Bordspeicher verwendet, der zwischen Vorder- und Hinterachse der Karosserie installiert ist. Er besteht aus drei baugleichen Teilen, die mit Hilfe von vakuumisolierten Schlauchleitungen seriell miteinander verbunden sind. Seine Speicherkapazität beträgt 570 Liter Flüssigwasserstoff, die eine Reichweite von etwa 200 km gewährleisten. Dieser Tank ist aus rostfreiem Stahl hergestellt und doppelwandig ausgeführt.

Aus Sicherheitsgründen ist dieser Bus mit Wasserstoffsensoren ausgerüstet. Spricht einer dieser Sensoren an, wird der Wasserstoff-Bordspeicher automatisch abgeschaltet. Gleichzeitig öffnen sich automatisch die Dachluken des Busses, damit der ausgetretene Wasserstoff entweichen kann.

Ein weiteres relevantes Projekt ist die Kalifornische Brennstoffzellen-Partnerschaft, kurz CaFCP (**Ca**lifornia **F**uel **C**ell **P**artnership)

Bild 71: Das Projekt „Bayern-Bus II" der Firma Proton Motor GmbH.

genannt. Diese Partnerschaft hat zum Ziel, in Kalifornien zwischen 2000 und 2003 eine Flotte von 45 Pkw und Bussen mit Brennstoffzellen/Elektroantriebssystemen zu erproben.

Interessant ist auch das Projekt „Bayern-Bus II" der Firma Proton Motor GmbH. Bild 71 zeigt diesen Bus. Es handelt sich um einen Zweiachs-Niederflurbus des Typs N 8012 der Firma Neoplan. Er verfügt über eine selbsttragende Karosserie aus kohlefaserverstärktem Kunststoff (CFK) mit einer Länge von 10,6 m und einer Breite von 2,50 m/2,59 m (Fahrgastzelle). Darin sind 33 Sitzplätze untergebracht. Bei der Brennstoffzelle handelt es sich um einen PEM-Typ mit 18 GZ41-Stacks, die mit einem Gewicht von 210 kg eine Spannung von 400 Volt und eine Leistung von 80 kW zustande bringen. Das komplette Antriebssystem, d.h. Brennstoffzelle und Elektroantrieb, stammt von der Firma Proton Motor GmbH. Der Bord-CGH$_2$-Speicher besteht aus 4 Behältern mit einem Volumen von je 150 Litern und einem Gesamtgewicht von 185 kg. Der Radantrieb erfolgt durch eine Kombination von Elektromotor und Elektrogenerator. Als Motor treibt er den Bus und als Generator wirkt er wie eine Bremse. Die dabei erzeugte elektrische Energie wird in einem magnetdynamischen 140 kW-Speicher gespeichert und steht den Elektromotoren beim Beschleunigen zur Verfügung. Diese Motoren sind permanent erregte Synchronmotoren, die eine Leistung von 70 kW pro Rad aufbringen.

Ein weiteres Projekt ist der „MAN-Brennstoffzellen-Stadtbus" (vgl. Bild 72), der in München seit Mai 2001 probeweise fährt. Dieses Gemeinschaftsprojekt der Firmen MAN, Siemens und Linde AG unter Federführung der Ludwig Bölkow Systemtechnik wird vom Bayerischen Staat gefördert. Als Basisfahrzeug dient ein Niederflurbus NL 263 der Firma MAN. Seine Länge beträgt 12 m, sein Gewicht 18 Tonnen. Bei der Brennstoffzelle handelt es sich um einen PEM-Typ der Firma Siemens (vgl. Bild 73). Sie besteht aus 4 Stacks, die bei einer Betriebsspannung von ca. 400 V eine elektrische Leistung von 120 kW zusammen zustande bringen. Der elektrische Antrieb geschieht durch zwei Asynchronmotoren mit je 75 kW (max.) Leistung. Sie werden ohne Zwischenstromspeicherung direkt von der Brennstoffzelle versorgt. Der CGH$_2$-Bordspeicher besteht aus 9

190

Druckbehältern. Er faßt 1 550 Liter Wasserstoff bei einem Druck von 200 bar. Dies entspricht einer Wasserstoffmenge von 1 550/60 ≈ 26 kg_{H_2}. Dies wiederum entspricht einer äquivalenten Dieselmenge von etwa 100 Liter. Bei einem Durchschnittsverbrauch von etwa 35 Liter pro 100 km beträgt die Reichweite dieses Busses (100/35) x 100 km ≈ 285 km.

Bild 72: Der „MAN-Brennstoffzellen-Stadtbus" der zwischen Oktober 2000 und April 2001 in Nürnberg und Erlangen gefahren wurde. Seit Mai 2001 fährt er probeweise in München.

Inzwischen befindet sich ein weiterer solcher Bus im Bau. Bei diesem Fahrzeug wird aber eine Brennstoffzelle der Firma Air Liquide und ein Flüssigwasserstoffspeicher der Firma Linde AG eingesetzt. Dieser Bus soll bald zum Probeeinsatz in Berlin, Kopenhagen und Lissabon kommen.

Ein weiteres Pilotprojekt dieser Art hängt mit der Wasserstoff-Tankstelle am Flughafen München zusammen. Dort fahren nämlich

191

Bild 73: Die 120 kW-Brennstoffzelle der Firma Siemens, die beim „MAN-Brennstoffzellen-Stadtbus"-Projekt bereits eingesetzt wurde.

zwei MAN-Gelenkbusse und ein Neoplan-Gelenkbus, die mit gasförmigem Wasserstoff angetrieben werden. Als Antrieb dient ein wasserstoffbetriebener 6 Zylinder-Motor mit einer Leistung von 140 kW (MAN H 2866). Der CGH_2-Bordspeicher besteht aus sechs Behältern mit je 172 Litern Speicherkapazität. Die Gesamtkapazität

192

beträgt somit 2 580 Liter. Bei einem Druck von 250 bar beträgt die gespeicherte Energie etwa 0,5 kWh x 2 580 = 1 290 kWh. Mit dieser Energiemenge kann jeder der beiden Busse für die Dauer von 1 290/ 140 = 9,2 Stunden fahren. Bei einer Durchschnittsgeschwindigkeit von 20 Stundenkilometer beträgt die Reichweite 9,2 x 20 km = 184 km.

Die Betankung dieser Busse erfolgt über eine Zapfsäule manuell. Dabei wird eine Schlauchleitung inklusive Füllstutzen an den Bordspeicher angeschlossen und verriegelt. Damit der automatische Füllvorgang startet, muß vorher eine Tastvorrichtung (Hebel) manuell betätigt werden. Dadurch öffnet sich das Hauptventil der Zapfsäule, wodurch der Wasserstoff in den Bordspeicher einströmt. Ein Durchflußmeßgerät an der Zapfsäule überwacht die Gasströmung. Eine elektronische Anzeige zeigt die abgegebene Gasmenge (kg) sowie den Preis an.

Wasserstoff-Antriebskonzepte im Vergleich

Die bisherigen Ausführungen haben deutlich gemacht, daß Wasserstoff als Energieträger im wesentlichen akzeptiert wird. Dies gilt auch für den Bereich der Automobilindustrie; und gerade deswegen arbeiten fast alle Automobilhersteller daran, wasserstoffbetriebene Fahrzeuge so schnell wie möglich serienmäßig anzubieten. Die Meinungen über das „richtige" Antriebssystem gehen aber nach wie vor recht weit auseinander. Dabei steht an erster Stelle die prinzipielle Frage, ob eine heiße oder eine „kalte" Verbrennung die beste Lösung sei. An zweiter Stelle steht die Methanol-Frage. Während z.B. die Firma BMW als einziger Pkw-Hersteller die heiße Verbrennung favorisiert, sind andere Automobilhersteller dabei, der „kalten" Verbrennung den Vorzug zu geben, d.h. Fahrzeuge mit Brennstoffzellen/ Elektroantriebssystemen zu entwickeln. DaimlerChrysler verfolgt ebenfalls die „Philosophie" der „kalten" Verbrennung, und zwar sowohl über den „Wasserstoff-" als auch über den „Methanolweg". Somit wird der Autofahrer bald vor der Entscheidung stehen, die eine oder die andere Technik zu wählen.

Jeder der genannten Automobilhersteller hat sicherlich gründlich überlegt, warum er sich für die eine oder andere Antriebskonzeption entschieden hat. Dennoch stellt sich die Frage, ob sich für die von ihm gewählte Antriebskonzeption letzten Endes auch der Autofahrer entscheiden wird. Dies gilt insbesondere für den Brennstoff Methanol. Methanol ist hierzulande als „giftig" eingestuft. Es greift, wie gesagt, das Nervensystem an und ist deswegen für die menschliche Gesundheit nicht ungefährlich. Durch das z.Zt. herrschende Selbstbedienungsprinzip an den Tankstellen kommt der Autofahrer also bei jeder Betankung direkt mit dem Methanol in Berührung; gerade deswegen ist es fraglich, ob die für die Errichtung von Methanoltankstellen nötigen Genehmigungsverfahren problemlos über die Bühne gehen werden. Was die Produktion und den Transport von Methanol angeht, ist im BP-Buch *Das Buch vom Erdöl* folgendes zu lesen: „Erzeugung und Transport von Methanol als Energielieferant sind bisher noch nicht über das Versuchsstadium hinausgelangt." Auch die Reformierung von Methanol an Bord von Fahrzeugen ist nicht unproblematisch. Damit die betreffende Brennstoffzelle mit Wasserstoff versorgt werden kann, muß das an Bord mitgeführte Methanol zunächst reformiert werden. Dabei entstehen sowohl Kohlendioxid (CO_2) als auch Kohlenmonoxid (CO); letzteres ist problematisch, weil sein Anteil für die Brennstoffzelle im Vergleich zum Wasserstoff weniger als 10 ppm betragen muß. Der durch die Reformierung von Methanol gewonnene Wasserstoff muß mit anderen Worten hochgereinigt werden. Der Methanolweg wird zumindest hierzulande einige Stolpersteine haben. In Entwicklungsländern dürfte er dagegen weniger problematisch sein. Inwieweit Daimler-Chrysler angesichts dieser Situation an eine Mischkalkulation gedacht hat, ist nicht bekannt. Dennoch gehe ich davon aus, daß DaimlerChrysler und die anderen Automobilhersteller, die sich für die „Methanolphilosophie" in Kombination mit der „kalten" Verbrennung entschieden haben, lange darüber nachgedacht haben. Fehlentscheidungen sind trotz allem nie auszuschließen – auch wenn sie kollektiver Art sind, nicht.

Was die Konkurrenz zwischen „kalter" und heißer Verbrennung angeht, scheint die Situation etwas klarer zu sein. Denn die noch

194

fehlende Wasserstoff-Tankstellen-Infrastruktur wirkt sich bei der Konzeption der heißen Verbrennung sicher weniger problematisch aus. Grund dafür ist, daß BMW den Bivalentbetrieb gewählt hat: Per Knopfdruck kann also von H_2-Betrieb auf Benzinbetrieb umgestellt und so lange gefahren werden, bis die nächste H_2-Tankstelle erreicht ist. Dennoch wird der Brennstoffzellen/Elektroantrieb nicht chancenlos sein. Dies gilt insbesondere für Ballungsgebiete, wo die ersten H_2-Tankstellen höchstwahrscheinlich eingerichtet werden. Insofern darf man zumindest zu Beginn der Wasserstoffauto-Ära mit einer Koexistenz der beiden Antriebssysteme rechnen. Dabei neige ich zu der Meinung, daß der Brennstoffzellen/Elektroantrieb den Stadtbereich und der H_2-Verbrennungsmotor den Autobahnbereich erobern wird. Dieses Szenario ist im übrigen auch energiemäßig günstig; denn die erstgenannte Antriebsart erreicht beim Teiltest und die zweite beim Volltest ihre besten Effektivitätswerte.

Wasserstoff-Tankstellen-Infrastruktur

Damit es für wasserstoffbetriebene Fahrzeuge überhaupt zu einer signifikanten Verbreitung kommen kann, ist u.a. auch eine entsprechende H_2-Tankstellen-Infrastruktur erforderlich; und eine solche Infrastruktur läßt sich verständlicherweise nicht von heute auf morgen aufbauen. Vielmehr bedarf es einer über mehrere Jahre andauernden Vorbereitungsphase, die nicht nur mit organisatorischen, sondern auch mit ökonomischen und vor allem rechtlichen Problemen verbunden ist. Allein schon die Genehmigungswege, die hierfür erforderlich sind, laufen durch mehrere Instanzen. Pilotprojekte wie das EIHP-Projekt (**E**uropean **I**ntegrated **H**ydrogen **P**roject), das von der EU gefördert wird, sollen nun dazu beitragen, daß die nötigen Genehmigungsgrundlagen eine EU-weite Harmonisierung erfahren.

Auch Japan ist in der Wasserstoff-Tankstellen-Infrastruktur aktiv. In einem langfristig angelegten Förderprogramm wird z.Zt. im Land der aufgehenden Sonne die gesamte künftige Wasserstoff-Infrastruktur generell vorbereitet, wobei der Bereich der Wasserstoff-Tankstellen einen wesentlichen Teil des Programms einnimmt.

Automobilhersteller und Mineralölindustrie, die ja am stärksten an einer Wasserstoff-Tankstellen-Infrastruktur interessiert sind, vertreten die Auffassung, daß die Etablierung einer solchen Infrastruktur eine grundlegende Aufgabe ist, die die ganze Bevölkerung eines Landes angeht; und deswegen muß auch die öffentliche Hand Hilfe leisten. Man erinnere sich in diesem Zusammenhang an die Verordnung der Bundesregierung von 1986, die damals mindestens eine Zapfsäule für bleifreies Benzin an jeder Autobahntankstelle festlegte. Die Wasserstoff-Tankstellen-Infrastruktur ist aber wesentlich komplizierter als die Einführung bleifreien Benzins. Sie bedarf deswegen intensiverer Aktivitäten, die sich nicht nur auf Verordnungen beschränken können. Hier müssen auch öffentliche Gelder bereitgestellt werden.

In der Bundesrepublik Deutschland werden die Kraftfahrzeuge derzeit mit Benzin und Dieselkraftstoff über ein Netz von 17 066 Tankstellen versorgt. Diese Infrastruktur ist bekanntlich nicht von heute auf morgen entstanden und hat auch nicht wenig gekostet. Bis eine einigermaßen befriedigende H_2-Tankstellen-Infrastruktur etabliert ist, werden mehrere Jahre vergehen, und es werden auch Investitionen in Milliardenhöhe erforderlich sein. All dies betrifft die rechtliche und die finanzielle Seite der Gesamtproblematik. Doch auch auf der technischen Seite ist eine Reihe von Schritten erforderlich, damit eine solche Infrastruktur reibungslos funktionieren kann. Aufgrund der bisherigen Überlegungen steht fest, daß die künftigen Wasserstoff-Tankstellen in der Lage sein müssen, sowohl gasförmigen als auch flüssigen Wasserstoff anzubieten. Die bereits gesammelten Erfahrungen zeigen, daß gasförmiger Wasserstoff von jedem Autofahrer problemlos selbst manuell getankt werden kann. Der gasförmige Wasserstoff wird mit dafür geeigneten Trailern geliefert und in Druckbehältern bei den Tankstellen zwischengela-

Bild 74: (Seite 197) Minimale LH_2-Tankstellen-Infrastruktur im Falle von München. Mit insgesamt fünf Tankstellen könnte in München das H_2-Tankproblem „zufriedenstellend" gelöst werden.

196

gert. Die Selbstversorgung mit Hilfe eines Elektrolyseurs, wie im Falle der Tankstelle am Flughafen München, wird vorerst die Ausnahme sein. Diese Versorgungsart bleibt aber eine Option, die später sowohl für einzelne wie auch für Gruppen von CGH_2-Tankstellen realisiert werden kann. Die dafür nötige elektrische Energie wird, wie im Falle der Tankstelle am Flughafen München, zunächst aus dem öffentlichen Stromnetz entnommen. Versionen der nahen Zukunft, insbesondere in Küstengebieten, können u.a. auch auf Windenergie zurückgreifen. Damit wäre Solarwasserstoff gewonnen und zugleich eine gewisse Unabhängigkeit sowohl vom Strom als auch von den Ölversorgern geschaffen. Diese Variante ist zwar schon heute realisierbar, aus Kostengründen hat sie jedoch derzeit keine Aussicht auf Einführung.

Was die Flüssigwasserstoff-Version angeht, so sind die Vorstellungen der Experten einhellig. Die sehr niedrige Temperatur von $-253°$ C ist kein Hindernis für eine manuelle Betankung. Insofern ist die Wasserstoff-Tankstelle am Flughafen München mit ihrer automatischen LH_2-Betankung eine Ausnahme. Die Entscheidung für diese Version entstand zu einer Zeit, als die manuelle LH_2-Betankung technisch noch nicht ausgereift war. Neu entwickelte LH_2-Kopplungseinrichtungen erleichtern inzwischen die manuelle LH_2-Betankung erheblich.

Die Versorgung der Tankstellen mit Flüssigwasserstoff wird auch künftig mit speziellen Trailern geschehen. Denn LH_2-Pipeline-Netze werden auch künftig nur in Sonderfällen eingesetzt.

Nun stellt sich hier die konkrete Frage: Wie soll eine minimale Wasserstoff-Tankstellen-Infrastruktur aussehen, damit die Verbreitung von wasserstoffbetriebenen Fahrzeugen unterstützt wird? Hier muß man zunächst zwischen dem Regional- und dem Fernverkehr unterscheiden. Solange wasserstoffbetriebene Fahrzeuge als Zweitwagen, z.B. innerhalb einer Großstadt wie Berlin, Hamburg oder München eingesetzt werden, reicht zuerst eine Minimal-Tankstel-

Bild 75: (Seite 199) Minimale LH_2-Tankstellen-Infrastruktur für die Strecke München – Berlin.

198

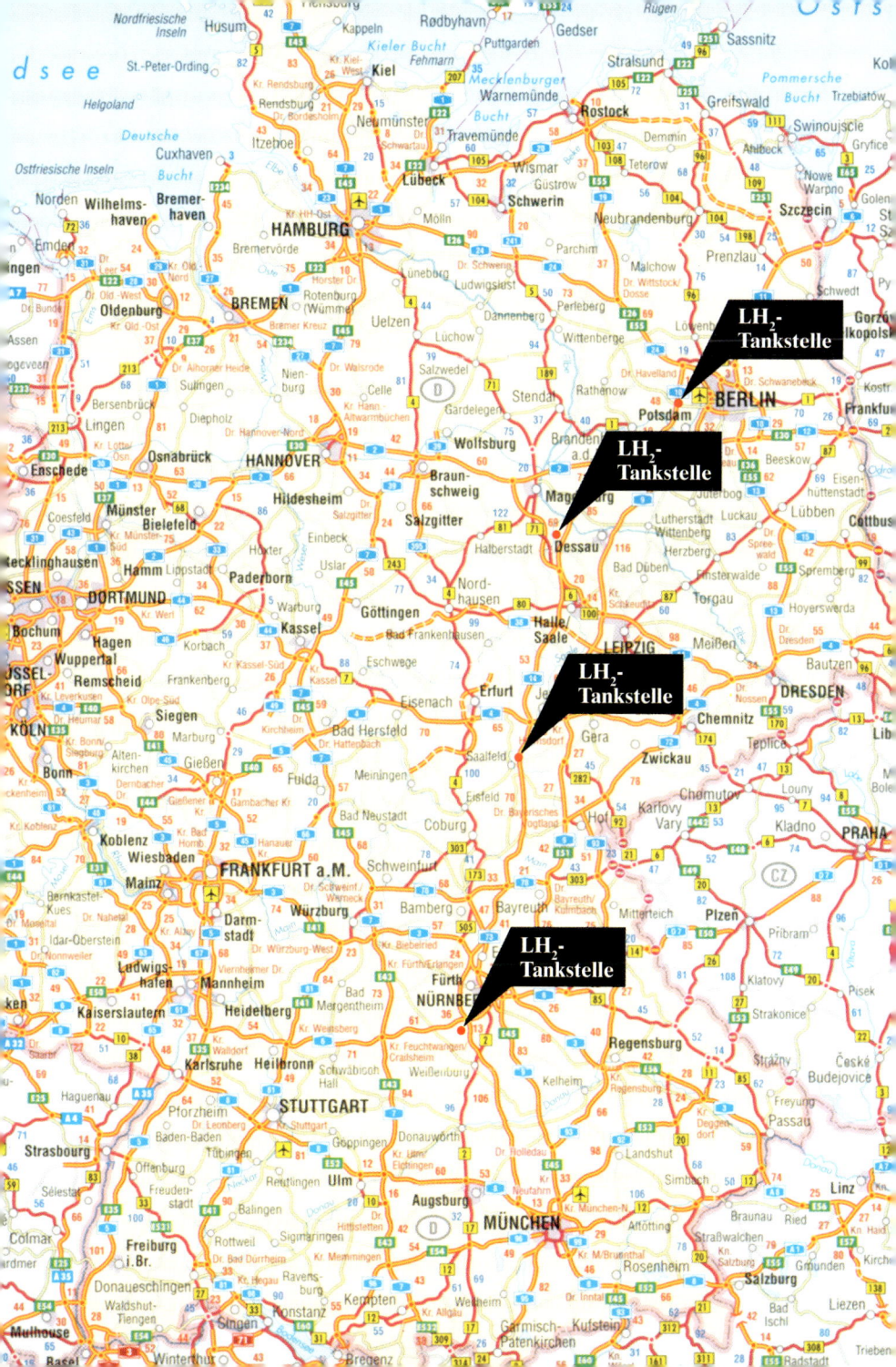

len-Infrastruktur, die aus fünf Tankstellen bestehen könnte. Im Falle von München könnten diese fünf Tankstellen in Ottobrunn, in Feldkirchen/Riem, in Oberschleißheim, in Pasing und im Stadtzentrum installiert werden (vgl. Bild 74). Dafür müssen aber die LH_2-Autofahrer eine Strecke von mindestens 30 km (Hin- und Rückfahrt) in Kauf nehmen, bis sie eine dieser Tankstellen erreichen. Sofern es sich um Fahrzeuge mit Brennstoffzellen/Elektroantrieb handelt, müssen die Autofahrer darauf achten, daß der Wasserstoffvorrat ausreicht, bis die nächste LH_2-Tankstelle erreicht ist. Handelt es sich dagegen um bivalent betriebene Fahrzeuge, dann ist die Situation nicht kritisch; denn im Notfall kann man bis zur nächsten Wasserstofftankstelle auf Benzinbetrieb umschalten.

Für den Fernverkehr muß die Wasserstoff-Tankstellen-Infrastruktur so gestaltet sein, daß zunächst Autobahnen und die wichtigsten Landstraßen entsprechende LH_2-Tankstellen erhalten, und zwar mit einer Dichte, die der Reichweite der angebotenen Kraftfahrzeuge angepaßt sein muß. Bei einer Durchschnittsreichweite von 200 km muß man z.B. die Strecke München – Berlin mit mindestens vier LH_2-Tankstellen versorgen. Diese Tankstellen könnten in Nürnberg, Hernsdorf, Dessau und Potsdam installiert werden (vgl. Bild 75). Schätzungsweise sind mindestens 400 bis 500 Tankstellen erforderlich, damit die Automobilhersteller im Jahr 2005 hierzulande „bedenkenlos" mit dem Verkauf von Wasserstoffautos beginnen können. Die hierfür nötigen Anfangsinvestitionen werden auf etwa 0,5 Milliarden Euro geschätzt.

Die VES (verkehrswirtschaftliche Energiestrategie) geht für CGH_2 davon aus, daß zwischen 2005 und 2007 erste Flottenbetankungseinrichtungen erstellt werden und zwischen 2007 und 2010 die ersten 2000 Tankstellen in Deutschland aufgebaut werden (ca. 20% der heute betriebenen Tankstellen). Nach 2010 erfolgt der weitere Ausbau.

Über die H_2-Versorgung der Wasserstoff-Tankstellen selbst sind inzwischen verschiedene Szenarien entwickelt worden, die u.a. auch von der Infrastruktur des betreffenden Landes abhängen. Dabei muß man grundsätzlich zwischen gasförmigem und flüssigem Wasserstoff unterscheiden. Die Versorgung mit Flüssigwasserstoff

200

wird vorwiegend durch dafür geeignete LH_2-Trailer stattfinden, und zwar genauso, wie es heute mit der Versorgung von Benzin oder Diesel geschieht. Es ist aber nicht auszuschließen, daß kleine, dichtbesiedelte Regionen über lokale Flüssigwasserstoff-Pipeline-Netze verfügen werden, die mehrere Tankstellen mit Flüssigwasserstoff versorgen. Aus heutiger Sicht wird aber diese Art der Tankstellenversorgung die Ausnahme bleiben.

Ganz anders sieht die Versorgung mit gasförmigem Wasserstoff aus. Denn bei einem Verteilernetz analog zum heutigen Erdgasnetz können Wasserstoff-Tankstellen von einem Wasserstoff-Pipeline-Netz versorgt werden. Auch andere Varianten sind natürlich denkbar. Eine davon ist die eigene Wasserstoffproduktion, so wie sie bereits heute bei der Wasserstoff-Tankstelle am Flughafen München praktiziert wird. Hier wird allerdings der für die Wasserelektrolyse nötige Strom zunächst dem Stromnetz entnommen. Spätere Versionen können Solarstrom für diesen Zweck verwenden.

Die erste öffentliche Wasserstoff-Tankstelle der Welt

Seit Mitte des Jahres 1999 wird am Flughafen München die weltweit erste öffentliche Flüssigwasserstoff-Tankstelle betrieben (vgl. Bild 76). Diese Tankstelle arbeitet mit Hilfe eines Betankungsroboters vollautomatisch und versorgt mit flüssigem Wasserstoff vorerst einige Fahrzeuge, die im Sonderdienst des Flughafens sowie im Fuhrpark der Firma BMW eingesetzt werden. Der hierfür nötige Flüssigwasserstoff wird von der Firma Linde AG geliefert und in einem LH_2-Speicher mit 12 000 Liter Volumen an der Tankstelle gelagert.

Parallel dazu wird aber auch gasförmiger Wasserstoff im nichtöffentlichen Flughafenbereich angeboten, der *in situ* mit Hilfe eines Hochdruck-Wasserelektrolyseurs produziert wird. Dieser Wasserstoff dient der Betankung von Versuchsbussen, die am Flughafen eingesetzt werden.

Zweck dieses Tankstellen-Projekts ist, den Betrieb von künftigen Wasserstoff-Tankstellen zu erproben und damit einen Beitrag zum Thema „Wasserstoff-Tankstellen-Infrastruktur" zu leisten. Getragen wird dieses Projekt vom Bayerischen Staatsministerium für Wirtschaft, Verkehr und Technologie und von 13 Firmen (ARAL, BMW, FMG, GHW/HEW, GRIMM, HDW, IAW, LINDE, MAN, MAN-

Bild 76: Gesamtansicht der Wasserstoff-Tankstelle am Flughafen München. Ein BMW 750hL-Versuchsfahrzeug wird gerade automatisch mit Flüssigwasserstoff betankt. Rechts sieht man den LH$_2$-Speicher.

NESMANN, NEOPLAN und SIEMENS), die mit der Wasserstofftechnologie direkt oder indirekt zu tun haben. Die Gesamtkosten des Projekts belaufen sich auf 17 Millionen Euro, von denen die Hälfte durch Fördermittel des Bayerischen Staates gedeckt werden.

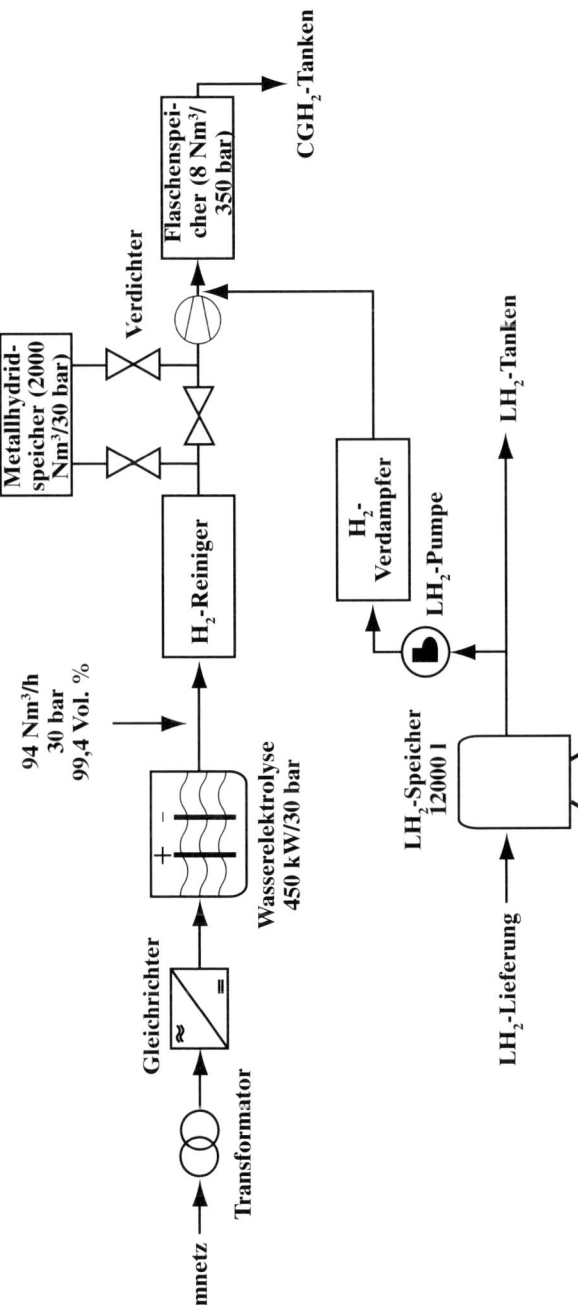

Bild 77: *Schematische Darstellung der Wasserstoff-Tankstelle am Flughafen München. Der Flüssigwasserstoff wird angeliefert, der gasförmige Wasserstoff wird dagegen mit Hilfe eines Wasserelektrolyseurs in situ produziert.*

Das Funktionsprinzip der Gesamtanlage zeigt das Bild 77. Als Rohstoff für den am Ort produzierten gasförmigen Wasserstoff benutzt man demineralisiertes Wasser. Die Wasserstoffkapazität des verwendeten Hochdruck-Wasserelektrolyseurs liegt bei 94 Nm^3 pro Stunde. Der Druck beträgt 30 bar und der Reinheitsgrad 99,4 Vol.%. Die dafür nötige elektrische Leistung von etwa 450 kW liefert eine Gleichrichteranlage, die ihrerseits vom Stromnetz versorgt wird. Der im Wasserelektrolyseur gewonnene Wasserstoff durchläuft zunächst eine Reinigungs- und Trocknungsanlage und gelangt anschließend in einen Metallhydridspeicher. Dieser Speicher versorgt dann einen Membrankompressor und zwar mit einem Ansaugedruck von 30 bar. Damit wird der Wasserstoff auf 350 bar verdichtet, bevor er dem Hochdruckspeicher, der aus 5 Speicherflaschen mit je 10 Nm^3 Speichervolumen besteht, zugeleitet wird. Von dort wird der gasförmige Wasserstoff über einen sogenannten „Dispenser" an die Zapfsäule geleitet, aus der die wasserstoffbetriebenen Busse manuell betankt werden können.

Ersatzweise kann gasförmiger Wasserstoff auch über einen Flüssigwasserstoffweg entnommen werden. Die Überführung vom flüssigen in den gasförmigen Zustand erfolgt mittels eines Verdampfers (vgl. Bild 77, unten).

Die Versorgung der Tankstelle mit Flüssigwasserstoff erfolgt durch LH$_2$-Trailer der Firma Linde AG. Die Speicherkapazität des LH$_2$-Speichers beträgt 12 000 Liter.

Der Betankungsvorgang

Die Betankung der Flughafenbusse mit gasförmigem Wasserstoff geschieht, wie erwähnt, manuell. Die Betankung mit flüssigem Wasserstoff ist dagegen nicht ganz einfach und macht deswegen Kryogenik-Systeme erforderlich. Aus Handhabungsgründen müssen überdies die Transferleitungen zwischen LH$_2$-Speicher und Fahrzeug teilweise flexibel und abnehmbar sein. Einrichtungen dieser Art sind aber heute Stand der Technik. Der empfindlichste Teil ist

204

die Kopplung (vgl. Bild 78), die die Verbindung zwischen der Transferleitung und dem zu betankenden Fahrzeug herstellt.

Als Vorleistungen für die hier verwendete Technik zählen Entwicklungen, die ursprünglich zum Ziel hatten, Roboter zu entwickeln, die in der Lage sein sollten, Fahrzeuge automatisch mit Benzin oder Diesel zu betanken. Bereits 1995 präsentierte die Firma ARAL einen Roboter dieser Art. Er wird seit 1998 in der Praxis erprobt.

Bild 78: Der Kopplungsteil der LH$_2$-Transferleitung, der die Verbindung zwischen LH$_2$-Speicher und LH$_2$-Tank des zu betankenden Wasserstoffautos automatisch herstellt.

Erfahrungen auf diesem Gebiet konnten auch bei der LH$_2$-Tankstelle in Neunburg vorm Wald (Oberpfalz) gesammelt werden, wo im Rahmen eines Solaranlage-Projekts auch eine Tankstelle für flüssigen Wasserstoff installiert und experimentell betrieben wurde. Dort ging es darum, nicht nur die automatische Betankung zu erproben, sondern auch Verdampfungsverluste, Betankungszeit und andere Parameter zu untersuchen.

Aufgrund des großen Temperaturunterschieds zwischen dem flüssigen Wasserstoff (–253 °C) und der Umgebung entstehen erwartungsgemäß (trotz der Verwendung einer Vakuum-Superisolierung) relativ hohe Verluste. Selbst die Reibungswärme im LH_2-Strom vom Tankstellenspeicher zum Fahrzeugtank verursacht erhebliche Verluste. Es ging also im Neunburger Projekt darum, alle diese Verluste nicht nur zu reduzieren, sondern zu minimieren. Auch die Betankungszeiten sollten optimiert werden. Von ursprünglich einer Stunde konnten diese Zeiten zum Schluß auf nur drei Minuten reduziert werden – Zeitwerte also, die auch bei der Benzinbetankung heute üblich sind.

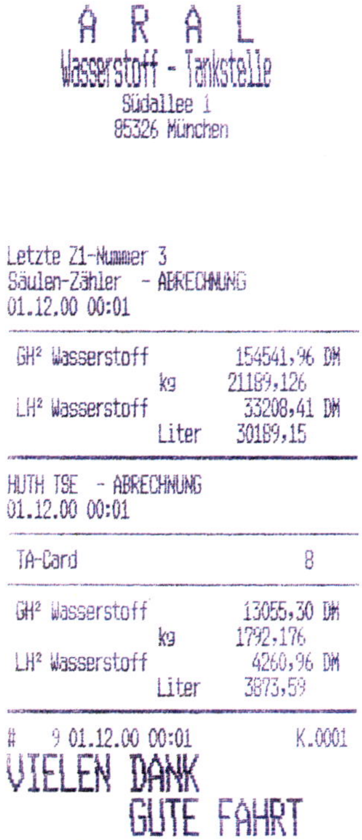
A R A L
Wasserstoff - Tankstelle
Südallee 1
85326 München

Letzte Z1-Nummer 3
Säulen-Zähler - ABRECHNUNG
01.12.00 00:01

GH^2 Wasserstoff		154541,96 DM
	kg	21189,126
LH^2 Wasserstoff		33208,41 DM
	Liter	30189,15

HUTH TSE - ABRECHNUNG
01.12.00 00:01

TA-Card 8

GH^2 Wasserstoff		13055,30 DM
	kg	1792,176
LH^2 Wasserstoff		4260,96 DM
	Liter	3873,59

9 01.12.00 00:01 K.0001
VIELEN DANK
GUTE FAHRT

***Bild 79:** Traum und Realität: Betankungsabrechnung bei der Wasserstoff-Tankstelle am Flughafen München am 1. Dezember 2000.*

Gestützt auf alle diese Erfahrungen konnte bald darauf die Firma Aral AG in Zusammenarbeit mit anderen relevanten Unternehmen den weltweit ersten Roboter zum Betanken mit Flüssigwasserstoff entwickeln; und dieser Roboter wird z.Zt. bei der Wasserstoff-Tankstelle am Flughafen München verwendet. Er arbeitet seit 1999 einwandfrei. Durch Betätigung einer entsprechenden Tankdrucktaste sucht und öffnet der Roboter den Tankdeckel des zu betankenden Fahrzeugs und koppelt die Transferleitung mit der Tankzuführung. Anschließend folgt die automatische Betankung, die zwischen drei und fünf

Minuten dauert. Danach findet die Entkopplung und das Schließen des Tankdeckels statt – ebenfalls automatisch. Zum Schluß wird die für das Tanken verwendete Kreditkarte belastet und der Abrechnungsbeleg ausgegeben (vgl. Bild 79).

Im Dezember 2000 hatte ich Gelegenheit, einer solchen automatischen LH_2-Betankung beizuwohnen. Es war in der Tat ein Erlebnis und zugleich ein Stück „Zukunft".

Die Tankstelle arbeitet übrigens ohne Aufsicht. Ihre Funktion, insbesondere was die Sicherheit angeht, wird per Telemetrie sowohl an die Feuerwehr des Flughafens als auch an den Anlagebetreiber übertragen. Dabei werden u.a. auch mehrere H_2-Sensoren verwendet, die das Entweichen von Wasserstoff aufspüren. Die sicherheitstechnische Begleitung des gesamten Projekts hat der TÜV Süddeutschland übernommen.

Dieses Projekt wird voraussichtlich sechs Jahre lang laufen. 2001 hat die Auswertung der Meßdaten begonnen. Das ganze Vorhaben war übrigens in das Expo 2000-Projekt „Clean Energy" der Firma BMW eingebunden, das Ende des Jahres 2000 abgeschlossen wurde.

Eine weitere Flüssigwasserstoff-Tankstelle ist Mitte 2001 in Berlin in Betrieb genommen worden. Sie soll einen Versuchslinienbus mit Flüssigwasserstoff versorgen.

Wasserstoffpreis für Tankstellen

Will man heute Flüssigwasserstoff an der Wasserstoff-Tankstelle am Flughafen München tanken, muß man dafür 0,55 Euro pro Liter bezahlen. Die Energiedichte von LH_2 beträgt, wie wir gesehen haben, etwa 2,35 kWh. Die Energiemenge von 1 Liter Benzin beträgt dagegen etwa 8,5 kWh. Der Benzinäquivalentpreis beträgt also 0,55 € x 8,5/2,35 ≈ 2 €. Damit liegt der Literpreis von unversteuertem Flüssigwasserstoff um etwa den Faktor 2 über dem Preis von versteuertem Superbenzin. Der Preis von 0,55 € ist aber ein willkürlich gewählter Preis und bezieht sich überdies auf die

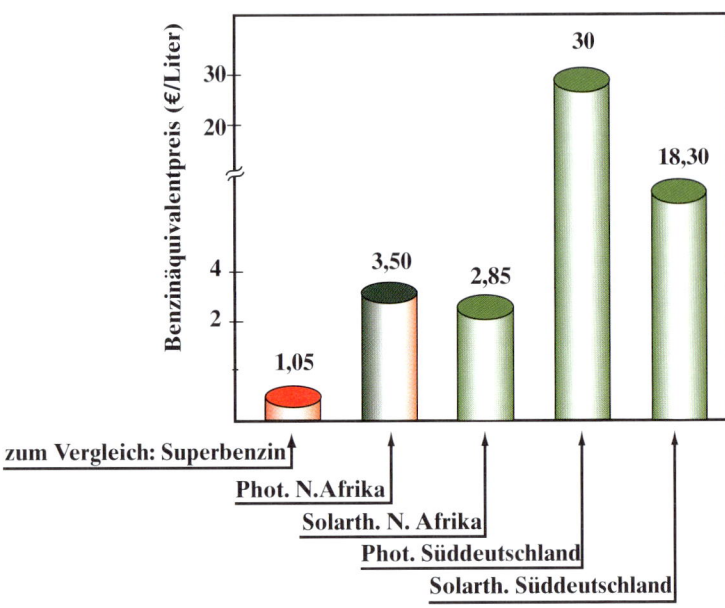

Bild 80: LH$_2$-Solarwasserstoffpreise frei Tankstelle. Auch die preiswerteste Art, d.h. Solarwasserstoff, der auf solartechnischem Weg in Nordafrika gewonnen wird, ist immer noch dreimal teuerer als Superbenzin.

Wasserstoffgewinnung aus fossilen Energieträgern. Will man Solarwasserstoff benutzen, dann liegt der Literpreis natürlich viel höher und hängt überdies vom Produktionsort ab. Auch die Art der Solarstromgewinnung spielt dabei eine Rolle. Der photovoltaische Weg ist bekanntlich kostspieliger als der solarthermische Weg. Solarwasserstoff, der z.B. in Nordafrika photovoltaisch gewonnen, verflüssigt und nach Europa per LH$_2$-Tanker transportiert wird, kostet z.Zt. etwa 0,41 €/kWh$_{H_2}$. Somit beträgt der Benzinäquivalentpreis 0,41 € x 8,5 ≈ 3,50 Euro pro Liter. Die Verwendung des solarthermischen Wegs führt zu einem Preis von 0,34 €/ kWh$_{H_2}$. Der Benzinäquivalentpreis beträgt somit 0,34 € x 8,5 = 2,85 € pro Liter. Bei der Verwendung von Solarstrom europäischer Herkunft (phot.)

208

liegt der entsprechende Preis natürlich viel höher – er beträgt 3,50 €/kWh$_{H_2}$. Somit liegt das Benzinpreisäquivalent bei 3,50 € × 8,5 ≈ 30 € pro Liter. Der solarthermische Weg ist zwar günstiger, aber der Preis liegt immer noch bei 2,15 €/kWh$_{H_2}$. Das Benzinpreisäquivalent liegt somit bei 2,15 € x 8,5 = 18,30 € pro Liter (vgl. Bild 80). Diese Zahlenbeispiele zeigen, daß Solarwasserstoff heute noch zu teuer ist. Die künftige Massenproduktion wird diese Kostenbarriere aber sicherlich überwinden.

Ökologisch betrachtet sieht die Bilanz wie folgt aus: Die heutige Stromproduktion in Deutschland muß mit CO_2-Emissionen der Größenordnung von 670 g/kWh$_{el}$ erkauft werden. Würde man für die Stromproduktion nur Braunkohle verwenden, dann lägen die CO_2-Emissionen sogar bei etwa 1 200 g/kWh$_{el}$. Solarstrom, der mit Windenergie oder mit Hilfe der Photovoltaik gewonnen wird, belastet die Atmosphäre mit CO_2-Emissionen der Größenordnung von nur 17 g/kWh$_{el}$. Kernenergie ist diesbezüglich noch günstiger, denn ihre CO_2-Emissionen betragen nur 10 g/kWh$_{el}$. Niemand würde allerdings die Kernenergie heute noch aus diesem Grunde favorisieren.

Energieersparnis durch Brennstoffzellen/Elektroantriebe?

Brennstoffzellen weisen, wie wir gesehen haben, einen relativ hohen Wirkungsgrad auf. Sobald sie aber für den Antrieb von Fahrzeugen eingesetzt werden, sinkt dieser Wert erheblich, weil die erzeugte Wärmeenergie nicht verwertet werden kann. Hier wird praktisch nur die elektrische Energie für die Fortbewegung genutzt.

Um die Effektivität der Brennstoffzellen/Elektroantriebe mit anderen Antriebsystemen zu vergleichen, hat kürzlich die FVV (Forschungsvereinigung für Verbrennungskraftmaschinen) eine Studie durchgeführt. Dabei wurde ein Mittelklasse-Pkw mit einer Masse von 830 kg (ohne Motor und Tank) und mit einer Auslegung auf eine mechanische Antriebsleistung von 40 kW am Rad bei einer Zuladung von 100 kg im NEFZ (Neuer Europäischer Fahrzyklus) zugrunde gelegt. Dabei wurde die Energie in kWh berücksichtigt, die für eine Strecke von 100 km erforderlich wäre. Das Ergebnis dieser Studie sieht zahlenmäßig wie folgt aus:

Antriebsart	kWh/100 km
• Benzin/Ottoantrieb:	53,47
• CNG/Ottoantrieb:	58,52
• LNG/Ottoantrieb:	58,50
• Diesel/Dieselantrieb:	45,27
• GH_2/PEMFC/Elektroantrieb:	51,72
• CH_3OH/PEMFC/Elektroantrieb:	59,86*
• CH_3OH/PEMFC/Elektroantrieb:	67,05**
• Benzin/PEMFC/Elektroantrieb:	57,00
• CH_3OH/DMFC/Elektroantrieb:	74,14

* *HSR-Reformer*
** *POR-Reformer*

Diese Zahlen zeigen, daß PEMFC-Brennstoffzellen/Elektroantriebe eine Energiemenge von 51,72 kWh/100 km erfordern, die sich nur wenig von dem konventionellen Benzin- bzw. CNG- oder LNG-Antriebe unterscheiden. Andere Brennstoffzellen/Elektroantriebe liegen noch ungünstiger. Den ungünstigsten Fall bildet der CH_3OH/DMFC/Elektroantrieb; denn hier ist ein Wert von 74,14 kWh erforderlich, damit die 100 km-Strecke zurückgelegt werden kann. Zu ähnlichen Ergebnissen kommt auch eine DLR-Studie (STB-Bericht Nr.22/April 2000/Dr. C. Carpetis). Darin ist u.a. folgendes zu lesen:

„Im Rahmen eines Energieversorgungssystems, welches fossile Primärenergie nutzt, ist der Einsatz von Elektroantrieben vom Standpunkt der Primärenergieeinsparung mit keinen eindeutigen Vorteilen verbunden. Es folgt hieraus, daß im Rahmen eines Energieversorgungssystems, welches fossile Primärenergie nutzt, die Konkurrenzfähigkeit speziell der Brennstoffzellenantriebe gegenüber herkömmlichen Antrieben mit Verbrennungsmotor im wesentlichen nur auf dem Reduktionspotential von NO_x und der Schadstoffe CO,

NMCH, SO_2 usw. beruht, was für eine allgemeine Markteinführung (abgesehen von Nischenanwendungen, wie Busse in Restriktionsgebieten) in Anbetracht des niedrigen Emissionsniveaus moderner Fahrzeuge mit Verbrennungsmotor (ab Euro 4) nicht ausreichen dürfte."

Zahlenmäßig kommt diese Studie zu den folgenden Ergebnissen:

Antriebsart	Fahrtenergie (kJ/km)
Otto-Motor (Erdöl/Benzin):	411
Diesel-Motor (Erdöl/Diesel):	420
Otto-Motor (Erdgas):	423
Brennstoffzellen/Elektroantrieb (Erdgas/Wasserstoff):	469
Brennstoffzellen/Elektroantrieb (Erdgas/Methanol):	501
Brennstoffzellen/Elektroantrieb (Erdöl/Benzin):	516

Die die Brennstoffzellen/Elektroantrieb betreffenden Zahlen beziehen sich natürlich auf Kraftstoffe, die aus fossilen Energieträgern zunächst durch Reformierung gewonnen werden müssen. Im Falle der Solarwasserstoff-Energiewirtschaft sieht die Situation anders aus; denn dem Verbrennungsmotor und der Brennstoffzelle steht der gleiche Kraftstoff zur Verfügung, wodurch der Gesamtenergiebedarf vom Tank bis zum Rad bei der Brennstoffzelle günstiger wird. Dennoch werden Brennstoffzellen/Elektroantriebe bereits jetzt eingeführt – allein schon aus ökologischen und politischen Gründen. Für stationäre Anwendungen ist allerdings die Zukunft der Brennstoffzelle schon jetzt gesichert; denn ihr emissionsfreier Kraft-Wärme-Kopplungsbetrieb ist unschlagbar.

211

Solarwasserstoff: Endziel einer Wasserstoff-Energiewirtschaft

Auf der Suche nach einer neuen, CO_2- und kernenergiefreien Energiekonzeption ist man schon lange zu dem Schluß gekommen, daß nur eine Wasserstoff-Energiekonzeption die richtige Lösung sein kann. Endziel dieser Energiekonzeption soll jedoch die Solarwasserstoff-Energiewirtschaft sein. Denn nur diese Wasserstoffvariante kann die Öko-Energie-Problematik tatsächlich lösen.

Die Sonne ist und bleibt die einzige Energiequelle, die unseren Planeten langfristig und kontinuierlich mit mehr Energie versorgt, als alles Leben auf der Erde für seinen Fortbestand braucht. Überdies schenkt sie uns diese Energie in der einzigen Energieform, die nicht nur für die Entstehung, sondern auch für den Erhalt unserer Biosphäre geeignet ist. Wenn es dem Menschen gelingt, dieses Geschenk intelligent, rationell und ökologisch verträglich zu nutzen, wird er auf Dauer seinen Energieverbrauch decken und dabei trotzdem seine Umwelt erhalten können. Daß wir es in dieser Kunst noch nicht sehr weit gebracht haben, macht uns unsere derzeitige Situation auf erschreckende Weise deutlich: Bisher haben wir uns lediglich in eine Verknappung der fossilen Energieträger und eine Beschädigung der Ökosphäre manövriert. Mit der Solarwasserstoff-Energiewirtschaft haben wir die Chance, es künftig etwas besser zu gestalten. Damit steht die Menschheit allerdings vor einer Riesenaufgabe, die weder einzelne Gruppen noch einzelne Staaten im Alleingang bewältigen können. Vielmehr ist hier die *Internationale Staatengemeinschaft* dringend aufgefordert, aktiv mitzuwirken; denn wenn diese Aufgabe nicht erfolgreich und rechtzeitig gelöst wird, kann dieser Planet nicht mehr lange bewohnbar bleiben; und bis der Mars terraformiert ist, wie es manche Visionäre träumen, werden – wenn überhaupt – Jahrtausende vergehen.

Erfreulicherweise ist inzwischen nicht nur die breite Öffentlichkeit, sondern auch die Politik davon überzeugt, daß die Lösung der

Öko-Energie-Problematik keinen Aufschub mehr zuläßt. Insofern ist der „Anfang" zur Lösung dieser Aufgabe schon getan; und der Anfang ist, wie auch die alten Griechen wußten, die Hälfte des Ganzen.

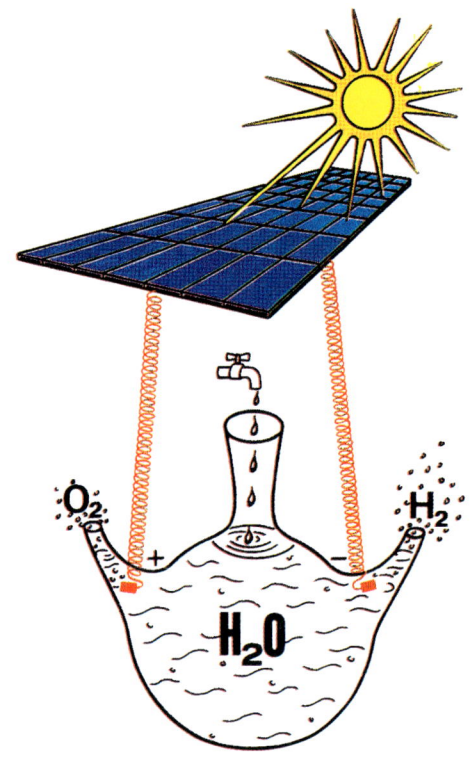

Bild 81: Solarwasserstoff ist die einzige Alternative für eine CO_2- und kernenergiefreie Weltenergiekonzeption. Einer der Wege, der zu dieser Energiekonzeption führt, ist der photovoltaische Weg.

Der Hauptweg zur Lösung dieser Aufgabe ist zwar definiert, die Einzelheiten aber sind immer noch mit vielen, zum Teil schwer beantwortbaren Fragen behaftet. Dennoch eins steht fest: Der Weg zur Solarwasserstoff-Energiekonzeption muß über die Zwischenstufe

214

einer Wasserstoff-Energiekonzeption führen. Dabei ist ziemlich klar, daß die Grenzen zwischen diesen beiden Wasserstoffvarianten nur fließend sein können. Es wird mit anderen Worten eine lange Übergangsperiode geben, während derer beide Energiekonzeptionen koexistieren und sich gegenseitig unterstützen werden. Diese Übergangsperiode hat übrigens bereits begonnen. Dies beweisen nicht nur die weltweit zahlreichen den Wasserstoff betreffenden Aktivitäten von Regierungen, Institutionen und der Industrie, sondern auch die vielen Entwicklungen und Anwendungen von Geräten der Wasserstofftechnologie.

Nun stellt sich immer noch die Frage, ob die bereits „festgelegte" Wasserstoff-Energiekonzeption doch die richtige Lösung sei, sowie die Zusatzfrage, ob vielleicht doch andere konkurrierende Alternativen vorhanden wären. Für ein sorgfältiges Abwägen muß man im Prinzip die folgenden Grundsatzfragen näher betrachten:

- Ist die Solarwasserstoff-Energiekonzeption die einzige Lösung der Öko-Energie-Problematik?
- Wie kann die Solarwasserstoff-Energiewirtschaft technisch gestaltet werden?
- Kann die Wasserstoff-Energiekonzeption ohne technische Risiken realisiert werden?
- Welche Zeiträume sind für die Etablierung der Solarwasserstoff-Energiekonzeption erforderlich?

Ist die Solarwasserstoff-Energiekonzeption die einzige Lösung der Öko-Energie-Problematik?

Die Idee, Wasserstoff und speziell Solarwasserstoff als Energieträger zu verwenden, ist, wie erwähnt, nicht neu. Sie wurde jedoch erst in den letzten zwei Jahrzehnten des vergangenen Jahrhunderts akut, als sich das Öko-Energie-Problem dramatisch zu verschärfen begann.

Parallel dazu wurden erwartungsgemäß auch Überlegungen bezüglich Alternativlösungen angestellt. Als Grundvoraussetzung galt aber immer die Suche nach einer CO_2- und zugleich kernenergiefreien Energiequelle. Das Ergebnis dieser Überlegungen war immer wieder die Feststellung, daß nur Wasserstoff die Lösung der vorhandenen Problematik sein kann. Dafür sprechen die folgenden Gründe:

- Bei der Verbrennung von Wasserstoff entsteht kein Kohlendioxid, was für die Klimabelastung der Erde ein Segen ist. Auch Schwefeldioxid (SO_2), Kohlenmonoxid (CO) und Kohlenwasserstoffe (C_mH_n) fallen nicht an.
- Wasserstoff läßt sich problemlos als Energieträger sowohl für stationäre als auch für mobile Anwendungen verwenden.
- Wasserstoff kann künftig eventuell auch auf biologischem Weg gewonnen werden.
- Bei der Verwendung von flüssigem Wasserstoff als Energieträger sind im Fall von Tankerhavarien kaum Umweltverschmutzungen zu befürchten.
- Eine Wasserstoff-Energiewirtschaft kann auf den bereits vorhandenen Technologien aufgebaut werden.
- Der Weg von einer Wasserstoff-Energiewirtschaft zur Solarwasserstoff-Energiewirtschaft ist eindeutig möglich.

Wasserstoff darf deswegen als der ideale Energieträger angesehen werden, der die Öko-Energie-Problematik lösen kann. Dies ist im übrigen nicht nur die Meinung einzelner Energieexperten, sondern auch die These vieler national und international tätiger Institutionen, die sich der vorliegenden Problematik seit langem verschrieben haben. Natürlich gibt es immer wieder Fehleinschätzungen des einen oder anderen Energieexperten; und es gibt auch Kollektivfehler. Was aber die Wasserstoff-Energiewirtschaft betrifft, scheint das Risiko einer Fehleinschätzung verschwindend klein zu sein. Wir dürfen uns deswegen getrost der gestellten Aufgabe widmen, um so schnell wie möglich das Endziel, d.h. die Solarwasserstoff-Energiekonzeption, mit allen uns zur Verfügung stehenden Kräften zu erreichen.

216

Wie kann die Solarwasserstoff-Energiekonzeption technisch gestaltet werden?

Geht man davon aus, daß die Wasserstoff-Energiewirtschaft die einzige Alternative für eine neue Weltenergie-Konzeption ist, dann stellt sich zwangsläufig auch die Frage nach der Art und Weise ihrer Realisierung. Über diese Thematik ist in der Vergangenheit viel diskutiert worden, wobei nicht nur Energie- und Öko-Experten, sondern auch selbsternannte „Energiephilosophen" die verschiedensten Vorstellungen von sich gegeben haben und auch heute noch von sich geben. Man denke u.a. an den „Elefantengras-Professor" aus München, der vor einem Jahrzehnt das Weltenergieproblem nur mit Hilfe von Biomasse lösen wollte. Darüber wird natürlich nicht mehr gesprochen; denn Biomasse kann im Rahmen einer Wasserstoff-Energiewirtschaft nur eine unterstützende Rolle spielen. Dagegen müssen energiesparende Elemente ihre Präsenz deutlich zeigen; denn Energie, darüber sind sich die Energieexperten einig, wird auch künftig ein teueres Gut bleiben.

Ein weiterer Punkt, über den sich die Energieexperten einig sind, betrifft die Erdregionen, die dazu geeignet wären, im Rahmen einer späteren Solarwasserstoff-Energiekonzeption den größten Teil des nötigen Solarwasserstoffs zu liefern. Diese Regionen müssen äquatoriale Regionen sein, wo ja die Sonneneinstrahlungsdauer gegenüber den nördlichen oder südlichen Regionen fast doppelt so groß ist. Bild 82 zeigt diese Erdregionen. Dort beträgt die Sonnenscheinzeit mindestens 1 700 Stunden jährlich, was wiederum bedeutet, daß dort eine Energiemenge von mindesten 1 700 kWh/m^2 jährlich „geerntet" werden kann. Diese Überlegungen betreffen allerdings nur einen Teil der Gesamtkonzeption, nämlich das zentralisierte Energieversorgungssystem. Parallel dazu wird es mit Sicherheit auch eine dezentrale (unterstützende) Energieversorgung geben, die durch entsprechende Einrichtungen nicht nur in den südlichen, sondern auch in den nördlichen Regionen realisiert werden kann. Nur eine Kombination dieser beiden „Energiephilosophien" kann zu einer sinnvollen Gesamtlösung führen.

217

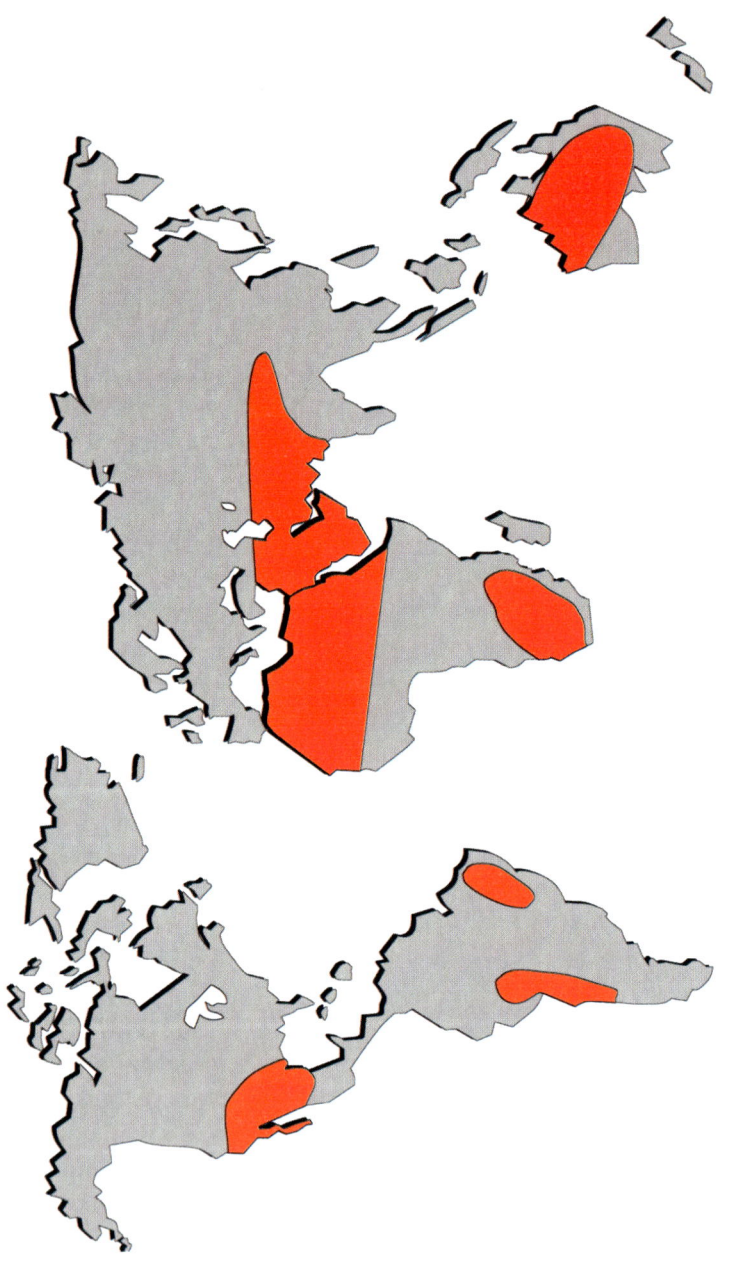

Ein weiterer Punkt, über den sich die Energieexperten einig sind, betrifft den produzierten Solarstrom. Eine Solarwasserstoff-Energiewirtschaft muß Solarstrom nicht nur zur Solarwasserstoffgewinnung bereitstellen, sondern auch zur direkten Versorgung von Stromverbrauchern; und als Konsequenz daraus wird die HGÜ-Technik (Hochspannungs-Gleichstrom-Übertragung) erforderlich sein, um bei der Stromfernübertragung die Übertragungsverluste zu minimieren.

Eine Wasserstoff-Energiewirtschaft mit Endziel der Solarwasserstoff-Energiewirtschaft kann also schematisch so aussehen, wie das Bild 83 zeigt. Während der Übergangsphase zur Solarwasserstoff-Energiewirtschaft werden energiesparende Konzepte weiter entwickelt, damit sie später auch der Solarwasserstoff-Energiewirtschaft zur Verfügung stehen. Die Grenzen zwischen einer Wasserstoff- und der reinen Solarwasserstoff-Energiewirtschaft werden dabei, wie bereits gesagt, fließend sein.

Wenn die Endkonzeption, d.h. die Solarwasserstoff-Energiekonzeption, voll etabliert ist, wird die Energieversorgung auf zwei Hauptsäulen stehen, nämlich einer zentralen und einer dezentralen Energieversorgung. Letztere wird hauptsächlich aus den folgenden Teilbereichen bestehen:

- Solarhäuser
- Kleine Solaranlagen
- Kleine Solarkraftwerke (incl. Wasser- und Windkraftwerke)

Die Hauptsäule der zentralen Energieversorgung muß demgegenüber auf zwei Fundamenten gegründet sein:

- Solarthermische Kraftwerke
- Photovoltaische Kraftwerke

Eine unterstützende Rolle werden natürlich auch Wind- und Wasserkraftwerke sowie geothermische Kraftwerke spielen. Ihre

Bild 82: (Seite 218) Sonnenreiche Erdregionen. Hier beträgt die Sonneneinstrahlungsdauer mindestens 1700 Stunden jährlich. Dies entspricht einer Strahlungsenergie von mindestens 1700 kWh/m² jährlich.

219

mögliche Leistungsgröße von einigen MW_{el} (mit wenigen Ausnahmen von Großanlagen) erlaubt jedoch solche Anlagen weder als Zentral- noch als Dezentralversorgungskraftwerke zu bezeichnen. Sie nehmen deswegen eine Sonderstellung ein. Nicht vergessen soll man an dieser Stelle auch die Biomasse, obwohl sie nur geringfügig zur Deckung des Gesamtenergiebedarfs beitragen kann.

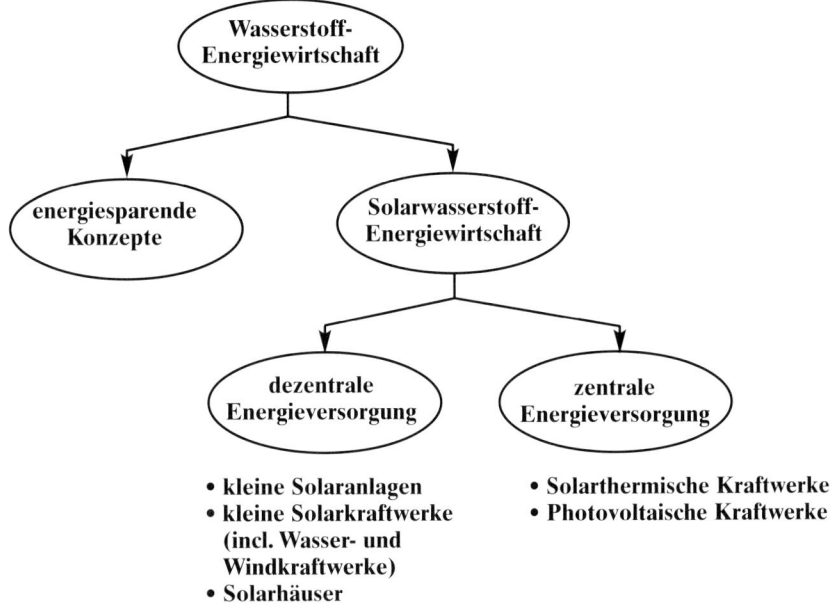

Bild 83: Der Weg zur Solarwasserstoff-Energiewirtschaft wird über den Weg einer Wasserstoff-Energiekonzeption führen. Diese Übergangsperiode wird u.a. auch dazu genutzt, die Wasserstofftechnologie voranzutreiben.

Solarhäuser

Nahezu 40% des weltweiten Gesamtenergieverbrauchs werden für Gebäudeheizungen aufgewendet. Bei dem heutigen jährlichen Verbrauch von etwa 13,5 TWa entspricht dies einer Energiemenge von etwa 5,4 TWa, in der ein enormes Energiesparpotential steckt, das durch intelligente Verfahren ausgeschöpft werden kann. Dabei unterscheidet man zwischen passiven und aktiven Verfahren. Zu den passiven Verfahren rechnet man die Solararchitektur, während sich die aktiven Verfahren der Photovoltaik und der Solarthermik bedienen. Auf diese Weise können sogenannte *autarke Solarhäuser* gebaut werden – vor wenigen Jahrzehnten noch ein Traum, der inzwischen zur Realität geworden ist.

Der Gedanke, *autarke Solarhäuser* zu bauen, entstand bereits vor mehreren Jahrzehnten. Die Realisierung eines solchen „Wunderhauses" fand aber erst während der 80er Jahre statt, als der Schwede Olof Tegström ein sogenanntes *Solarwasserstoffhaus* baute. Für die Wasserstoffproduktion benutzte er damals einen Wasserelektrolyseur, der von einem 55 kW-Windkraftgenerator mit Strom versorgt wurde. Der Stromüberschuß dieses Generators wurde in das öffentliche Stromnetz eingespeist.

Inzwischen sind weltweit zahlreiche Pilotprojekte dieser Art realisiert, die sowohl *Solarhäuser* als auch Solarwasserstoffanlagen zum Gegenstand haben. Einige davon sind die folgenden:

- HYSOLAR (Deutschland/Saudi-Arabien)
- SAPHYS (Italien)
- SWB (Deutschland)
- PHOEBUS (Deutschland)
- Das energieautarke Solarhaus Freiburg (Deutschland)
- Das Schatz Solar Hydrogen Project (USA)
- Der kompakte saisonale Energiespeicher (Finnland)
- Das energieautarke Solarhaus Friedli (Schweiz)

Alle diese Projekte haben inzwischen deutlich gezeigt, daß *autarke Solarhäuser* sowie Solarwasserstoffanlagen kaum mit technologischen Problemen zu kämpfen haben, denn die hier zum Einsatz kommenden Geräte und Verfahren sind Stand der Technik.

Eine der hierzulande ältesten Solarwasserstoffanlagen ist das SWB-Projekt (**S**olar **W**asserstoff **B**ayern), das von 1986 bis 1999 in Neunburg vorm Wald durchgeführt wurde. Dort wurden verschiedene Photovoltaikanlagen mit einer Gesamtleistung von 365 kW und drei verschiedene Elektrolyseure installiert. Dadurch konnte Solarwasserstoff produziert werden, der dazu benutzt wurde, verschiedene Verbraucher zu versorgen. Auch eine automatische LH_2-Tankstelle wurde dort zeitweise erprobt. Der für sie erforderliche Flüssigwasserstoff wurde aber von extern geliefert. Ich hatte Gelegenheit, diese Anlage Anfang der 90er Jahre zu besichtigen. Sie war in der Tat ein Stück „Solarwasserstoff-Zukunft" *en miniature.*

Was mit dem SWB-Projekt auf nationaler Ebene erprobt wurde, hatte sich während der 80er Jahre mit dem HYSOLAR-Projekt auf internationaler Ebene bestätigt – nämlich, daß Solarwasserstoffproduktion keine technischen Schwierigkeiten bereitet. Dabei ging es um ein bilaterales Projekt zwischen Deutschland und Saudi-Arabien. Im Rahmen dieses Projekts wurden zwei Solargeneratoren mit 350 kW bzw. 10 kW Leistung sowie zwei Elektrolyseure erprobt und mehrere theoretische Studien durchgeführt. Eine davon befaßte sich mit dem Übergang von fossilen Energieträgern zur Sonnenenergie. Solche Studien sind für Länder wie Saudi-Arabien, die derzeit ausschließlich vom Verkauf fossiler Energieträger leben, von entscheidender Bedeutung. Ein anderer Gegenstand dieses Pilotprojekts war die Anwendung von Wasserstoff im breiten Rahmen – von kleinen Apparaten wie Kochherden bis zu komplexen Systemen wie Kraftwerken oder Transportmitteln zu Land, zu Wasser und in der Luft. Das HYSOLAR-Projekt war also ein Forschungsprogramm, aus dem man entscheidende Einsichten in eine künftige Solarwasserstoff-Wirtschaft gewonnen hat.

Das interessanteste Projekt dieser Art hierzulande ist das *energieautarke Solarhaus* von ISE (**I**nstitut für **S**olare **E**nergiesysteme) in Freiburg (vgl. Bild 84). Denn mit diesem Projekt wurde in der Praxis bewiesen, daß auch unter hiesigen klimatischen Bedingungen *energieautarke Solarhäuser* realisiert werden können. Dabei werden sowohl passive (Sonnenarchitektur) als auch aktive (photovoltaische und solarthermische) Elemente eingesetzt. Solche Häuser sind aber noch unerschwinglich teuer; und gerade hier liegt die Hauptproblematik für eine „Serienfertigung". Dieses Solarhaus hat z.B. über sechs Millionen Deutsche Mark gekostet und es wäre deswegen ohne Fördergelder kaum realisierbar gewesen.

222

Autarke Solarhäuser sind heute also noch eine teure Angelegenheit; und dies ist inzwischen auch durch andere Pilotprojekte ähnlicher Art bestätigt worden. Dazu zählt u.a. der im Bild 85 gezeigte Baukomplex, der eine Bibliothek, ein Hotel, ein Kasino, einen Bürgersaal, eine Fortbildungsakademie und etliche Büros und Wohnungen enthält. Er ist mit einer 180 m langen, 72 m breiten und 16 m

Bild 84: Das energieautarke Solarhaus von ISE in Freiburg hat bewiesen, daß auch unter hiesigen klimatischen Bedingungen eine fast 100%ige solare Energieversorgung möglich ist.

hohen Glashülle überspannt. Die einzelnen Gebäude im Innern der Glashülle sind somit vor Wind und Regen geschützt und erhalten dadurch ein gemäßigtes Klima. Die durch diese Glashülle gewonnene passive Solarenergie wird während der Wintermonate unter der Glashülle „eingefangen", wodurch der Energiebedarf für die Heizung der einzelnen Gebäude erheblich reduziert wird. Während der Sommermonate wird der Innenraum durch ein Lüftungssystem im Dach belüftet. Gleichzeitig sorgt eine entsprechende Verschattung (durch die eingesetzten Solarmodule) für angenehmes Klima.

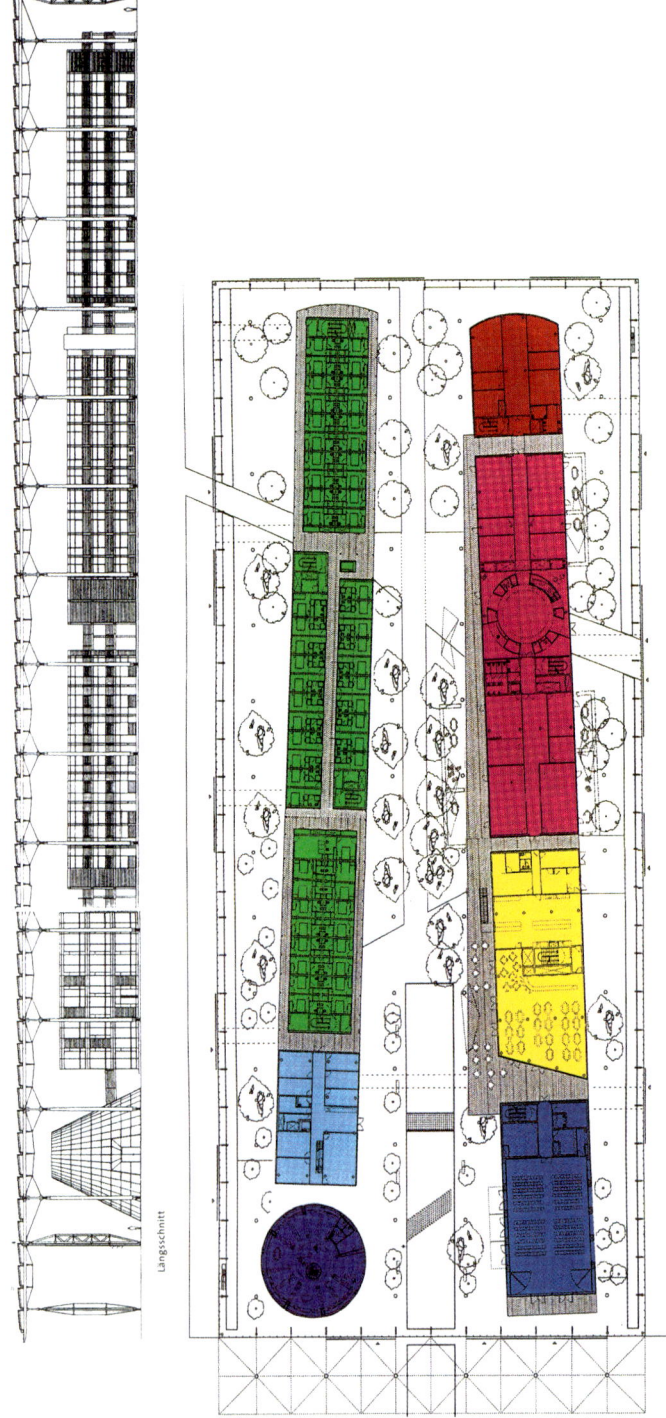

Längsschnitt

Sowohl das Tragwerk als auch die Fassadenkonstruktion bestehen aus Holz (130 Jahre alte Fichtenstämme). Beide tragen gemeinsam ein Glasdach, in das eine riesige Photovoltaik-Anlage integriert ist. Diese Anlage erfüllt gleichzeitig mehrere Aufgaben: Sie liefert Strom, deckt den Gebäudekomplex und reguliert durch Schattenwirkung auch die Innentemperatur der Gebäudehülle. Auf diesem Dach sind überdies an zwei Stellen holographisch-optische Elemente installiert, die das Tageslicht in die Bibliothek lenken und zugleich für Lichteffekte im Empfangsbereich des Baukomplexes sorgen.

Von der insgesamt 21 000 m^2 großen Glashülle entfallen 12 000 m^2 auf das Dach, von denen wiederum 10 000 m^2 die Photovoltaik-Anlage mit einer Leistung von 1 MW ausmachen. Diese Anlage liefert eine Energiemenge von 750 000 kWh jährlich, doppelt so viel, wie der Gesamtstrombedarf des Baukomplexes. Die Anlage besteht aus 2 900 3,2 m^2-OPTISOL-Solarmodulen (vgl. Bild 86) der Firma Flabeg Solar International. Hinzu kommen weitere 284 Solarmodule, die zusammen eine Fassade bilden. Es werden sowohl Solarmodule aus monokristallinen Solarzellen wie Solarmodule aus polykristallinen Solarzellen verwendet. Erstere haben einen Wirkungsgrad von 16%, die anderen einen Wirkungsgrad von „nur" 12,5%. Die Dachfläche der Glashülle ist nach Süd-Südwest orientiert und hat eine Neigung von 5°. Die Fassade steht senkrecht.

Dieses Pilotprojekt wurde mit insgesamt 7,4 Millionen Euro vom Land NRW (Nordrhein-Westfalen), den Stadtwerken Herne und der EU finanziert. Bezogen auf die installierte Solarenergieleistung ergibt sich ein Kostenbetrag von etwa 7,5 Euro pro Watt. Zum Vergleich: Die Durchschnittskosten für Solaranlagen des 10 000 Dächer-Programms aus dem Jahr 1993 betrugen noch 12,5 Euro pro Watt. So wurde mit diesem Projekt u.a. auch demonstriert, daß Herstellungskosten von Solaranlagen laufend gesenkt werden.

Bild 85: (Seite 224) Mit diesem Baukomplex wurde erneut der Beweis erbracht, daß Solarhäuser wichtige Beiträge zur Sonnenenergienutzung leisten können.

225

226

Inzwischen existieren ähnliche Pilotprojekte, die den Beweis erbringen, daß Solarenergie auch für Klimatisierungszwecke verwendet werden kann. Damit kann also der Gesamtenergiebedarf von Gebäuden, vor allem in Südregionen, erheblich reduziert werden. Dabei hat sich herausgestellt, daß sich die sogenannte offene SGK-Technik (**s**orptions**g**estützte **K**limatisierung) besonders gut eignet. Ihr Hauptvorteil hängt mit der Tatsache zusammen, daß für die Wärmeregeneration relativ niedrige Temperaturen ausreichen. Dies wiederum eröffnet die Möglichkeit, auch Sonnenenergie zu benutzen, die mit einfachen Kollektoren (z.B. mit Flachkollektoren) gewonnen werden kann.

In einem vom Fraunhofer-Institut für Solare Energiesysteme geplanten und betreuten Pilotprojekt in Riesa/Sachsen wurde z.B. ein 330 m^3 großer Tagungsraum durch eine SGK-Anlage klimatisiert, die während der Winterperiode auch zur Wärmerückgewinnung verwendet wird. Die maximale Kälteleistung beträgt 18 kW.

Ein anderes Beispiel ist ein Vortragsraum im Institut für Luft- und Kältetechnik in Dresden. Auch dieser Raum wird mit Hilfe einer SGK-Anlage klimatisiert. Anders als in Riesa ist aber hier die Klimaanlage mit einer internen Wärmepumpe zwischen Zuluft und Abluft versehen. Simulationsrechnungen haben inzwischen gezeigt, daß die Mehrkosten für die eingesetzte SGK-Anlage im Vergleich zu einer konventionellen Anlage mit Wärmerückgewinnung durch die Energieeinsparung voll kompensiert werden können.

Ein weiteres Projekt, das die autarke Energieversorgung von Baukomplexen deutlich zum Ausdruck bringt, ist die Demonstrationsanlage PHOEBUS (**Ph**otovoltaik-**E**lektrolyse-**B**rennstoffzelle **u**nd **S**ystemtechnik). Diese Anlage versorgt ganzjährig die Zentralbibliothek des Forschungszentrums Jülich mit Solarstrom, der von einer Photovoltaik-Anlage gewonnen wird. Die 45 kW-Anlage besteht aus Photovoltaik-Modulen mit einer Gesamtfläche von 312 m^2, die in das Dach und die Fassaden des Gebäudes integriert

Bild 86: (Seite 226) 3,2 m^2 OPTISOL- Solarmodul der Firma Flabeg Solar International.

sind (vgl. Bild 87). Die Anpassung dieser Anlage an die Verbraucher im Gebäude geschieht zum einen über Bleibatterien mit einer Speicherkapazität von 303 kWh und zum anderen über eine Kombination Elektrolyseur/Brennstoffzelle. Während der Sommerzeit wird der überschüssige Solarstrom dazu benutzt, mit Hilfe eines Wasserelektrolyseurs Wasserstoff und Sauerstoff zu gewinnen. Der Wasserstoff wird auf einen Druck von 150 bar komprimiert und in Druckflaschen gespeichert. Das gleiche geschieht auch mit dem Sauerstoff.

Beim Elektrolyseur handelt es sich um eine alkalische 26 kW-Anlage mit einem Wirkungsgrad von 88% (Nennleistung). Diese Anlage ist in der Lage, 6,5 Nm^3 Wasserstoff pro Stunde zu produzieren.

Die ursprünglich benutzte 6,5 kW-AFC-Brennstoffzelle ist inzwischen durch eine 5,6 kW-PEMFC-Brennstoffzelle ersetzt worden. Der Gesamtwirkungsgrad d.h. der Wirkungsgrad der „Elektrolyseur-Speicher-Brennstoffzelle"-Kette beträgt 45%.

Dieses Projekt wurde vom Forschungszentrum Jülich in Zusammenarbeit mit der Fern-Universität GHS Hagen, dem Institut für Solarenergietechnik, Universität Duisburg, und der Universität GHS Essen durchgeführt. Eine Teilfinanzierung übernahm im Rahmen des Programms „Arbeitsgemeinschaft Solar" das Land NRW (Nordrhein-Westfalen).

Die oben genannten Pilotprojekte haben es mit hiesigen Klimaverhältnissen zu tun. Der Weg gen Süden führt zu zwei entscheidenden Vorteilen. Erstens wird der Energiebedarf für *Solarhäuser* kleiner und zweitens wird die „Energieernte" größer. Der Weg von Mitteleuropa nach Nordafrika führt z.B. bei gleichbleibenden Solarflächen zur Verdopplung der Energiegewinnung. Dies hat zur Folge, daß sich die Investitionskosten automatisch fast halbieren. Kein Zweifel also: *Autarke Solarhäuser* werden im Rahmen der bald folgenden Solarwasserstoff-Energiewirtschaft eine wichtige Rolle spielen.

Bild 87: (Seite 228) Die Zentralbibliothek des Forschungszentrums Jülich wird autark mit Solarstrom versorgt. Hierfür wird eine 45 kW-Photovoltaik-Anlage eingesetzt.

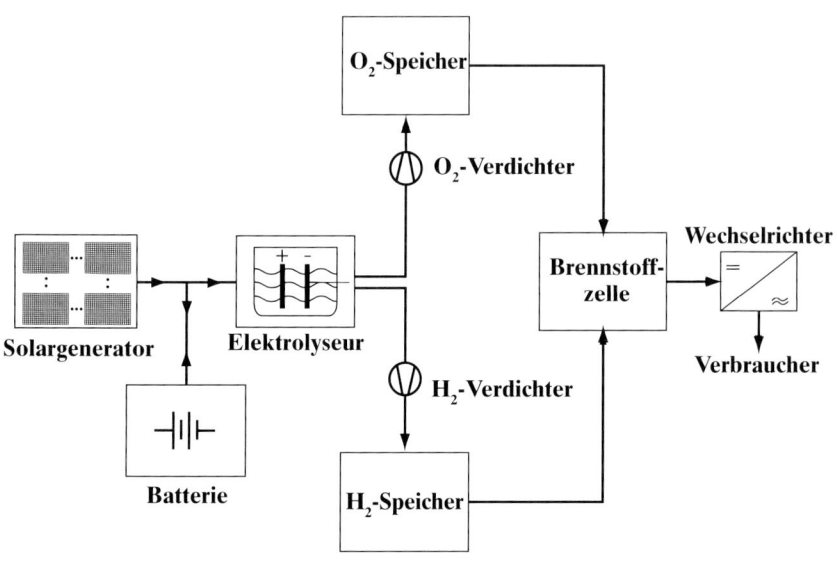

Bild 88: Funktionsprinzip der PHOEBUS-Solarwasserstoff-Anlage. Mit einem Solargenerator von 45 kW, einem Wasserelektrolyseur von 26 kW/7 bar und einer Brennstoffzelle von 5,6 kW kann jährlich eine elektrische Energie von 15 000 kWa gewonnen werden.

Photovoltaische Kraftwerke

Die Hoffnung, mit Hilfe der Photovoltaik bald auch große Energiemengen aus der Sonnenstrahlung direkt zu gewinnen, rückt immer näher. Denn nicht nur der Wirkungsgrad von Solarzellen steigt laufend, sondern auch neue Herstellungsverfahren sorgen für preiswertere Solarmodule.

Das Funktionsprinzip von Solaranlagen dieser Art ist einfach (vgl. Bild 89). Aus Sonnenstrahlung entsteht mit Hilfe eines Solargenerators zuerst Gleichstrom. Ein Wechselrichter wandelt diesen Strom anschließend in Niederspannungs-Wechselstrom um, den danach ein Transformator hochtransformiert, bevor er in das Hochspannungs-Stromnetz eingespeist wird.

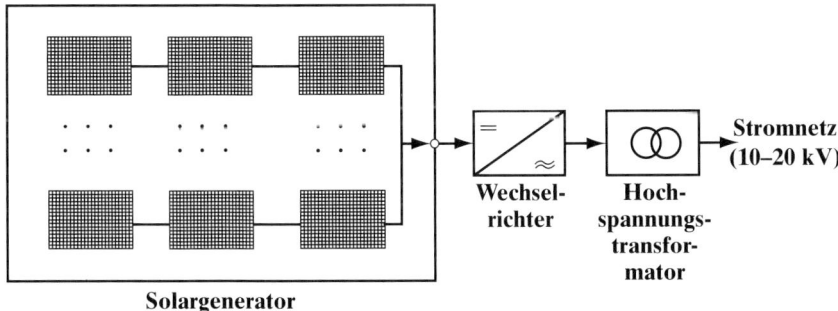

Bild 89: *Funktionsprinzip eines einfachen photovoltaischen Solarkraftwerks. Es besteht aus einem Solargenerator, einem Wechselrichter und einem Hochspannungstransformator. Der dadurch gewonnene Solarstrom wird direkt in ein Hochspannungs-Stromnetz eingespeist.*

Kernstück jedes photovoltaischen Solarkraftwerks ist also ein Solargenerator. Er besteht aus mehreren Solarmodulen, die ihrerseits aus mehreren Solarzellen zusammengesetzt sind. Die Leistung der betreffenden Anlage hängt einerseits von der Fläche, andererseits von der Art der verwendeten Solarzellen ab. Die Ausgangsspannung hängt wiederum mit der Art der Zusammenschaltung der einzelnen Solarmodule zusammen. Große Solargeneratoren werden üblicherweise in einzelne Gruppen geteilt, die ihrerseits so geschaltet werden, daß die Gesamtanlage die geforderten Spannungs- und Stromstärkewerte erreicht. Die Gesamtkenndaten solcher Generatoren hängen naturgemäß von den Kenndaten der einzelnen Solarzellen und folglich von den Solarmodulen ab.

In der künftigen Solarwasserstoff-Energiewirtschaft werden – wie erwähnt – auch photovoltaische Kraftwerke eine wichtige Rolle

231

spielen. Die auf diese Weise erzeugte elektrische Solarenergie wird einerseits dem Endverbraucher direkt zur Verfügung gestellt, andererseits wird sie dazu genutzt, mit Hilfe der Wasserelektrolyse Solarwasserstoff zu gewinnen. Das Funktionsprinzip eines solchen Mischsolarkraftwerks zeigt das Bild 90. Hier wird ein Teil der gewonnenen elektrischen Energie für den Betrieb eines Wasserelektrolyseurs zur Solarwasserstoffproduktion verwendet. Der Rest wird zur Versorgung eines Hochspannungs-Stromnetzes (10–20 kV $\approx$) hochtransformiert. Ein kleiner Teil der Solarstromproduktion kann aber auch dazu benutzt werden, Endverbraucher mit gewöhnlichem Wechselstrom von 220/380 V direkt zu versorgen.

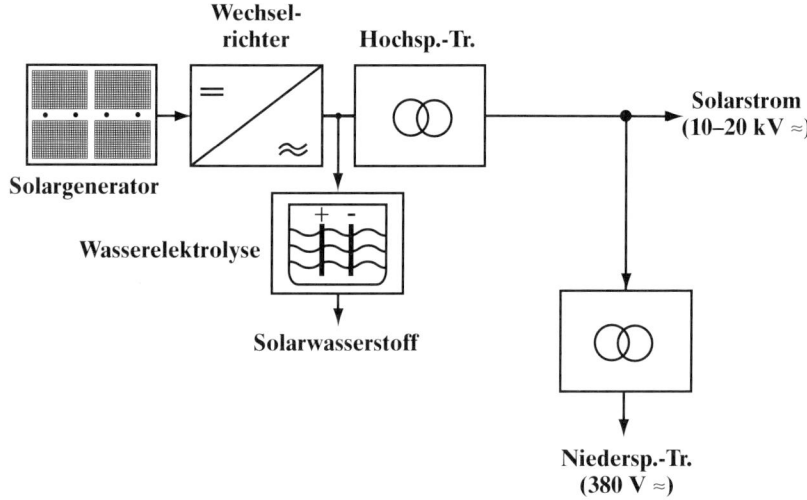

Bild 90: Funktionsprinzip eines photovoltaischen Mischsolarkraftwerks. Sein Solarstrom wird überwiegend zur Erzeugung von Solarwasserstoff verwendet. Ein Teil des Solarstroms wird dem Endverbraucher direkt zur Verfügung gestellt.

Während der vergangenen zwei Jahrzehnte sind mehrere photovoltaische Kraftwerke entwickelt und in Betrieb genommen worden. Die bekanntesten von ihnen sind: Carrisa/Carrizo – Plain/USA;

232

Soleras/Aljubaylah/Saudi-Arabien; SMUDP V1/Rancho Seco/USA; SMUDP V2/Rancho-Seco/USA; PV300/Austin/USA; Pellworm/ Deutschland; Kythnos/Insel Kythnos/Griechenland; Marchwood/ Marchwood/GB und Alabama/USA.

All diese Solarkraftwerke haben inzwischen den Beweis erbracht, daß die verwendeten Energieumwandlungsverfahren prinzipiell funktionieren und zwar zuverlässig. Gleichzeitig haben diese Solaranlagen aber auch gezeigt, daß der gewonnene Solarstrom noch zu teuer ist. Dennoch werden photovoltaische Solarkraftwerke in der künftigen Energiewirtschaft eine wichtige Rolle spielen, und dies aus mehreren Gründen: Man darf nämlich davon ausgehen, daß die Kosten der Solarzellenproduktion laufend gesenkt werden. Hinzu kommt, daß der Wirkungsgrad von Solarzellen laufend verbessert wird. Der wichtigste Grund hängt aber damit zusammen, daß photovoltaische Solarkraftwerke besonders gut als kleine Anlagen für dezentrale Energieversorgungen eingesetzt werden können, was für den bereits erwähnten dezentralen Teil der Solarwasserstoff-Energiekonzeption sehr wichtig ist.

Die gesammelten praktischen Erfahrungen in Verbindung mit zahlreichen theoretischen Studien liefern inzwischen konkrete Vorstellungen über die Photovoltaik allgemein. Dies betrifft die Installationsorte, die Leistungsgröße, die Effizienz, die Betriebs- und Investitionskosten u.v.a. So steht z.B. schon heute fest, daß in Südregionen doppelt so viel Sonnenenergie „geerntet" werden kann, wie mit der gleichen Solarfläche im europäischen Raum. Ein wichtiger Grund also, jedoch nicht der einzige, solche Kraftwerke dort zu installieren. Die Energiebilanz ist immer noch günstiger, auch wenn man die relativ hohen Transportkosten für gasförmigen oder flüssigen Wasserstoff von dort nach Europa einbezieht. Hinzu kommt noch das Problem der Installationsfläche, das in dicht besiedelten Regionen wie Europa schwierig zu lösen ist. Dennoch kann der zentraleuropäische Raum für vereinzelte kleine photovoltaische Anlagen der Größenordnung von 100 kW_{el} in Betracht gezogen werden. Solche Anlagen können zum Teil Dachanlagen sein. Sie können aber auch auf stillgelegten landwirtschaftlichen Flächen errichtet werden. Regionen wie Südspanien, Süditalien, Griechenland und die Türkei können Anlagen dieser Art und einer Größenordnung von 500 kW$_{el}$ bis 800 kW$_{el}$ verkraften. Arabische und nordafrikanische Regionen dagegen sind in der Lage, viel größere Anlagen aufzunehmen. So können dort z.b. mehrere photovoltaische Kraftwerke der Größenordnung von 1 MW$_{el}$ bis 2 MW$_{el}$ zusammengeschlossen werden und Anlagen der Größenordnung von 100 MW$_{el}$ bis 200 MW$_{el}$ bilden. Der Vorteil solcher Regionen liegt nicht nur in der hohen Sonneneinstrahlung, sondern auch in dem günstigen Neigungswinkel der Solarmodule, der bei etwa 10°, gegenüber etwa 30° in Mitteleuropa liegt. Die Nutzungsdauer kann Werte von über 2 000 h/a und einen Gesamtwirkungsgrad von etwa 11% erreichen. Die Lebensdauer solcher Kraftwerke wird heute auf 25 Jahre geschätzt. Ihre Errichtung führt allerdings zu einer kleinen CO$_2$-Belastung der Umwelt. Sie liegt in der Größenordnung von 50 g/kWh$_{el}$, die vorwiegend mit der Herstellung der verwendeten Materialien zusammenhängt.

Solarthermische Kraftwerke

Solarthermische Kraftwerke tun nichts anderes, als die Sonnenstrahlung einzufangen und zu bündeln, um dadurch große Leistungswerte zu erreichen. Damit können relativ hohe Strahlungsintensitäten erreicht werden, die man dann zur Gewinnung von Wärmeenergie verwenden kann. Diese Energie kann anschließend sowohl als Prozeßwärme wie zur Gewinnung von elektrischem Strom verwendet werden.

Die Realisierung dieses Funktionsprinzips kann auf zwei Wegen geschehen. Danach unterscheidet man zwischen Solarturm- und Solarfarm-Kraftwerken. Im ersten Fall werden mehrere Reflektoren, *Heliostaten* genannt, verwendet, die ein großflächiges Spiegelfeld bilden (vgl. Bild 91). Diese *Heliostaten* werden rechnergesteuert nachgeführt, damit sie die eingefangene Sonnenstrahlung gezielt auf einen Empfänger reflektieren, der sich auf der Spitze eines Turms befindet. Der Empfänger, ein Wärmeabsorber, besteht meist aus Wärmeübertragungsrohren, die von Wasser oder einer anderen Flüssig-

234

keit durchströmt werden. Durch die Sonnenstrahlung wird das Wasser in Dampf umgewandelt, der dann eine Turbine antreibt. Die Turbine wandelt die Wärmeenergie des Wasserdampfs in mechanische, genau gesagt in Rotationsenergie, um. Ein angekoppelter Stromgenerator wandelt die Rotationsenergie in elektrische Energie um. Aus Sonnenstrahlung entsteht also Strom.

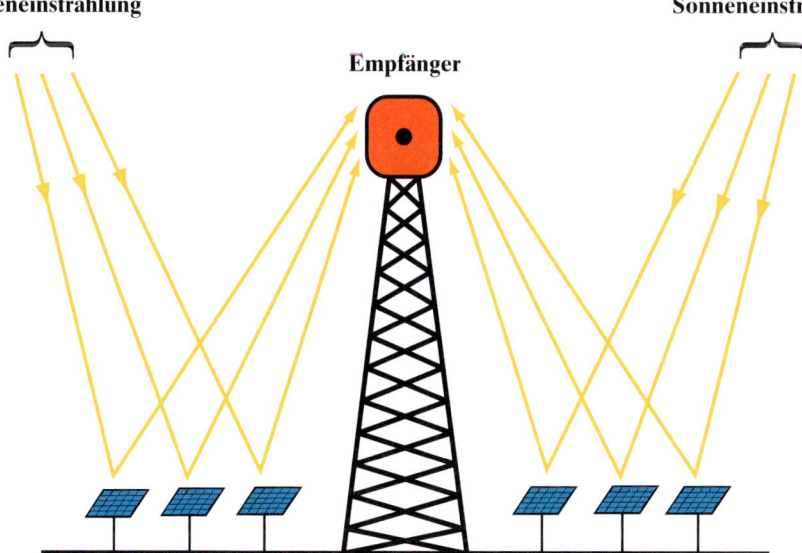

Bild 91: Solarthermisches Kraftwerk nach dem „Solarturmprinzip". Mehrere Spiegel (Heliostaten) reflektieren die Sonnenstrahlung zu einem auf einem Turm installierten Empfänger, wo aus Sonnenstrahlung Wärmeenergie gewonnen wird. Daraus wird mit Hilfe einer Turbine und eines Elektrogenerators elektrische Energie gewonnen.

Hinter der Turbine kondensiert anschließend der Dampf wieder zu Wasser, das zur erneuten Erwärmung in den Empfänger hochgepumpt wird. Hier findet also ein Dampfkreislauf statt, eine Technologie, die eigentlich seit langem Stand der Technik ist.

Der auf der Spitze eines Turms befindliche Empfänger hat also die Aufgabe, die empfangene Sonnenstrahlungsenergie auf irgend-

235

ein Medium zu übertragen, das diese Wärmeenergie nutzbar macht. Im Gegensatz zu Solarturm-Anlagen benutzen Solarfarm-Anlagen mehrere einzelne Wärmeabsorber, die an der Fokusstelle von Sonnenkollektoren montiert sind. Dadurch wird die Sonnenenergie sozusagen lokal „geerntet". Die Art, wie die Sonnenkollektoren (meist Parabolrinnen, vgl. Bild 93) am Boden angeordnet sind,

Bild 92: Zwei benachbarte solarthermische Kraftwerke nach dem „Solarturmprinzip", die vor mehreren Jahren als Pilotprojekte in Almeria/Spanien errichtet wurden.

erweckt Assoziationen an die Felder eines Bauernhofs, und deswegen nennt man solche Anlagen Solarfarm-Anlagen bzw. Solarfarm-Kraftwerke (vgl. Bild 94).

Solarfarm-Anlagen funktionieren im Prinzip wie Solarturm-Anlagen. Die Sonnenstrahlung wird auch hier dazu benutzt, Wärmeenergie zu gewinnen, die anschließend in elektrische Energie

236

umgewandelt wird. Die gewonnene Wärmeenergie wird in einem Wärmespeicher gespeichert und durch einen Zwischenkreislauf vom Wärmespeicher auf einen Verdampfer übertragen, in dem die im Arbeitskreislauf der Anlage zirkulierende Flüssigkeit Wärme aufnimmt und verdampft wird, so daß sie eine Turbine antreiben kann, bevor sie in einem Kondensator wieder zur Flüssigkeit rückgewandelt wird (vgl. Bild 95).

Die mit solchen Solarkraftwerken gewonnene Wärmeenergie ist allerdings auf nur einige MW begrenzt. Hinderungsgrund für mehr Leistung ist die Länge der Vor- und Rücklaufleitungen des verwendeten Kreislaufsystems, das die einzelnen Wärmeabsorber mit dem zentralen Wärmespeicher verbindet. Bei großen Leistungen, d.h. bei der Verwendung von vielen Kollektoren, wird das Leitungsnetz so lang, daß zwangsläufig hohe Energieverluste entstehen. Effiziente Solarfarm-Anlagen haben also eine relativ kleine Leistung und eignen sich deswegen mehr für die dezentrale Energieversorgung.

Während der vergangenen zwei Jahrzehnte sind zahlreiche solarthermische Kraftwerke und etliche solarthermische Testanlagen entwickelt und erfolgreich in Betrieb genommen worden.

Zu den Kraftwerken gehören hauptsächlich die folgenden: Solar One/Barstow/USA; Themis/Targasonne/Frankreich; CESA-1/Almeria/Spanien; IEA-SSPS/Almeria/Spanien; Sunshine/Nio/Japan; Eurelios/Adrano/Italien; SES-5/Kertsch/Rußland; STIP/Coolidge/USA; SEGS1/Barstow/USA; SEGS3/4/Kramer/USA; TDSA/Al-Jubaylah/Saudi Arabien; STEP100/Meekathara/Australien; STEP/Shenandoah/USA; Sonntlan/Las Barrancas/Mexiko; Soleras/Yanbu/Saudi Arabien; Al-Ain/Dubai/Vereinte Emirate und Fairfield/Fairfield/USA.

Zu den Testanlagen gehören: CNRS/Odeillo/Frankreich; CRTF/Albuquerque/USA; CIRT/ACTF/Atlanta/USA; DRTF/Albuquerque/USA; MSSTF/Albuquerque/USA und DLR/Lampoldshausen/Deutschland.

Alle diese Pilotprojekte sowie die zahlreichen relevanten theoretischen Studien haben die Leistungsfähigkeit von solarthermischen Kraftwerken deutlich zum Ausdruck gebracht. Schon jetzt steht fest, daß solarthermische Kraftwerke im Vergleich zu den photovoltai-

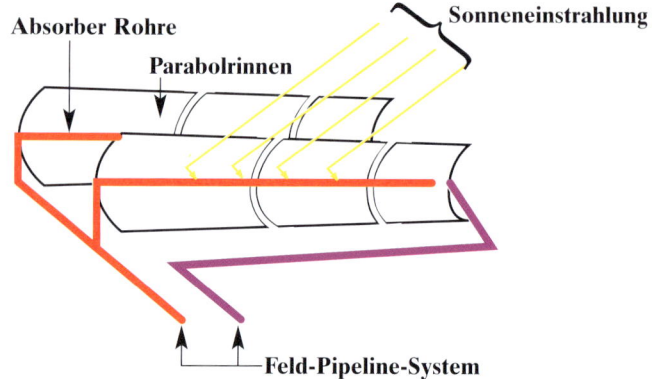

Absorber Rohre

Parabolrinnen

Sonneneinstrahlung

Feld-Pipeline-System

Bild 93: Mehrere Sonnenkollektoren in Form von Parabolrinnen „sammeln" die Sonnenstrahlung, wodurch große Wärmeenergiemengen gewonnen werden können.

schen Solarkraftwerken den Solarstrom etwa um den Faktor 2 günstiger produzieren können. Sobald aber Solarzellen mit höheren Wirkungsgradwerten entwickelt werden, kann dieses Verhältnis zu Gunsten der photovoltaischen Solarkraftwerke geändert werden.

Als Standorte für künftige Solarkraftwerke kommen im wesentlichen Südregionen (z.B. Nordafrika) in Frage. Kleine Anlagen dieser Art können aber auch in Südspanien, in Süditalien, in Griechenland und in der Türkei installiert werden.

Bild 94: Solarthermisches Kraftwerk nach dem „Solarfarmprinzip" (150 MW-Werk in Kramer Junction Site/Kalifornien).

Entwicklungspotential scheint sowohl bei den *Heliostaten* als auch bei den Wärmeträgern vorhanden zu sein. Statt eines Dampfkreislaufs kann z.B. eine Salzschmelze, flüssiges Natrium oder heiße Luft verwendet werden. Dabei erhitzt sich die Luft auf Temperaturen bis zu 700° C und kann eventuell (bei zu geringer Sonneneinstrahlung) mit Hilfe eines Brenners nachgeheizt werden. Dadurch kann praktisch ein ausgeglichener Betrieb des Kraftwerks gewährleistet werden. Die heiße Luft kann anschließend einem Dampferzeuger zugeführt und danach abgekühlt (auf etwa 200° C) zum Wärmeempfänger zurückgeführt werden.

Bei den verwendeten *Heliostaten*, die, je nach Größe des Solarturm-Kraftwerks, bis zu 80% der Gesamtkosten verursachen, sind inzwischen wesentliche Fortschritte erzielt worden. Um die Anzahl der einzelnen *Heliostaten* zu reduzieren, hat man z.B. ihre Fläche von 40 m² auf 150 m² erhöht.

Die größte Leistung von Solarturm-Kraftwerken beträgt z.Zt. 10 MW_{el} (Beispiel: Solar Two/Barstow/USA). Ein 30 MW_{el} Werk dieser Art soll bald unter der Bezeichnung *PHOEBUS* in Jordanien errichtet werden. Solarturm-Kraftwerke haben z.Zt. einen Wirkungsgrad von etwa 14,5% und eine Lebensdauer von etwa 25 Jahren. Ihre CO_2-Emissionen liegen bei nur 16 g/kWh_{el}. Solarfarm-Kraftwerke weisen etwa die gleichen Kenndaten auf. Die bisherigen Pilotprojekte konnten aber größere Leistungen zustande bringen. So sind z.B. in Kalifornien (Mojava-Wüste) Kraftwerke dieser Art mit Leistungen zwischen 14 und 80 MW_{el} erprobt worden. Zwei dieser Solarkraftwerke, mit einer Leistung von je 80 MW_{el}, benutzen als Wärmeträger Thermoöl und erreichen einen Solarfeldwirkungsgrad von etwa 68%. Der Gesamtwirkungsgrad liegt bei etwa 16% und könnte heute auf einen Wert von 20% gesteigert werden. Auch ihre CO_2-Emissionen liegen günstiger; sie betragen nur 14 g/kWh_{el}. Solarthermische Kraftwerke werden im Rahmen der Solarwasserstoff-Energiewirtschaft voraussichtlich eine wichtigere Rolle als ihre „Brüder", die photovoltaischen Kraftwerke, spielen.

Bild 95: (Seite 241) Solarthermisches Kraftwerk nach dem „Solarfarmprinzip". Mehrere Parabolrinnen dienen dazu, die Sonnenstrahlung „einzusammeln", wodurch Wärmeenergie gewonnen wird. Aus dieser Energieform gewinnt man anschließend mit Hilfe einer Turbine und eines Elektrogenerators elektrische Energie.

240

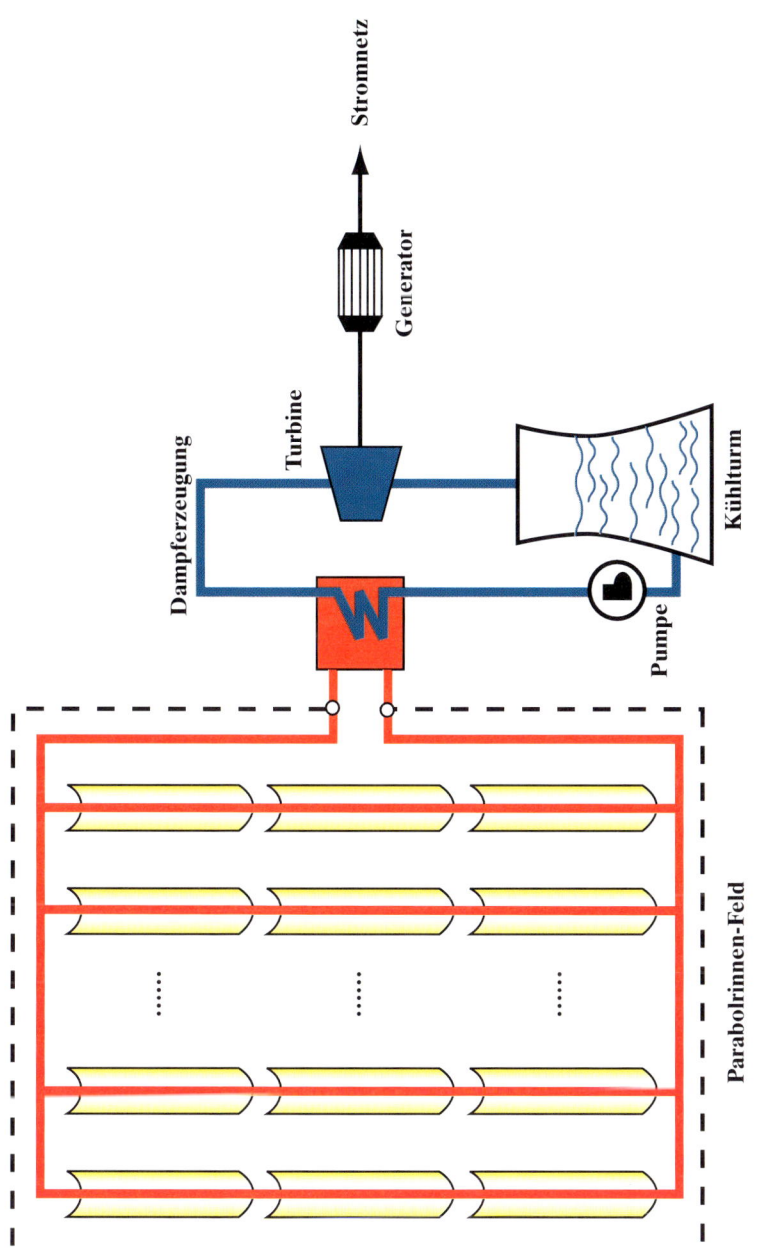

Stromnetz

Generator

Turbine

Dampferzeugung

Kühlturm

Pumpe

Parabolrinnen-Feld

241

Einzelspiegel-Kraftwerke

Neben den solarthermischen und den photovoltaischen Kraftwerken gibt es auch eine Sonderkategorie von kleinen Solarkraftwerken, die sogenannten „Einzelspiegel-Solarkraftwerke". Der Unterschied zu den vorher genannten zwei Kategorien besteht darin, daß diese Anlagen erstens einzelne Spiegel (meistens Parabolspiegel) zur Sammlung der Sonnenstrahlung benutzen, und zweitens, daß sie die „geerntete" Sonnenenergie *in situ* einsetzen, um auf dem solarthermischen Weg elektrische Energie z.B. mit Hilfe von Stirling-Generatoren zu gewinnen. Diese Generatoren sind an der Fokusstelle des betreffenden Spiegels installiert. Das Funktionsprinzip eines solchen Solarkraftwerks zeigt das Bild 96 (oben). Ein solches Solarkraftwerk erinnert an eine Parabolspiegel-Empfangsantenne, die aus einem Parabolspiegel und einem Empfänger besteht, der an der Fokusstelle des Spiegels installiert ist. Aufgrund der Konzentrationsfähigkeit des Spiegels wird der Empfänger mit einem starken Signal gespeist. Wie stark dieses Signal ist, hängt von der Größe des Spiegels im Vergleich zur Wellenlänge des empfangenen Signals ab. Im Fall eines Solarkraftwerks entspricht dies hauptsächlich der Wellenlänge des sichtbaren Lichts (400 bis 750 nm). Je größer also der Spiegel im Vergleich zu dieser Wellenlänge ist, desto größer auch die „geerntete" Sonnenstrahlung, d.h. die gewonnene Sonnenenergie. Die Effektivitätsgrenzen liegen aber bei einem Konzentrationswert von etwa 2 000. Damit können Anlagen bis etwa 50 kW$_{el.}$ gebaut werden. Es lohnt sich deswegen nicht, sehr große Spiegel zu verwenden. Effektiver ist es, für die Gewinnung größerer Energiemengen mehrere solcher Einheiten zusammenzuschalten.

Der Vorteil von Einzelspiegel-Solarkraftwerken besteht darin, daß sie der Sonne zweiachsig nachgeführt werden können, so daß hohe Konzentrations- und somit hohe Temperaturwerte erreichbar

Bild 96: (Seite 243) Oben: Funktionsprinzip eines Einzelspiegel-Solarkraftwerks
Unten: 25 kW-Anlage der Firma Mc Donald Douglas.

242

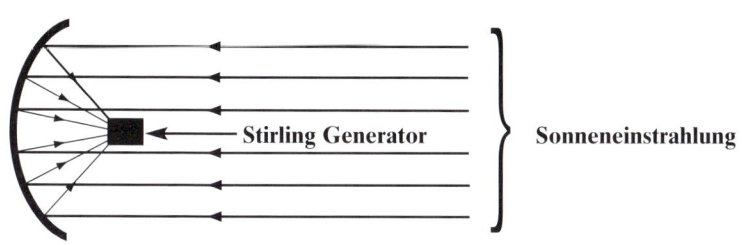

Stirling Generator

Sonneneinstrahlung

243

sind. In Form von kleinen, zerlegbaren Anlagen können solche Generatoren auch als mobile Stromversorgungsanlagen eingesetzt werden.

Standorte und Flächenbedarf

Weil Solarkraftwerke relativ große Bodenflächen beanspruchen, werden sie vorzugsweise dort installiert, wo kaum Vegetation vorhanden ist, d.h. in Wüstenregionen. Außerdem müssen die Standorte einen ausreichend festen Boden haben und dürfen nur von schwachen Windstürmen heimgesucht werden. Viele Wüstenregionen und insbesondere Regionen von Afrika sind deswegen für solche Installationen nicht gut geeignet. Dennoch gibt es auch dort Gebiete, die nicht nur in Betracht gezogen werden können, sondern wegen der starken Sonnenstrahlung auch in Anspruch genommen werden müssen. Auch Stein- und Kieswüsten sind gut geeignet. Große Gebiete dieser Art findet man in Nordafrika, in Australien und in beschränktem Maß in Griechenland (Peloponnes/Kreta) und der Türkei.

Bezüglich des Flächenbedarfs sind inzwischen viele Überlegungen angestellt worden. Ausgehend von dem in Frage kommenden Energiebedarf für die kommenden Generationen, der Strahlungsintensität der Sonne auf der Erdoberfläche (1 kW/m^2), der technischen Konzeption von Solarkraftwerken allgemein und der heute zur Verfügung stehenden Technologien kann der Flächenbedarf für solche Kraftwerke relativ gut abgeschätzt werden. Im Vergleich zu den Flächen, die andere Kraftwerke beanspruchen, schneiden Solarkraftwerke relativ günstig ab. Während z.B. für Solarkraftwerke Flächen der Größenordnung von $0{,}02$ km^2/MW erforderlich sind, beanspruchen Wasserkraftwerke Flächen der Größenordnung von $0{,}1$ km^2/MW. Für das *Assuan-Damm*-Projekt kam am Ende sogar ein Flächenbedarf von 2 km^2/MW zustande.

Solarwasserstoff-Kraftwerke der beschriebenen Größe sind naturgemäß u.a. auch auf erhebliche Mengen von Wasser als Rohstoff für die Elektrolyse angewiesen. Sonnenreiche Regionen wiederum

244

Bild 97: Solarwasserstoff ist die Lösung der Öko-Energie-Problematik. Visionäre wie Dr. Ludwig Bölkow zeigen den Lösungsweg, der über die Nutzung der Sonnenenergie führt. Die drei viereckigen Flächen zeigen den Flächenbedarf für die Energiedeckung von Deutschland (kleine Fläche), Europa (mittelgroße Fläche) und der Welt (große Fläche). Aus dieser symbolischen Darstellung darf jedoch nicht geschlossen werden, daß die Lösung des Problems nur in der Installation von Solarkraftwerken in der Wüste zu suchen ist; eine dezentrale Energiegewinnung wird eine genauso wichtige Rolle spielen.

sind üblicherweise wasserarm, so daß die Wasserversorgung von solchen Kraftwerken nicht immer problemlos sein wird. Der tägliche Wasserbedarf liegt schätzungsweise bei etwa 80 m^3/km^2, d.h. für einen einzigen Quadratkilometer Solarzellenfläche sind täglich etwa

80 Kubikmeter Wasser erforderlich. Dieser Bedarf wird höchstwahrscheinlich durch entsalztes Meerwasser gedeckt werden, das teilweise über mehrere 100 km Entfernung zum jeweiligen Solarkraftwerk befördert werden muß. Die dafür nötigen Technologien sind zwar vorhanden, es müssen aber Logistik- und Kostenfragen geklärt werden. Daran wird allerdings die Solarwasserstoff-Energiekonzeption gewiß nicht scheitern. Vorteilhafter scheint möglicherweise der Stromtransport bis zur Küste und die H_2-Gewinnung in Nähe des zu entsalzenden Wassers. Sobald große Installationsleistungen von einigen 1 000 MW existieren, ist sicherlich auch der HGÜ-Stromtransport über Entfernungen bis zu 3 000 km sinnvoll.

Windkraftanlagen und Wasserkraftwerke

Im Rahmen der Solarwasserstoff-Energiewirtschaft werden, wie bereits angedeutet, auch Windkraftanlagen und Wasserkraftwerke eine unterstützende Rolle spielen.

Windenergie und Wasserkraft verkörpern indirekte Sonnenenergie. Wenn also Strom aus Windkraftanlagen oder Wasserkraftwerken zur Wasserstoffproduktion eingesetzt wird, dann handelt es sich auch hierbei um Solarwasserstoff.

Obwohl Windkraftanlagen seit den 40er Jahren des soeben zu Ende gegangenen 20. Jahrhunderts gebaut werden, haben solche Anlagen erst während der letzten zwei Jahrzehnten eine stürmische Entwicklung erlebt. Lagen z.B. Anfang der 90er Jahre die Leistungen angebotener Anlagen bei etwa 250 $kW_{el.}$, so stiegen sie Mitte der 90er Jahre auf 500 bis 600 $kW_{el.}$; und die Entwicklung geht allmählich auf Leistungen von über 1 $MW_{el.}$. Die zu Beginn der 80er Jahre gebaute Windkraftanlage GROWIAN (**Gro**ße **Wi**ndenergie**an**lage) wies eine Leistung von 3 $MW_{el.}$ auf. Diese Anlage war seinerzeit die größte Windkraftanlage überhaupt. Sie war allerdings ein Pilotprojekt, das bald zu dem Ergebnis führte, daß es neben den sehr hohen Kosten auch noch technische Probleme gab, die gelöst werden mußten. GROWIAN ist inzwischen nicht mehr in Betrieb.

Anfang der 90er Jahre wurde im Jade-Windpark Wilhelmshaven eine neue 3 $MW_{el.}$ Windkraftanlage mit der Bezeichnung AEOLUS II gebaut („Αἴολος" war der für den Wind zuständige griechische Gott). Jedes der beiden Blätter dieser Anlage hat eine Länge von 38,8 m und eine Breite von 4,4 m. Die Gesamtanlage wiegt stolze 162 Tonnen. Die Ausnutzungsdauer von solchen Anlagen liegt bei 2 400 h/a, die Lebensdauer bei etwa 20 Jahren. Der Erntefaktor* (EF) beträgt 18 und liegt damit an der Spitze vergleichbarer Werte. Die spezifischen Stromgestehungskosten liegen bei nur 0,05 €/kWh. Auch die CO_2-Emissionen solcher Anlagen sind günstig; sie betragen nur etwa 12 $g/kWh_{el.}$.

Noch effizienter als Windkraftanlagen arbeiten Wasserkraftwerke. Solche Kraftwerke gibt es seit über einem Jahrhundert, und sie gehören deswegen zu den ausgereiftesten Technologien überhaupt.

Das Funktionsprinzip von solchen Kraftwerken, die mechanische Energie des Wassers in nutzbare Bewegungsenergie umzusetzen (z.B. über ein Wasserrad), ist uralt. So sprach sich z.B. der römische Kaiser Vespasian einst gegen die Verwendung der Wasserkraft aus, weil er befürchtete, diese Technologie würde Arbeitsplätze freisetzen.

Heute faßt man unter dem Begriff „Wasserkraftwerke" alle Anlagen zusammen, die die Wasserkraft von Binnengewässern mittels Laufwasser- und Speicherkraftwerken nutzen, sowie die Gezeiten- und Wellenkraftwerke.

Der Wirkungsgrad von Wasserkraftwerken ist sehr hoch. Er liegt zwischen 80% für kleine und 90% für große Anlagen. Kraftwerke dieser Art können bei einer Ausnutzungsdauer von 5 300 h/a und einer Lebensdauer von bis zu 60 Jahren Leistungen bis zu etwa 10 $MW_{el.}$ erreichen. Ihr Erntefaktor erreicht Werte der Größenordnung von 35. Ihre CO_2-Emissionen liegen bei nur etwa 8 bis 9 $g/kWh_{el.}$. Die spezifischen Stromgestehungskosten betragen etwa 0,04 $€/kWh_{el.}$.

---

* Dieser Faktor ist das Verhältnis der Energiegewinnung (Eg) aus einer Energiequelle zum Energieaufwand (Ea), der dafür erforderlich ist. Es gilt also: EF = Eg/Ea. Der ideale Fall liegt vor, wenn der Energieaufwand Ea gleich Null ist. Dieser Fall tritt aber nie auf, so daß der Erntefaktor EF nie unendlich groß werden kann. Je größer aber dieser Faktor ist, desto günstiger ist der betreffende Energiegewinnungsprozeß. Das Waldholz-Sammeln gehört zu den günstigen Fällen, denn dadurch kann ein EF-Wert von etwa 40 erreicht werden.

Kann die Solarwasserstoff-Energiewirtschaft ohne technische Risiken realisiert werden?

Angenommen, daß man sich endgültig für die Solarwasserstoff-Energiekonzeption entschließt, so stellt sich automatisch die Frage, ob dieses Mammutprojekt auch ohne technische Risiken realisiert werden kann. Fügt man das gesamte heute vorhandene Know-how zusammen, dann kann man diese Frage mit einem eindeutigen „ja" beantworten. Der Grund dafür liegt in der einfachen Tatsache, daß diese Aufgabe mit den bereits vorhandenen Technologien bewältigt werden kann. Dies betrifft nicht nur den Energieträger „Wasserstoff", sondern auch alle damit verbundenen technischen Einrichtungen, darunter auch die Brennstoffzellen-Technologie. Nicht zu vergessen ist auch die Wasserstofflogistik, die, wie wir gesehen haben, ohne jegliche technische Probleme etabliert werden kann. Dennoch muß man weiterhin Durchführbarkeitsstudien anstellen, um die eine oder andere Schwachstelle der Gesamtproblematik genauer zu analysieren. Am Schluß von solchen Studien steht aber meistens ein Ergebnis, das die gestellte Frage nicht hundertprozentig beantwortet. Und trotzdem liefern solche Aussagen meist einen guten Einblick in die Risiken von Fehleinschätzungen. Im konkreten Fall der Solarwasserstoff-Energiekonzeption sind die beteiligten Technologien derart ausgereift, daß das Risiko einer Fehleinschätzung minimal ist. Technische Risiken sind also kaum zu befürchten. Insofern kann bedenkenlos mit der Realisierung dieser Aufgabe begonnen werden.

Welche Zeiträume sind für die Etablierung der Solarwasserstoff-Energiekonzeption erforderlich?

Nie zuvor stand die Menschheit vor einer Aufgabe, wie die der Umstellung von einer seit langem etablierten fossilen Energiewirtschaft auf eine neue Energiekonzeption, die zum Schluß nur noch mit

Solarenergie und Solarwasserstoff auskommen muß. Deswegen existieren keine Zeiterfahrungswerte, die für die Lösung dieser Aufgabe herangezogen werden könnten. Die einzigen Erfahrungen, die wir bisher gesammelt haben, stammen aus Großprojekten, wie das *Suez-Kanal-*, das *Assuan-Damm-* und das *Apollo*-Projekt. Bei all diesen großartigen Projekten handelte es sich zwar um relativ große und komplizierte Aufgaben, sie können aber auf keinen Fall mit dem hier zur Diskussion stehenden Vorhaben verglichen werden. Sie alle haben nur etwa 10 Jahre gedauert. Auch die z.Zt. im Bau befindliche *Internationale Raumstation* wird für ihre Erstellung einen Zeitraum von etwa 10 Jahren brauchen und anschließend für die Dauer von weiteren 10 bis 15 Jahren als Forschungslabor im Weltraum dienen. Das nächstgrößte Projekt wird höchstwahrscheinlich eine bemannte Marsmission sein – eine Aufgabe, die schätzungsweise etwa 15 Jahre in Anspruch nehmen wird.

Bei dem hier zur Diskussion stehenden Solarwasserstoff-Vorhaben wird höchstwahrscheinlich ein Zeitraum von etwa 50 bis 70 Jahren erforderlich sein. Grund für diese Annahme sind die folgenden Überlegungen:

Obwohl das „Solarzeitalter" seit etwa zwei Jahrzehnten „begonnen" hat, sind bisher nur wenige, relativ kleine Solarkraftwerke entwickelt und in Betrieb genommen worden. Die Gründe für diese „bescheidenen" Aktivitäten sind leicht auffindbar. Zukunftsprojekte wie das vorliegende brauchen zwangsläufig einen langen Reifungsprozeß, damit ihre Bedeutung auf allen Entscheidungsebenen überhaupt begriffen wird. Erst dann folgt die Sicherung ihrer Finanzierung, die auch nicht wenig Zeit beansprucht. Kein Wunder also, wenn für die wenigen, relativ kleinen experimentellen Solarkraftwerke bereits Zeiträume von zwei Jahrzehnten erforderlich waren.

Solarkraftwerke sind aber innerhalb der Gesamtaufgabe nicht die einzige Herausforderung. Zahlreiche andere kleine und große Projekte aus den verschiedenen Bereichen der Solartechnik müssen ebenfalls bewältigt werden. Man denke z.B. an die Realisierung von zahlreichen dezentralen Hausenergieversorgungen bzw. an die serienmäßige Realisierung von autarken Solarhäusern. Man denke auch an die Wasserstoffautos, die irgendwann das Straßenbild beherrschen müssen, und zwar weltweit. Deswegen geht man heute davon aus, daß im Jahre 2025 in Deutschland nur 10% der Energieanwendungen im Haushalt und im Verkehr auf Wasserstoff umgestellt sein werden.

Faßt man alles zusammen, so muß man doch mit einem Zeitraum zwischen 50 und 70 Jahren rechnen, bis die Solarwasserstoff-Energiewirtschaft voll etabliert sein wird. Wer gerade eben geboren wurde, kann also dieses „Wunderwerk" als 50 – 70järiger in seiner vollendeten Konzeption erleben und zugleich genießen.

Alternative Energiekonzepte

Im Laufe der vergangenen Jahrzehnte ist die inzwischen wohl bekannte Öko-Energie-Problematik „still und leise" entstanden. Diese Krise ist nach Größe und Entwicklungstempo so geartet, daß sie im nächsten halben Jahrhundert überwunden werden muß, will der Mensch seine Existenz auf diesem Planeten nicht selbst untergraben.

Inzwischen hält die überwiegende Mehrheit der Energieexperten der Welt die Wasserstofftechnologie für das richtige Lösungskonzept. Dennoch werden immer wieder Alternativkonzepte erdacht, vorgeschlagen und diskutiert. Und etwas anderes sollten wir uns auch gar nicht wünschen. Denn solange die Menschheit nicht stagniert, muß sie auf allen Gebieten die niemals endende Suche nach dem Optimum weiterführen; und vielleicht wird man in hundert Jahren dankbar sein, wenn man nicht nur auf eine einzige Technologie als „Allheilmittel" festgelegt ist, sondern zu „besseren" Lösungen übergehen oder Vorhandenes sinnvoll ergänzen kann. Nur eins darf nicht geschehen: Die Alternativkonzepte dürfen nicht als Alibi verwendet werden, daß sich Entscheidungsträger vor Entscheidungen drücken und intellektuelle „Glaubenskriege" die Handlungsfähigkeit lähmen.

Manche Alternativkonzepte führen nur ein kurzes Dasein. Zu diesen zählt z.B. das satellitengestützte Mikrowellen-Energiekonzept der 70er Jahre. Andere verfallen nach ihrem ersten Auftreten in eine Art Winterschlaf und wachen dann viel später wieder auf. Denken wir in diesem Zusammenhang an die Solarwasserstoffkonzeption des Herrn Mouchot vor über 100 Jahren.

Die derzeit „aktuellen" Alternativenergiekonzepte zum Solarwasserstoff sind die folgenden:

- Solarstrom als Ersatz für Solarwasserstoff
- Silicium als Ersatz für Solarwasserstoff

251

Solarstrom als Ersatz für Solarwasserstoff?

Bei einer Nur-Solarstrom-Energiekonzeption wird der Solarstrom direkt, d.h. ohne den Umweg über „Solarwasserstoff" benutzt. Statt also aus Solarstrom Wasserstoff (hauptsächlich in südlichen Regionen) zu produzieren und diesen zu den Verbraucherregionen (z.B. Europa) zu transportieren, soll der in den großen Solarkraftwerken gewonnene Solarstrom über eine HGÜ-Leitung (**H**ochspannungs-**G**leichstrom-Übertragung) nach Europa „transportiert" werden. Die nötige etwa 2 500 km lange Übertragungsstrecke soll aus einer kombinierten Untersee- und Landleitung bestehen. Endstation dieser Leitung soll die Gegend von Paris sein, eine Region also mit dem intensivsten Energieverbrauch überhaupt. Von dort aus soll dann die elektrische Energie über das bereits vorhandene Hochspannungsnetz europaweit verteilt werden.

Für die Überbrückung der Nachtzeit sieht dieses Szenario die Nutzung von Solarwasserstoff als „Energiezwischenspeicher" vor. Während der Tageszeit wird gezielt mehr elektrische Energie gewonnen als diejenige, die während dieser Zeit in Europa verbraucht wird. Der überschüssige Solarstrom wird dazu benutzt, *in situ* Solarwasserstoff zu gewinnen. Dieser Wasserstoff wird dort in Kavernen gespeichert und während der Nachtzeit dazu benutzt, mit Hilfe von Brennstoffzellen elektrische Energie zu gewinnen, die anschließend auf dem bereits beschriebenen HGÜ-Weg nach Europa „transportiert" wird. Dieses Übertragungsverfahren ist im übrigen Stand der Technik. So wird es heute dazu benutzt, Strom von abgelegenen großen Wasserkraftwerken zu den Verbraucherregionen zu „transportieren" oder auch größere Gewässer zu durchqueren.

Hauptbestandteile einer HGÜ-Übertragung sind eine Gleichrichterstation, eine Gleichstromfreileitung oder ein Gleichstromkabel sowie eine Wechselrichterstation. Solche Übertragungssysteme ar-

Bild 98: (Seite 253) Das GLEN-Energiekonzept sieht ein globales HGÜ-Stromnetz mit insgesamt 7 Solarkraftwerken in 7 sonnenreichen Erdregionen vor.

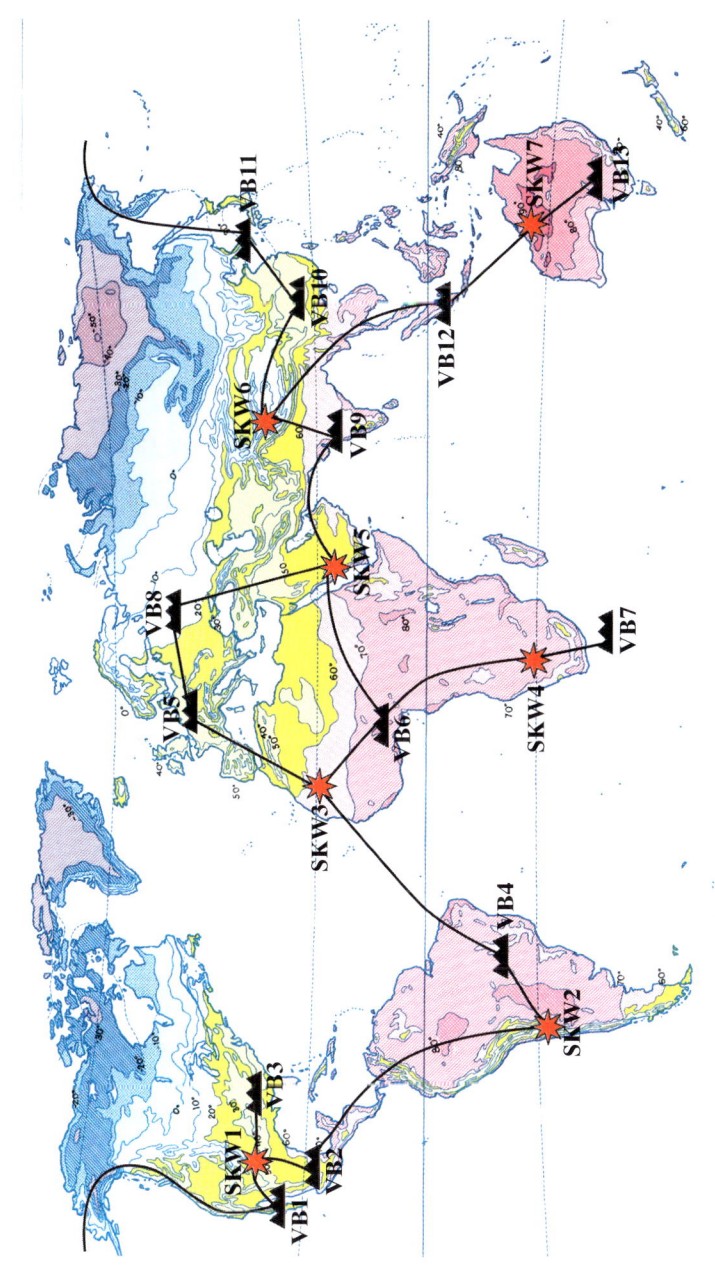

beiten heute bei Gleichspannungen der Größenordnung von 600 kV, relativ verlustarm. Die Hauptverluste entstehen in erster Linie bei den verwendeten Gleichrichterstationen. Diese Verluste liegen zwischen 0,5 % und 1 %. Auch die ohmschen Widerstände der Leitungen verursachen kleine Verluste. Sie hängen vom Querschnitt der Leitungen, der Stromstärke und der Übertragungsspannung ab. Als Kompromiß zwischen Kosten und Verlusten wird heute ein Spannungsabfall von 25 V/km akzeptiert, was zu Gesamtverlusten von etwa 5 %/1 000 km, bei einer Spannung von 500 kV bzw. von 4 %/1 000 km bei einer Spannung von 600 kV führt. Die Übertragungskapazität solcher Systeme liegt bei knapp 5 GW, ihre Ausnutzungsdauer bei 2 500 h/a. Für die Errichtung eines solchen Stromnetzes rechnet man mit einer CO_2-Belastung der Umwelt von etwa 5 g/kWh.

Bei dieser Energiekonzeption, die im übrigen durch eine Dissertation von Michael Klinke (DLR/Köln; Betreuer: Dr. W. Sebold) entstand, spielt Solarwasserstoff nur eine unterstützende Rolle.

Klinke sieht ein weiteres Szenario vor, bei dem nur Solarstrom in Betracht gezogen wird. Dieses Szenario kommt also ohne die unterstützende Rolle von Solarwasserstoff aus. Er nennt es GLEN (**G**lobal **E**nergy **N**etwork; dt. „Globales Energienetz"). Im Rahmen dieses Szenarios sind insgesamt sieben Solarkraftwerke (SKW_1 … SKW_7; vgl. Bild 98) in den Erdregionen USA (Nevada), Argentinien (Cordilleras), Algerien (Sahara), Namibia (Kalahari), Saudi-Arabien (Ar-Rub'al Hali), China (Kunlunshan) und Australien (Westregion) installiert und über eine erdumspannende HGÜ-Leitung miteinander verbunden. Die mit VB_1 bis VB_{13} gekennzeichneten 13 Verbraucherzentren befinden sich in den folgenden Erdregionen: VB_1: Los Angeles; VB_2: Mexiko City; VB_3: New York; VB_4: Rio de Janeiro; VB_5: Paris; VB_6: Lagos; VB_7: Johannesburg; VB_8: Moskau; VB_9: Bombay; VB_{10}: Schanghai; VB_{11}: Tokio; VB_{12}: Sydney; und VB_{13}: Singapur.

Durch die gewählten Installationsorte der genannten sieben Solarkraftwerke wird übrigens die Tag/Nacht-Problematik gelöst, so daß die Verbraucher weltweit rund um die Uhr mit elektrischem Strom versorgt werden können. Ob allerdings diese Energiekonzeption einmal Realität wird, vermag heute niemand vorauszusagen.

254

Silicium als Ersatz für Solarwasserstoff?

Silicium als Energieträger einzusetzen, ist unter den Energieexperten seit langem ein bekanntes Thema. Durch eine *Stern*- und eine *Spiegel*-Publikation wurde Ende des Jahres 2000 auch die breite Öffentlichkeit hierzulande mit dieser Thematik konfrontiert. Beide Publikationen sorgten für zahlreiche Diskussionen, darunter für viele sehr unqualifizierte. Genauso wie früher Wasserstoff mit Wasser verwechselt und als Treibstoff für Verbrennungsmotoren angesehen wurde, ist diesmal auch das Silicium nicht als Energieträger, sondern als Energiequelle „klassifiziert" worden, und „plötzlich" sahen manche Laien das Weltenergieproblem „gelöst". Silicium gibt es ja buchstäblich wie Sand am Meer; denn nicht nur der Sand selbst, sondern auch viele Gesteine der Erde enthalten Silicium und zwar in großen Mengen. Dort liegt aber das Silicium nur chemisch gebunden, genauso wie der Wasserstoff im Wasser chemisch gebunden ist. Will man also Silicium als Energieträger verwenden, muß man zunächst Energie aufwenden, um aus Sand Silicium zu gewinnen. Danach kann aber das Silicium mit Stickstoff zur Verbrennung gebracht werden, wodurch chemisch gespeicherte Energie freigesetzt wird und zwar CO_2-frei. Die Energiedichte des Siliciums liegt im übrigen fast so hoch wie die Energiedichte von Benzin. Sie beträgt also etwa 11 kWh/kg.

Bisher war man der Meinung, Silicium kann nur unter sehr hohen Temperaturen und nur unter Mithilfe eines Eisenkatalysators zur Verbrennung gezwungen werden. Überdies nahm man an, daß für seine Verbrennung soviel Energie erforderlich ist, daß sie sich überhaupt nicht lohnt. Das Neue an der jüngsten Geschichte ist nun, daß diese beiden Annahmen nicht zutreffen. Insofern kann – so mindestens die Meinung einiger Energieexperten – Silicium doch als eine Alternative zum Wasserstoff betrachtet werden.

Einer der Hauptverfechter dieser These ist Professor Norbert Auner (Institut für Anorganische Chemie der Universität Frankfurt/Main). Sein Energiekonzept stützt sich auf die Nutzung von Silicium bzw. Silanen als Energieträger, die ja bei ihrer Verbrennung mit

Stickstoff keine CO_2-Emissionen verursachen. Als Verbrennungs-produkte entstehen praktisch nur Siliciumdioxid (SiO_2) und Siliciumnitrid (Si_3N_4). Letzteres kann im übrigen als Ausgangsprodukt für wertvolle chemische Produkte wie Ammoniak verwendet werden.

Auners Energiekonzept enthält also etwas mehr; denn Auner will das Silicium nicht nur als Energieträger, sondern auch als Rohstoff einsetzen; und gerade deswegen scheint eine „Verwandtschaft" zwischen Silicium und Wasserstoff zu existieren. So könnte z.B. nach Auners Vorstellungen das anfallende Ammoniak zur Herstellung von Düngemittel und Wasserstoff dienen, wodurch ein neuer interessanter Energie-Produkt-Kreislauf entsteht.

Als „Bestätigung" seiner Silicium-Energiekonzeption sieht Auner einen Vorfall bei der Wacker-Chemie, im Werk Burghausen, der sich im Jahr 1998 bei der Herstellung von Methylchlorsilanen (den Vorprodukten für Silikone) ereignete. Bei diesem Herstellungsprozeß nach der Direktsynthese, dem sogenannten Müller-Rochow-Verfahren, wird gemahlenes Silicium einer bestimmten Korngröße mit Methylchlorid in einem Wirbelschichtreaktor kontinuierlich umgesetzt. Dies geschieht bei einer Temperatur von etwa 300° C und in Anwesenheit von gemahlenem Kupferoxid als Katalysator. Das dadurch entstehende Rohsilangemisch enthält neben nichtabreagiertem Methylchlorid auch feste Bestandteile, die aus dem Reaktor kontinuierlich ausgetragen werden. Vor allem handelt es sich dabei um feinteiliges Silicium und Kupferoxid. Diese festen Bestandteile werden mittels Cyclon abgetrennt, pneumatisch mit Stickstoff in einen Zwischenlagerbehälter befördert und von dort über eine Austragschleuse der Kupferrückgewinnung zum Recycling des Katalysators zugeführt.

Auch bei dem genannten Vorfall im Jahre 1998 wurde im Werk Burghausen ein Reaktor zur Silanherstellung gestartet, der staubförmige Feststoffe abbrennt und in den Zwischenbehälter überführt. Nach einiger Betriebszeit begann sich nun der Inhalt des Zwischenbehälters stark zu erwärmen, ein vorher nie beobachtetes Phänomen. Dabei stieg die Temperatur bis auf 200° C. Aufgrund der Erwärmung traten Probleme bei der Austragschleuse des Zwischenbe-

256

hälters auf. Diese konnten zwar behoben werden, die Temperatur im Behälter hielt sich jedoch hartnäckig bei 200° C.

Aufgrund hoher Silannachfrage wurde am nächsten Tag ein weiterer Reaktor angefahren. Wiederum kam es beim Austrag der Feststoffe aus dem Zwischenbehälter, der inzwischen zu mehr als 50 Prozent gefüllt war, zu Problemen. Der Temperaturanzeiger zeigte immer noch 200° C an. Bald darauf wurde das entsprechende Meßgerät durch ein neues mit größerem Meßbereich ersetzt. Dabei wurde festgestellt, daß der Behälterinhalt Temperaturen von über 400° C hatte. Daraufhin wurde die gesamte Produktionslinie gestoppt. Die äußere Isolierung des Behälters wurde entfernt und der Behälter von außen mit Wasser gekühlt. Zur Entleerung des Behälters wurde versucht, die Austragschleuse mittels eines intensiven Stickstoffstroms freizumachen. Weil der Behälterinhalt aber bereits teilweise gesintert war, schlug dies fehl; und weil das Fluten mit Stickstoff zu keiner Temperatursenkung im Behälter führte und erste Analysen von Probematerial aus der Austragschleuse hohe Stickstoffwerte zeigten, wurde die Stickstoffzufuhr gestoppt und durch Argonspülung ersetzt. Nach zwei Tagen hatte sich der Behälter abgekühlt und konnte näher untersucht werden. Die Temperaturen mußten extrem hoch gewesen sein, weil sogar Eiseneinbauten im Inneren des Behälters weggeschmolzen waren. Weitere Analysen des Behälterinhalts bestätigten, daß sich tatsächlich Siliciumnitrid gebildet hatte, Grund genug, nach der Ursache zu suchen.

Es ist bekannt, daß sich Siliciumnitrid aus Silicium und Stickstoff in Gegenwart eines Eisenkatalysators erst oberhalb von 1 000° C bildet. Im erwähnten Reaktor traten jedoch Temperaturen von maximal 300° C auf. Zudem kühlte sich der Feinstaub auf dem Weg vom Cyclon zum Zwischenbehälter ab. Es mußten dort also weitere chemische Reaktionen stattgefunden haben, die so viel Energie freisetzten, daß die Temperatur zum „Zünden" der Stickstoffreaktion erreicht werden konnte. Daher wurden intensive Laboruntersuchungen gestartet und die Resultate mit vorhanden Daten und Ergebnissen aus früheren Untersuchungen bei der Wacker-Chemie verglichen.

Der Reaktionsablauf wurde im Labor nachgestellt. In Gegenwart höherer Anteile Kupferoxid wurde feiner Siliciumstaub mit Methylchlorid in einer Wirbelschicht erhitzt und auf diese Weise die Silansynthese gestartet. Nach kurzer Zeit zeigte sich anhand der Bildung eines Kupferspiegels an der Innenwand des Reaktors, daß auch die Reaktion von Silicium mit Kupferoxid in Gang gesetzt wurde. Bei ca. 500° C begann nämlich der Reaktorinhalt zu glühen. Durch Zuführung von Stickstoff kam es anschließend zu einem raschen Temperaturanstieg auf über 1 000° C. Soweit die Ausführungen der Wacker-Chemie.

Professor Auner betrachtet die Untersuchungen der Wacker-Chemie als „Beweis" für seine Silicium-Energiekonzeption. Die Wacker-Chemie wiederum sieht in dieser Konzeption grundlegende technologische Probleme, die erst bewältigt werden müssen, bevor dieses Energiekonzept überhaupt in die Praxis umgesetzt werden kann.

Auch sonstige Meinungsverschiedenheiten zwischen den Energie-experten sind inzwischen bekannt geworden. Während z.B. aus München resignierende Stimmen zu hören sind, tobt zwischen Frankfurt und Düsseldorf der „Krieg"; denn es gibt anscheinend zwischen den Parteien patentrechtliche Probleme zu lösen. Dennoch steht fest: Die Energiedichte von Silicium ist, wie erwähnt, fast so groß wie die von Benzin. Überdies ist Silicium leicht zu transportieren und zu lagern. Mögliche Umweltkatastrophen wie beim Untergang von Öltankern oder Explosionen von Wasserstofftankern sind nicht zu befürchten. Allein schon deswegen bleibt Silicium ein Energieträgerkandidat. Eine echte Alternative zum Wasserstoff bzw. Solarwasserstoff wird das Silicium aber höchstwahrscheinlich nicht werden. Hinzu kommt, daß im Gegensatz zum Wasserstoff noch keine Energiewandler für den Energieträger „Silicium" existieren.

258

Schlußwort: Gemeinsam zur Solarwasserstoff-Energiewirtschaft

Die auf fossile Brennstoffe gestützte Energiewirtschaft ist uns allen als weltumspannendes System innerhalb von zwei Jahrhunderten zum gewohnten Alltag geworden. Dieses System innerhalb von zwei bis höchstens drei Generationen – denn mehr Zeit wird uns kaum bleiben – vollständig auf die Solarwasserstoff-Energiewirtschaft umzustellen, ist eine Riesenaufgabe. Diese Herausforderung, die sich mit nichts von dem vergleichen läßt, was der Mensch bisher in seiner Geschichte zu bewältigen hatte, braucht zweifellos die Bündelung *aller* Kräfte und nicht nur die aus dem technischen Bereich. Gefordert ist die *Internationale Staatengemeinschaft*. Gefordert sind Wissenschaft, Technik, Politik, Wirtschaft, Schulen, Kirchen, Massenmedien und alle Meinungsbildner weltweit, gemeinsam und entschlossen mitzuwirken.

Techniker und Wissenschaftler bemühen sich seit Jahrzehnten und zwar intensiv, nicht nur die technologischen Voraussetzungen für die Solarwasserstoff-Energiekonzeption zu schaffen, sondern auch die dafür nötige Technik/Logistik voranzutreiben. Dies beginnt bereits mit der Produktion von Wasserstoff und endet mit dem Transport, der Speicherung und der Verteilung des für uns alle noch so „neuen" und „fremden" Energieträgers.

Die vorangegangenen Kapitel haben deutlich gemacht, daß die damit verbundenen Aktivitäten inzwischen enorme Dimensionen angenommen haben. Was in Sachen Wasserstofftechnologie und -Konzeption bisher erreicht wurde, reicht natürlich nicht, um schon morgen eine Umstellung der heutigen Weltenergiewirtschaft auf eine Wasserstoff-Energiekonzeption vornehmen zu können. Es weist jedoch eindeutig den Weg dorthin und bürgt dafür, daß dieser Weg ohne nennenswerte Risiken verfolgt werden kann.

Unzählige Energieexperten und „Energiephilosophen" haben den Weg in die Wasserstoff-Ära soweit geebnet, daß die Politiker jetzt ruhig und gefahrlos in diese Arena einsteigen können, um die nötigen politischen Rahmenbedingungen für die neue Weltenergie-konzeption zu gestalten. Dabei ist auch die *Internationale Staatenge-meinschaft* aufgefordert, ihren Beitrag zu leisten, damit die noch zahlreich vorhandenen Stolpersteine aus dem Weg geräumt werden; und dies bedeutet u.a., keine Wasserstoffsteuer auf lange Sicht zu erheben, sondern massive Wasserstoffsubventionen festzulegen; und statt unsinnige Rüstungsprojekte zu finanzieren, Gelder für das Gemeinwohl verfügbar zu machen.

Erfreulicherweise haben Politiker aller Couleur die „Wasserstoff-botschaft" inzwischen „empfangen" und auch begriffen. Es bedarf nur der „Feinarbeit", um die nötigen politischen Rahmenbedingungen entsprechend zu formulieren. Falls der Politik für diese Arbeit Infor-mationen fehlen, findet sie diese im aufgeschlossenen Dialog mit den Experten, die für alle Aspekte der Solarwasserstoff-Energiewirtschaft zur Verfügung stehen. Nur eins müssen die Politiker selber einbrin-gen: den politischen Willen und die Entschlossenheit zum Handeln.

Auch die Wirtschaft, d.h. Industrie, Banken und Versicherungen, ist aufgefordert, ihren Beitrag zu leisten. Denn das Versicherungs-/ Bankensystem kann und muß hier viel leisten. Vor allem sind inter-nationale Allianzen gefordert. Denn die Erde wird unausweichlich recht bald zu einer „Wasserstoff-Baustelle" werden, die auch eine globale Banken- und Versicherungswirtschaft erforderlich macht.

Daß dabei auch hier im Laufe der Zeit parasitäre Wirtschafts-aktivitäten entstehen werden, ist zu erwarten. Schon heute werden CleanEnergy- oder Brennstoffzellen-Fonds von mehreren Banken angeboten. Investoren sind deswegen gut beraten, sich gründlich zu informieren, bevor sie ihre Ersparnisse dem einen oder anderen Fondmanager blind anvertrauen. Ansonsten bildet die Wasserstoff/ Brennstoffzellen-Technologie schon jetzt einen stark wachsenden Markt; und als solcher, einen vielversprechenden Investitionsplatz. Kein Zufall, wenn Ballard- oder Linde-Aktien laufend Kursgewinne verzeichnen. Auch Aktien einer künftigen GHC-Gesellschaft (**G**lobal **H**ydrogen **C**orporation) würden mich nicht überraschen. Vorher muß aber endlich Ordnung in die Weltbörsen zurückkehren; denn was sich dort aufgrund übermäßiger Kapitalkonzentration zur Zeit abspielt, ist Manipulation höchsten Grades.

260

All das kann aber ohne die Mobilisierung der breiten Öffentlichkeit nicht erreicht werden; und gerade hier sind Massenmedien und andere Multiplikatoren wie Schulen und Kirchen aufgefordert, ihren Beitrag zu leisten. Sowohl klassische als auch elektronische Masseninformationsmedien sind heute in der Lage, Informationen bis in das Wohnzimmer jedes Bürgers zu „transportieren". Das gleiche können auch Schulen und Kirchen auf anderem Wege leisten. Alle diese Informationswege müssen konsequent in Anspruch genommen werden, damit die Wichtigkeit der „Wasserstoffbotschaft" global begriffen wird. Man kann also viel tun, um die nötige Mobilisierung der Weltbevölkerung zu erreichen. Denn die Aufgabe ist, wie erwähnt, riesig groß und sie kann deswegen nicht durch die Leistung einzelner und weniger Gruppen bewältigt werden, während die Mehrheit nur tatenlos zuschaut. Und in diesem Sinne sei abschließend die erste der drei Strophen meiner griechischen „Wasserstoff-Hymne"* zitiert:

Εσύ μητέρα του νερού
καμάρι εσύ του ήλιου
αγέροχη κορφή βουνού
αστήρευτη πηγή του βίου

* Der Wasserstoff wird hier als Mutter des Wassers, als Stolz der Sonne und als unerschöpfliche Quelle des Lebens gepriesen.

Anhang

Energie und ihre quantitative Erfassung

Für die quantitative Erfassung von Energie sind geeignete Maßeinheiten erforderlich. Dies gilt auch für Leistung, die oft mit Energie verwechselt wird. Denn Leistung ist keine Energie, sondern Arbeitsvermögen bzw. bereitgestellte Energie. Sie kann beansprucht werden – sie muß es aber nicht. Energie dagegen repräsentiert geleistete Arbeit; und als solche ist sie das Produkt „Leistung × Zeit".

Maßeinheit für die Leistung ist das Watt (W). Mehrfache von Watt sind das Kilowatt (1 kW = 10^3 W), das Megawatt (1 MW = 10^3 kW = 10^6 W), das Gigawatt (1 GW = 10^3 MW = 10^9 W) und das Terawatt (1 TW = 10^3 GW = 10^{12} W). Kleine Leistungen werden in Milliwatt (1 mW = 10^{-3} W) oder Mikrowatt (1 µW = 10^{-6} W) gemessen. Eine früher verwendete Maßeinheit für die Leistung ist die Pferdestärke PS (1 PS = 736 W).

Wird die Leistung von 1 W für die Dauer von einer Sekunde (s) beansprucht, dann wird eine Energiemenge von 1 Joule (J) „verbraucht". Es gilt also: 1 J = 1 Ws. Bei dieser Maßeinheit handelt es sich um eine sehr kleine Energiemenge. Der Flügelschlag einer Fliege repräsentiert eine Energiemenge von 1 Joule. Ein brennendes Streichholz liefert dagegen eine Energiemenge von etwa 1 000 Joule. In der Praxis rechnet man deswegen mit Mehrfachen von Joule. Es sind diese das Kilo-Joule (1 kJ = 10^3 J), das Mega-Joule (1 MJ = 10^6 J), das Giga-Joule (1 GJ = 10^9 J), das Tera-Joule (1 TJ = 10^{12} J), das Peta-Joule (1 PJ = 10^{15} J) und das Exa-Joule (1 EJ = 10^{18} J). Aufgrund der Entsprechung 1 J = 1Ws kann man Energiemengen nicht nur in Joule angeben, sondern auch in Wattsekunden. Das Mehrfache der Wattsekunde ist die Kilowattstunde (kWh),definiert als das Produkt von 1 000 W (1 kW) und 3 600 s (3 600 s = 1 h). Demnach entspricht 1 kWh = 3,6 · 10^6 Joule. Eine 100 W-Glühbirne verbraucht z.B. im Laufe von 2,5 Stunden eine Energiemenge von 100 W x 2,5 x 3 600 s = 900 000 Joule = 900 kJ = 0,9 MJ = 9 · 10^{-4} GJ = 9 · 10^{-7} TJ = 9 · 10^{-10} PJ = 9 · 10^{-13} EJ.

Welches der genannten Mehrfachen von Joule bzw. Wattsekunde verwendet wird, hängt von den im Einzelfall zu messenden Energiemengen ab. Die von einer Fliege erzeugte kinetische Energiemenge kann z.B. ohne weiteres in Joule gemessen werden. Die von einer Atombombe freigesetzte Energie wird dagegen zweckmäßigerweise in PJ angegeben. Dennoch ist sie im Vergleich zu den Energiemengen, die kosmische Energiequellen enthalten, verschwindend klein. So wird beispielsweise von einer Supernova eine Energiemenge der Größenordnung von 10^{20} EJ freigesetzt. Umgekehrt hat man es im Bereich des Mikrokosmos, speziell im Bereich der Atomkerne, mit winzigen Energiemengen zu tun, die sich allerdings durch die rie-

263

sige Menge von Atomen bzw. Atomkernen bzw. Nukleonen zu enormen Energiemengen aufsummieren können. Die Spaltung eines einzigen Urankerns liefert z.B. nicht mehr als etwa 10^{-10} J. Die Spaltung von Milliarden solcher Atomkerne ist aber in der Lage, etwas Gigantisches zu vollbringen. Kernwaffenexplosionen bestätigen diese Tatsache auf traurige Art und Weise.

Eine andere Maßeinheit für Energie ist die Kalorie (cal). 1 cal ist die Energiemenge, die 1 g Wasser aufnimmt, wenn es bei gleichbleibendem Atmosphärendruck von 14,5 auf 15,5° C erwärmt wird. 1 cal entspricht 4,18 Joule bzw. 4,18 Ws. Diese Maßeinheit ist uns aus der Ernährungswissenschaft geläufig. Im Bereich der Energiewirtschaft wird dagegen die Maßeinheit Kilogramm-Steinkohle-Einheit, kurz SKE genannt, verwendet. Sie entspricht dem Heizwert von 1 kg Steinkohle. Zwischen Joule bzw. kWh und SKE besteht die folgende Beziehung:

$$1 \text{ SKE} = 2{,}931 \cdot 10^7 \text{ Joule} = 8{,}14 \text{ kWh}$$

Für die „Ernährung" eines Durchschnittsmenschen würde theoretisch eine Tagesmenge Steinkohle von nur (2,40/8,14) = 0,286 bzw. 0,286 x 2 = 0,572 kg Biomasse (z.B. 0,572 kg getrocknetes Holz bzw. getrocknetes Gras) ausreichen. Niemand würde aber auf die Idee kommen, statt eines Steaks ein Stück Steinkohle oder einen Klotz Holz zu „verzehren".

Mehrfache von SKE sind 1 t SKE (10^3 SKE), 1 Mio t SKE (10^9 SKE) und 1 Mrd t SKE (10^{12} SKE).

Anstelle der Kilowattstunde wird für größere Energiemengen die Maßeinheit Terawattjahr (TWa) verwendet. Weil ein Jahr 8 760 Stunden hat, besteht zwischen kWh und Twa die folgende Beziehung:

$$1 \text{ TWa} = 10^{12} \text{ W} \times 8\,760 \text{ h} = 8{,}7 \cdot 10^{15} \text{ Wh} = 8{,}7 \cdot 10^{12} \text{ kWh}$$

Zwischen TWa und Mrd t SKE besteht demnach die folgende Beziehung:

$$1 \text{ TWa} \approx 1{,}1 \text{ Mrd t SKE}$$

Im Bereich des Mikrokosmos, wo es oft um relativ kleine Energiemengen geht, ist dagegen die Verwendung von kleineren Maßeinheiten sinnvoll. Eine davon ist das Elektronenvolt (eV). Sie entspricht der kinetischen Energie, die ein Elektron erhält, wenn es aufgrund einer Spannungsdifferenz von 1 V beschleunigt wird. Demnach gilt: 1 eV = 1 e · 1 V.

Molekularkräfte weisen Werte auf, die bei einigen eV liegen. Das gleiche gilt auch für Quantenbahnübergänge im atomaren Bereich. Will man also molekulare Verbindungen aufbrechen oder neutrale Atome ionisieren bzw. erregen, genügen relativ kleine Energiemengen von wenigen eV.

Mehrfache von eV sind das Kilo-Elektronenvolt (keV), das Mega-Elektronenvolt (MeV) und das Giga-Elektronenvolt (GeV). Dabei gilt der folgen-

264

de einfache Zusammenhang: 1 000 eV = 1 keV; 1 000 keV = 1 MeV; 1 000 MeV = 1 GeV.

Große Energiemengen im Bereich der Elementarteilchenphysik werden in keV, MeV oder GeV angegeben. Dies gilt z.B. auch bei der Masse-Energie-Äquivalenz eines Elektrons. Da das Elektron eine Masse von $0,91 \cdot 10^{-30}$ kg hat, beträgt seine Energie $E = m \cdot c^2 = 0,91 \cdot 10^{-30} \times (3 \cdot 10^8)^2 = 8,19 \cdot 10^{-14}$ Joule. Weil 1 Joule = $6,25 \cdot 10^{18}$ eV ist (vgl. nachstehende Tabelle), entspricht die genannte Energiemenge $8,19 \cdot 10^{-14} \times 6,25 \cdot 10^{18} = 51,18 \cdot 10^4$ eV = 0,51 MeV. Ein Proton dagegen repräsentiert eine Energiemenge von $E = m \cdot c^2 = 1,6724 \cdot 10^{-27} \times (3 \cdot 10^8)^2 = 1,505 \cdot 10^{-10}$ Joule. Dies entspricht wiederum einer Energiemenge von $1,505 \cdot 10^{-10} \times 6,25 \cdot 10^{18} = 9,4 \cdot 10^8$ eV = 0,94 GeV.

Im Gegensatz zu Mikrokosmos geht es im anderen Extrem um das Errechnen der Energiemengen, die für die Entstehung des Universums notwendig gewesen sind.

Schätzungsweise besteht das Universum aus 10^{80} Nukleonen. Bei einer Durchschnittsmasse von $1,674 \cdot 10^{-27}$ kg beträgt die entsprechende Energie $E = m \cdot c^2 = 10^{80} \times 1,674 \cdot 10^{-27} \times (3 \cdot 10^8)^2 = 1,5 \cdot 10^{70}$ Joule = $1,5 \cdot 10^{52}$ EJ. Dies ist eine unvorstellbar große Energiemenge, wenn man bedenkt, daß eine Supernova „nur" etwa 10^{20} EJ auf die Waage bringt.

Als Maßeinheit für Energie kann auch die Temperatur (in Grad Kelvin gemessen: K) verwendet werden. Dabei gilt die folgende Relation: 1 K = 0,000086 eV. Diese Relation resultiert aus den folgenden Überlegungen: Die Rauschenergie E eines Körpers beträgt $E = k \cdot T$, wobei $k = 1,38 \cdot 10^{-23}$ Joule (Boltzmannsche Konstante) und T seine Temperatur ist. Bei einer Temperatur von 1 K beträgt seine Rauschenergie $1,38 \cdot 10^{-23}$ Joule; und weil 1 eV = $1,6 \cdot 10^{-19}$ Joule entspricht (vgl. nachstehende Tabelle), ist 1 K = $1,38 \cdot 10^{-23}/1,6 \cdot 10^{-19} = 0,86 \cdot 10^{-4}$ bzw. 0,000086 eV. Die äquivalente Energie eines Elektrons beträgt somit $0,51 \cdot 10^6/0,86 \cdot 10^{-4} = 6 \cdot 10^9$ K und eines Protons $0,94 \cdot 10^9/0,86 \cdot 10^{-4} \approx 10^{13}$ K.

Umrechnungstabelle einiger Energie-Maßeinheiten.

	Ws (Joule)	eV	cal	kWh	SKE
Ws	1	$6,25 \cdot 10^{18}$	0,239	$2,78 \cdot 10^{-7}$	$3,41 \cdot 10^{-8}$
eV	$1,6 \cdot 10^{-19}$	1	$3,81 \cdot 10^{-20}$	$4,43 \cdot 10^{-26}$	$5,46 \cdot 10^{-27}$
cal	4,18	$2,61 \cdot 10^{19}$	1	$1,16 \cdot 10^{-6}$	$1,42 \cdot 10^{-7}$
kWh	$3,6 \cdot 10^6$	$2,25 \cdot 10^{25}$	$8,60 \cdot 10^5$	1	0,123
SKE	$2,931 \cdot 10^7$	$1,83 \cdot 10^{26}$	$7 \cdot 10^6$	8,14	1

Glossar

Abdampfverluste: Verluste, die durch Verdampfung entstehen. Bei Pkw-LH$_2$-Tanks betragen sie bei den heutigen Konstruktionen etwa 1% pro Tag.

AFC (**A**lkaline **F**uel **C**ell)**:** Alkalische Brennstoffzelle.

Anode: In der Brennstoffzellen-Technologie ist die Anode die negativ geladene Elektrode der Brennstoffzelle.

Alphateilchen: Atomkerne des Heliumatoms, die aus zwei Protonen und zwei Neutronen bestehen. Man nennt sie auch Alpha-Strahlen (α-Strahlen).

Antiteilchen: Fast alle Teilchen weisen Antiteilchen auf, welche die gleiche Masse, den gleichen Spin und die gleiche elektrische Ladung, doch das umgekehrte Vorzeichen haben. Einige Teilchen, z.B. das Photon und das π^0-Meson, stellen ihre eigenen Antiteilchen dar. Antiteilchen sind Bestandteile der Antimaterie. Kommen Teilchen und Antiteilchen zusammen, dann zerstrahlen sie. Dadurch entsteht elektromagnetische Energie.

AZEV (**A**dvanced **Z**ero **E**mission **V**ehicle)**:** Fortgeschrittenes Null-Emissions-Fahrzeug.

Barrel Öl: 159 Liter.

BHKW: Block**h**eiz**k**raft**w**erk.

bpd (**B**arrel **p**er **D**ay)**:** Barrel pro Tag.

Brennstoffzelle: Energiewandler, der aus Wasserstoff und Sauerstoff sowohl elektrische Energie als auch Wärmeenergie produziert.

Brennstoffzellen-Stack: Batterie aus mehreren Brennstoffzellen. Damit können Spannung und Stromstärke beliebig gestaltet werden.

Brennwert: Auch als (oberer) Heizwert bekannt. Für LH$_2$ und CGH$_2$ (250 bar) beträgt er 8,5 bzw. 2,15 MJ/Liter oder 2,35 bzw. 0,55 kWh.

CGH$_2$ (**C**ompressed **G**aseous **H**ydrogen)**:** komprimierter gasförmiger Wasserstoff.

CHA (**C**anadian **H**ydrogen **A**ssociation)**:** Kanadischer Wasserstoffverband.

C$_n$H$_m$: Kohlenwasserstoffe.

CH$_3$OH: Methanol.

C$_2$H$_5$OH: Ethanol.

CO: Kohlenmonoxid.

CO$_2$: Kohlendioxid.

CNG (**C**ompressed **N**atur **G**as): komprimiertes Naturgas.

Deuteron: Der Atomkern des Deuteriums. Er besteht aus einem Proton und einem Neutron, die durch die starke Kraft zusammengehalten werden.

DMFC (**D**irect **M**ethanol **F**uel **C**ell): Direkt-Methanol-Brennstoffzelle. Dieser Brennstoffzellentyp wird mit Methanol betrieben.

Druckgasspeicherung: Speicherung von Gasen bei Umgebungstemperatur und unter erhöhtem Druck von 200 bis 350 bar.

DWV: **D**eutscher **W**asserstoff**v**erband.

EIHP (**E**uropean **I**ntergrated **H**ydrogen **P**roject): Seit 1998 zuständiges Projekt für die europäische Harmonisierung der entsprechenden Gesetze.

Elektron: Elektrisch negativ geladenes Elementarteilchen mit einer Ladung von 1,66 · 10^{-19} Coulomb.

Elektrolyse: Umkehrung des Brennstoffzellen-Prozesses. Chemische Aufspaltung flüssiger Verbindungen mittels elektrischen Stroms in ihre Bestandteile (Beispiel: Wasser in Wasserstoff und Sauerstoff).

Elektrolyt: Medium, in dem sich Ionen bewegen können.

Elementarladung: Die elektrische Ladung des Elektrons.

Elementarteilchen: Als Elementarteilchen werden Teilchen bezeichnet, die keine innere Struktur aufweisen. In diesem Sinne sind Nukleonen (Protonen und Neutronen) keine Elementarteilchen, da sie aus je drei Quarks zusammengesetzt sind.

Energie: Die wirksame Kraft, die die Möglichkeit in die Wirklichkeit treibt (Aristoteles).

Energieform: Erscheinungsform der Energie.

Energiequelle: Quelle, aus der Energie in irgendeiner Form entnommen werden kann. Die geologischen Formationen mit Erdkohle-, Erdöl- oder Erdgasvorkommen sind Energiequellen, die man „anzapfen" kann, um die darin enthaltenen Energieträger, d.h. Erdkohle, Erdöl oder Erdgas abzubauen bzw. zu fördern. Auch ein Wasserfall ist eine Energiequelle; denn die darin enthaltene kinetische Energie des fallenden Wassers kann genutzt werden, um eine andere Energieform, z.B. elektrische Energie, zu gewinnen.

Energieträger: Stoffe, die Energie enthalten. Sie können direkt oder indirekt dazu verwendet werden, andere Energieformen zu gewinnen. Fossile Energieträger sind die auf der Erde in geologischer Zeit entstandenen Energieträger, vor allem Erdkohle, Erdöl und Erdgas.

Erneuerbare (regenerative) Energie: Energie, die man aus Naturvorgängen gewinnt, die sich ständig wiederholen, z.B. aus der Sonnenstrahlung, fließendem Wasser, dem Wind oder nachwachsender Biomasse.

Flüssigwasserstoffspeicherung: Verfahren zur Speicherung tiefkalten, flüssigen Wasserstoffs. Die Verflüssigung von Wasserstoff beginnt bei etwa -250° C.

Gew.: Gewicht.

Gcm: Milliarden Kubikmeter.

GH_2: (**G**aseous **H**ydrogen): Gasförmiger Wasserstoff.

H_2: Molekularer Wasserstoff; zwei Wasserstoffatome haben sich zu einem Wasserstoffmolekül verbunden.

Heizwert: Chemisch gebundene Energie eines Brennstoffs. Siehe auch: Brennwert.

H_2O: Wasser.

HESS (**H**ydrogen **E**nergy **S**ystems **S**ociety of Japan): Japanische Wasserstoff-Gesellschaft.

IAHE (**I**nternational **A**ssociation for **H**ydrogen **E**nergy): Internationaler Wasserstoff-Energie Verband.

IEA (**I**nternational **E**nergy **A**gency): Internationale Energie Agentur (Mitgliedstaaten: Kanada, Norwegen, Schweden, Schweiz und USA).

Ionen: Elektrisch geladene Atome oder Atomgruppen. Es gibt sowohl negativ als auch positiv geladene Ionen.

Joule (J): Maßeinheit für Energie. 1 Joule = 1 Wattsekunde (Ws).

Kalte Verbrennung: Elektrochemischer Umwandlungsprozeß innerhalb einer Brennstoffzelle bei relativ niedrigen Temperaturen.

Kathode: In der Brennstoffzellen-Technologie ist die Kathode die positiv geladene Elektrode der Brennstoffzelle.

Katalysator: Material, das chemische Prozesse auslöst bzw. beschleunigt, ohne sich zu verändern oder abzunutzen.

Kernenergie: Bindungsenergie von Nukleonen (Protonen + Neutronen).

kJ: Kilo-Joule = 10^3 Joule.

KOH: Kalilauge.

269

Kohlendioxid (CO_2): Farb- und geruchloses Gas, das bei der Verbrennung kohlenstoffhaltiger Substanzen entsteht.

Kohlenmonoxid (CO): Giftiges, farb- und geruchloses Gas. Es entsteht bei nicht vollständiger Verbrennung von kohlenstoffhaltigen Stoffen.

Kryogen: Als Kryogen bezeichnet man Stoffe in tiefkaltem Zustand.

kWh: Kilowattstunde = $3,6 \cdot 10^6$ Joule bzw. Wattsekunden.

LCA (Life Cycle Assessment): Bilanzierung vollständiger Lebenszyklen von Prozessen und Produkten, z.B. in einer Ökobilanz.

LH_2 (Liquid Hydrogen): Flüssigwasserstoff.

LNG (Liquid Natural Gas): Flüssigerdgas.

LOX: Flüssigsauerstoff.

LPG-Flüssiggas (Liquified Petroleum Gas): Erdgas, das bei Umgebungstemperatur gasförmig ist und bei einer Temperatur von 20° C unter einem Druck von nur 7,4 bar flüssig gespeichert wird.

MCFC (Molten Carbonate Fuel Cell): Schmelzkarbonat-Brennstoffzelle. Eine Hochtemperatur-Brennstoffzelle, bei der geschmolzene Karbonat-Salze als Elektrolyt verwendet werden.

Metallhydrid-Speicherung: Wasserstoffspeicherung in Metallegierungen.

Methanol (CH_3OH): Die einfachste chemische Verbindung aus der Reihe der Alkohole. Als farblose Flüssigkeit dient Methanol in der chemischen Industrie als Lösungs- oder Gefrierschutzmittel. Überdies kann Methanol als Kraftstoff für Kraftfahrzeuge oder als Energieträger für Brennstoffzellen eingesetzt werden. Methanol wird heute vorwiegend synthetisch aus Kohlenmonoxid und Wasserstoff bei einer Temperatur von 250° C mit Hilfe eines Katalysators produziert. Methanol ist hierzulande als „giftig" eingestuft.

MJ: Mega-Joule = 10^6 Joule.

Mol: Die Stoffmenge einer Substanz, die aus ebensoviel Einzelteilchen besteht, wie Atome in 12/1000 kg des Kohlenstoffs (^{12}C) enthalten sind.

Molare Masse: Die relative Molekülmasse eines Stoffes. Beispiele: H_2O = 18 g/Mol; CH_4 = 16,04 g/Mol.

Molekül: Materieteilchen, das mindestens aus zwei Atomen besteht. Molekularer Wasserstoff (H_2) besteht z.B. aus zwei Wasserstoffatomen.

MPa: Druckmaßeinheit. 1 MPa = 10 bar.

Mtoe: Millionen Tonnen Öläquivalent = 6,29 Mio Barrel Öl.

Nano-Speicherung: Wasserstoffspeicherung in röhrenförmigen Kohlenstoffasern von etwa 10^{-9} m Durchmesser. Hoffnungsträger für H_2-Speicher mit (sehr) hohen Energiedichtenwerte.

NHA (**N**ational **H**ydrogen **A**ssociation USA)**:** US-Wasserstoffverband.

O_2: Sauerstoff in molekularer Form.

OHEC (**O**rganization of **H**ydrogen **E**nergy utilizing **C**ountries)**:** Verband von Wasserstoff verwendenden Ländern.

Oxidation: Chemischer Prozeß, bei dem sich ein Stoff mit Sauerstoff verbindet.

PAFC (**P**hosphoric **A**cid **F**uel **C**ell)**:** Phosphorsaure Brennstoffzelle.

Pascal (Pa): Maßeinheit für Druck. 1 Pa = $7,5 \cdot 10^{-3}$ Torr. 1 bar = 750 Torr.

PEMFC (**P**roton **E**xchange **M**embrane **F**uel **C**ell)**:** Brennstoffzelle, in der eine protonenleitende Membran als Elektrolyt verwendet wird. Sie wird mit Wasserstoff bei einer Temperatur zwischen 60 und $80°$ C betrieben. Brennstoffzellen dieser Art haben eine hohe Leistungsdichte und sind u.a. auch für Kraftfahrzeug-Elektroantriebe gut geeignet.

Primärenergie: Die Energieform, die am Anfang einer Energieumwandlungskette steht, weil sie zwar primär vorhanden, aber in dieser Form technisch nicht nutzbar ist.

PSA (**P**ressure **S**wing **A**dsorption)**:** Äquivalent zum DWA-Verfahren (**D**ruck-**W**echsel-**A**dsorption). Ein Verfahren, bei dem Verunreinigungen durch adsorptive Kräfte an ein geeignetes Trägermaterial gebunden werden.

PV: Abkürzung für **P**hotovoltaik. Verfahren zur Gewinnung von elektrischer Energie aus der Sonnenstrahlung mit Hilfe von Solarzellen.

Reformierung: Auch Dampfreformierung genannt. Katalytisches Verfahren zur Wasserstoffgewinnung unter anderem aus Benzin, das im Reformer zu Synthesegas verdampft.

Schwefeldioxid (SO_2**):** Es entsteht bei der Schwefelverbrennung.
Sekundärenergie: Energie, die durch technische Umwandlung aus einer vorherigen Primärenergie anderer Form gewonnen wurde, z.B. elektrische Energie.

SOFC (**S**olid **O**xide **F**uel **C**ell)**:** Hochtemperatur-Brennstoffzelle auf keramischer Basis. Sie kann mit Wasserstoff, Erdgas oder Kohlegas betrieben werden.

Spezielle Relativitätstheorie: Die von Albert Einstein im Jahr 1905 aufgestellte Relativitätstheorie. Diese Theorie revolutionierte damals von Grund auf die Naturwissenschaften. Sie gilt heute als experimentell gesicherte Theorie.

Stack: Siehe Brenstoffzellen-Stack.

Stickstoffoxide (NOx): Stickstoff/Sauerstoff-Verbindungen. Sie entstehen u.a. durch Verbrennungsmotoren.

Steam-Reformer: Anlage zur preisgünstigen, großindustriellen Gewinnung von Wasserstoff. Aus Kohlenwasserstoff-Verbindungen wird unter Zufuhr von Dampf Wasserstoff und Kohlendioxid gewonnen. Eine nachgeschaltete PSA-Anlage sorgt anschließend für die nötige Wasserstoff-Reinigung.

Strahlung: Ausbreitung von Energie.

SULEV (Super Ultra Low Emission Vehicle): Niedrigst-Emissions-Fahrzeug.

Synthetischer Kraftstoff: Kraftstoff, der aus Erdgas hergestellt wird. Er kann genauso wie das modifizierte Benzin für die Reformierung zu Wasserstoff verwendet werden.

Tcm: Billionen Kubikmeter.

Tfc: 0,0283 Tcm.

ULEV (Ultra Low Emission Vehicle): Niedrigst-Emissions-Fahrzeug.

Umrichter: Elektronisches Gerät, das Gleichstrom in Wechselstrom umwandelt.

Vol.: Volumen.

Wasserstoff (H): Das einfachste und zugleich leichteste chemische Element. Es besteht aus einem Proton und einem Elektron.

WIBA: Wasserstoff-**I**nitiative **Ba**yern.

Wirkungsgrad: Das Verhältnis von Ausgangs- zur Eingangsenergie. Der Wirkungsgrad ist stets kleiner als 1 bzw. kleiner als 100%.

ZEV: (Zero Emission Vehicle): Null-Emissions-Fahrzeug.

272

Literatur

1 Bücher

1.1 Pohl, H.W. (Hrg.): Hydrogen and other Alternative Fuels for Air and Ground Transportation, John Wiley & Sons, New York 1995.

1.2 Stein, R.: Blockheizkraftwerke – Ein Leitfaden für den Anwender, TÜV Rheinland/Berlin-Brandenburg, Köln 1999.

1.3 Kübler, R./Fisch, N.: Wärmespeicher, TÜV Rheinland/Berlin-Brandenburg, Köln 1998.

1.4 Heier, S.: Nutzung der Windenergie, TÜV Rheinland/Berlin-Brandenburg, Köln 2000.

1.5 Staiß, F./Knaupp, W.: Photovoltaik – Ein Leitfaden für Anwender, TÜV Rheinland/Berlin-Brandenburg, Köln 2000.

1.6 Hennicke, P.(Hrg.): Solarwasserstoff – Energieträger der Zukunft? Birkhäuser, Berlin, Basel, Boston 1995.

1.7 Ahlheim, K.-H.: Die Energie – Erzeugung, Nutzung, Versorgung, Bibliog. Institut Mannheim, Wien, Zürich 1983.

1.8 Schindler, V.: Kraftstoff für morgen: Eine Analyse von Zusammenhängen und Handlungsoptionen, Springer Verlag, Berlin 1997.

1.9 Mouchot, A.: Die Sonnenwärme und ihre industriellen Anwendungen, Olynthus Verlag, Oberbözberg, Schweiz (Reprint, 1987).

1.10 Altop: Das alternative Branchenbuch, Altop Verlag, München 1989.

1.11 Karamanolis, S.: Das ABC der Sonnenenergie, Elektra Verlag, Neubiberg b.München 1988.

1.12 Michaelis, H.: Handbuch der Kernenergie, Bd.I, dtv-Verlag, München 1982.

1.13 Kohler/Leuchtner/Müschan: Sonnenenergie-Wirtschaft, Fischer Verlag, Frankfurt 1987.

1.14 Meyer-Abich, K.M. (Hrsg.): Energieeinsparung als neue Energiequelle, C. Hanser Verlag, München 1979.

1.15 SERI: Basic Photovoltaic Principles and Methodes, Van Nostrand Reinhold Co., New York 1984.

1.16 Winter, C.-J./Nitsch, J.: Wasserstoff als Energieträger. Technik, Systeme, Wirtschaft, Springer Verlag, Berlin 1986.

1.17 Goetzberger, A./Wittwer, V.: Sonnenenergie, Teubner Verlag, Stuttgart 1986.

1.18 BMFT (Hrsg.): Energie: Forschung und Technik, TÜV-Rheinland Verlag, 1985.

1.19 Weber, R.: Der saubere Brennstoff. Der Weg zur Wasserstoffwirtschaft, Olynthus-Verlag, Oberbözberg, Schweiz 1989.

1.20 Hau, E.: Windkraftanlagen. Grundlagen, Technik, Einsatz, Wirtschaftlichkeit, Springer Verlag, Berlin 1988.

1.21 Wendt, H./Plzak, V.: Brennstoffzellentypen – Stand der Technik, Entwicklungslinien, Marktchancen, VDI Verlag, Düsseldorf 1990.

1.22 Hirschenhofer, H.J./Stauffar, D.B./Engelman, R.R.: Fuel Cells, A Handbook, U.S. Department of Energy 1994.

1.23 Kordesch, K./Simander, G.: Fuel Cells and Their Applications, VCH Verlagsg., Weinheim 1996.

1.24 TÜV Bayern/Sachsen: Energieträger Wasserstoff, TÜV-Verlag, München 1999.

1.25 Ledjeff-Hey, K. (Hrsg.): Brennstoffzellen, Entwicklung, Technologie, Anwendung, 2. Auflage, C. F. Müller Verlag, Heidelberg 2001.

1.26 Appleby, A.J./Foulkes, F.R.: Fuel Cell Handbook, Krieger Publishing Co., USA 1993.

1.27 Ludwig Bölkow Stiftung: Der Zukunft verpflichtet, Maecenata Verlag, München 1997.

2 Berichte / Firmen-Informationen

2.1 Dinse, Gundi: Eine Analyse der technischen, politisch-rechtlichen und sozialen Dimensionen, Institut für Mobilitätsforschung, Berlin 1999.

2.2 Deutscher Wasserstoffverband: Wasserstoffspiegel (mehrere Ausgaben).

2.3 Energieagentur Nordrhein-Westfalen: Brennstoffzelle – Entwicklungsstand, Einsatzbereich und Marktanforderung, Wuppertal, Duisburg 1999.

2.4 DWV: Wasserstoff-Führer – Wasserstoffprojekte in Deutschland 2000.

2.5 LVS Schleswig-Holstein: Brennstoffzelle im Schienenverkehr, Juni 2000.

2.6 Grosse, J./Waidhas, M.: Fortschritte bei der PEMFC-Brennstoffzellenentwicklung, VDI Bericht 1378, Düsseldorf 1998.

2.7 IBM: Technik und Gesellschaft: Strukturwandel – Herausforderung und Chance, Stuttgart 1984.

2.8 DLR (Carpetis, C. Dr.): Globale Umweltvorteile bei Nutzung von Elektroantrieben mit Brennstoffzellen und/oder Batterien im Vergleich zu Antrieben mit Verbrennungsmotor.

H_2-Infos im Internet

1. www.HyWeb.de
2. www.oilcrisis.com/laherrere
3. www.petrodata.com
4. www.ihsenergy.com
5. Bünger, Ulrich: Perspektiven einer künftigen Wasserstoffproduktion, Verfahren, Mengen, Preise. www.hydrogen.org/wissen/perspekt-spd.htm (17.02.00).
6. www.fuelcells.org (Fuel Calls 2000)

Sachregister